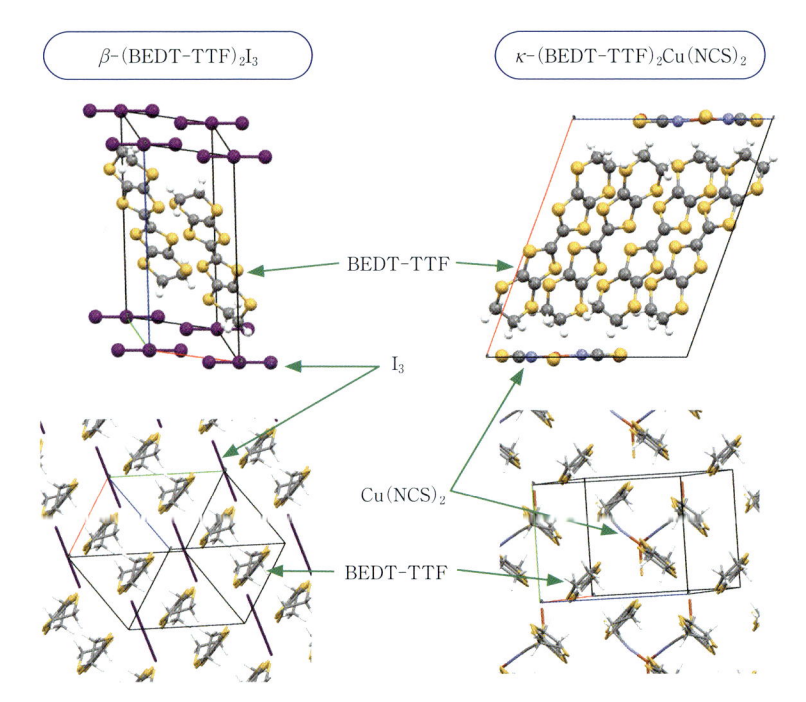

【口絵1】 (BEDT-TTF)$_2$X の結晶構造図（左：β 構造，右：κ 構造）（図1.4）

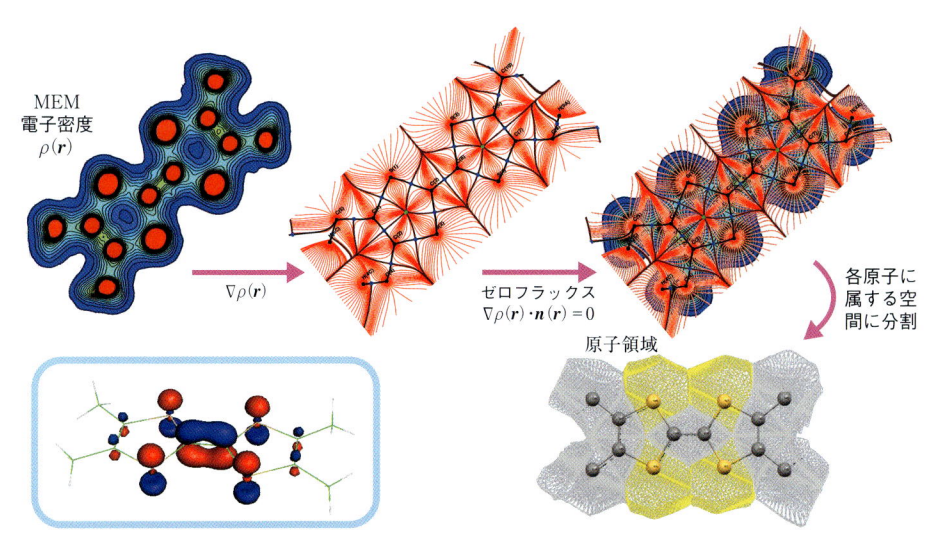

【口絵2】 TMTTF 分子の電子密度分布を解析するための手法（図1.7）
（上段左）マキシマムエントロピー法（MEM）による電子密度の図示，（上段中）$\nabla\rho$ による勾配ベクトル場，（上段右）局所的なゼロフラックス面（$n(r)$ は面に垂直な単位ベクトル）．（下段右）ゼロフラックスを用いて空間を分割した各原子に所属する空間．（枠内）量子化学計算によって得られる HOMO の電子密度．

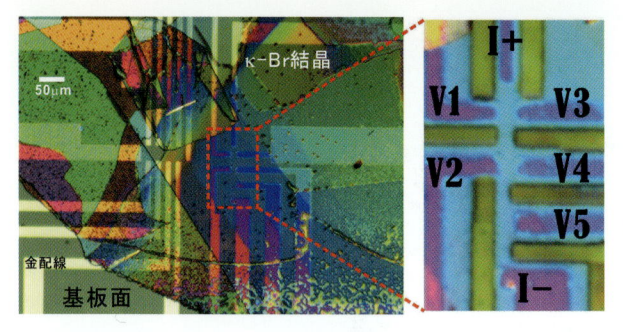

【口絵3】
有機超伝導トランジスタの光学顕微鏡像（左：レーザー加工前，右：加工後）（p.123）

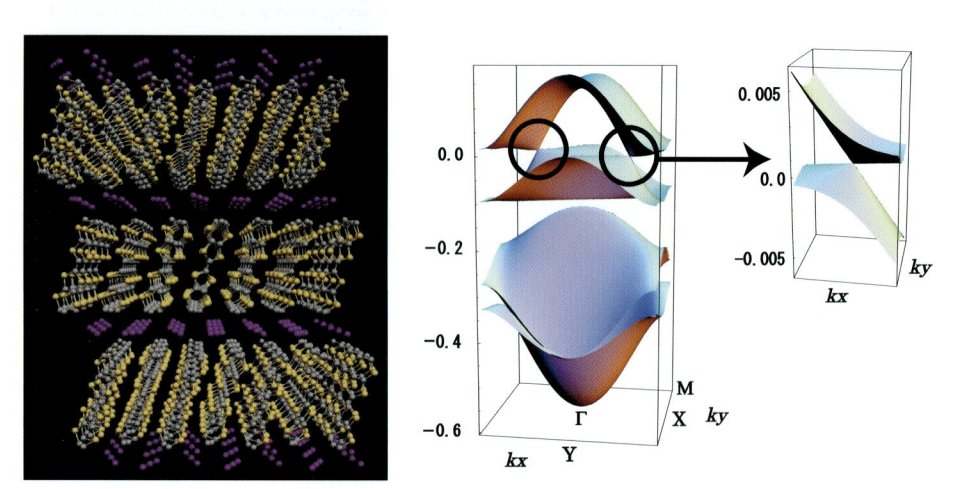

【口絵4】（左）α-(BEDT-TTF)$_2$I$_3$ の結晶構造（図6.1）．（右）$P_a = 4$ kbar の圧力下における α-(BEDT-TTF)$_2$I$_3$ のバンド構造（図6.3）

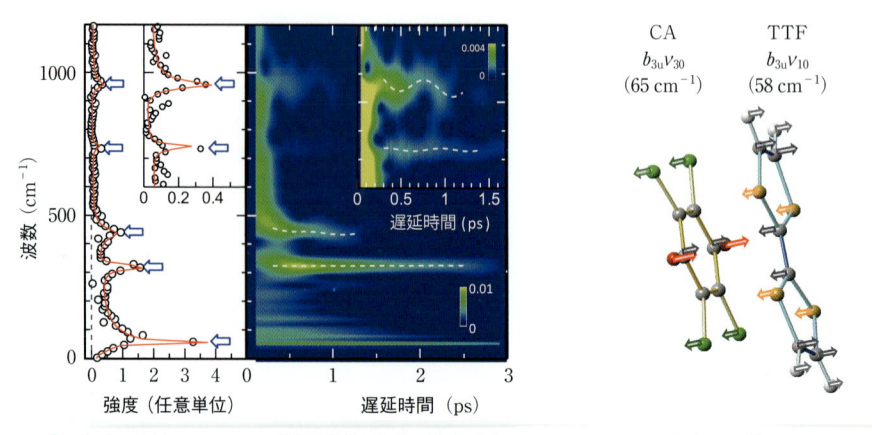

【口絵5】（左）TTF-CA の過渡反射率変化の振動成分のパワースペクトルとウェーブレット変換．（右）TTF および CA の屈曲モードの振動数とその様子（図8.15）

分子性物質の物理

― 物性物理の新潮流 ―

鹿野田一司・宇治進也 ［編著］

朝倉書店

執筆者

*宇治進也	うじ・しんや	物質・材料研究機構超伝導物性ユニット・ユニット長
小形正男	おがた・まさお	東京大学大学院理学系研究科・教授
岡本　博	おかもと・ひろし	東京大学大学院新領域創成科学研究科・教授
賀川史敬	かがわ・ふみたか	理化学研究所創発物性科学研究センター・ユニットリーダー
*鹿野田一司	かのだ・かずし	東京大学大学院工学系研究科・教授
小林晃人	こばやし・あきと	名古屋大学大学院理学研究科・准教授
佐々木孝彦	ささき・たかひこ	東北大学金属材料研究所・教授
澤　　博	さわ・ひろし	名古屋大学大学院工学研究科・教授
田嶋尚也	たじま・なおや	東邦大学理学部・准教授
中澤康浩	なかざわ・やすひろ	大阪大学大学院理学研究科・教授
山本浩史	やまもと・ひろし	分子科学研究所協奏分子システム研究センター・教授

(五十音順. *は編著者)

まえがき

　分子性伝導体は1950年台に我が国で産声をあげ，その研究は現在に至るまで著しい発展を遂げてきた．ほぼ同義語である"有機伝導体"の名が与える印象は，"有機物"は物理学者の研究対象になりうるのか？　そもそも電気は流すのか？　というものであった．しかし，我が国の先駆的な研究をきっかけに，電気を流しやすい多種多様な分子性物質（有機物質）が合成されるようになり，そのいくつかは低温で超伝導を示すまでになった．さまざまな分子性伝導体，超伝導体が合成され，それが低次元電子系（特定の方向に特に電気が流れやすい伝導体）の物理学や強相関電子系（互いに強く斥力相互作用する電子の集団）の物理学の発展を促した．一方で，磁気物性，半導体物性，誘電物性，光物性など多岐にわたる分野で分子性物質が台頭しつつある．現時点では，分子性物質は現代物性物理学の最前線にいるといっても過言ではないだろう．

　物質科学一般において，分子性物質に共通する第一の特徴は，物質が分子という中間構造体を単位として構成されていることであろう．この中間構造体には，異方的な形を持つことからその配列に多様性が生まれ（配列自由度），原子軌道では不可能な（分子）軌道を設計することができ（軌道自由度），屈曲などのしなやかさを持つ（構造自由度）という特徴がある．このような特徴を持つ分子が周期的に配列し固体になることで，それら自由度がきわめて興味深い物性を引き起こすということが明らかになってきた．分子性物質の物理学は，決して分子性物質のみに閉じたものではなく，他の多くの物質群で展開されている物性研究と共通の研究基盤を有しながら，"新しい潮流"を作り出すものである．本書は，そのような"新しい潮流"を開拓しつつあるいくつかの研究トピックスを解説したものである．現代物性物理を分子性物質という窓から眺めたものと捉えていただきたい．広く物性物理を専門とする学生，研究者，さらには，この分野の化学を専門とする学生，研究者にも興味をもって読めるよう，わかりやすく解説したものである．

　　2015年9月

鹿野田一司
宇治進也

目　次

1. 分子性物質とは 〔鹿野田一司・澤　博〕… 1
 1.1 分子の作る結晶 … 1
 1.2 分子性伝導体の歴史 … 2
 1.3 分子性物質の構造 … 5
 1.4 分子性物質の電子 … 8
 1.5 電子状態の不安定性と多様性 … 14
 1.6 なぜ分子性物質か？ … 16
 1.7 本書の概観 … 17

2. 電子相関と金属-絶縁体転移 〔佐々木孝彦〕… 21
 2.1 金属状態と絶縁体状態 … 21
 2.2 強相関電子状態 … 22
 2.3 電荷秩序絶縁体 … 29
 2.4 モット絶縁体 … 36

3. スピン液体 〔中澤康浩・小形正男〕… 51
 3.1 スピン系におけるフラストレーションとは … 51
 3.2 磁性の基礎理論とスピン液体への興味 … 52
 3.3 スピン液体的な性質を示す物質 … 55
 3.4 ダイマーモット型の分子性スピン液体物質 … 57
 3.5 スピン液体基底状態の実証 … 59
 3.6 熱力学的な基底状態と励起構造 … 61
 3.7 磁気的性質 … 64
 3.8 熱伝導 … 67
 3.9 誘電率と熱容量・熱膨張率の異常 … 68
 3.10 スピン液体状態と周辺相の関係 … 71
 3.11 スピン液体の理論的な興味 … 72

3.12　今後の課題と展望……………………………………………………75

4. 磁場誘起超伝導………………………………………………〔宇治進也〕…78
　　4.1　有機超伝導体と磁場効果…………………………………………78
　　4.2　ジャッカリーノ-ピーター効果……………………………………80
　　4.3　λ-(BETS)$_2$FeCl$_4$の結晶構造…………………………………………82
　　4.4　磁場誘起超伝導……………………………………………………83
　　4.5　フィッシャー理論による解析……………………………………85
　　4.6　その他の磁場誘起超伝導…………………………………………87
　　4.7　新奇超伝導：FFLO超伝導…………………………………………88
　　4.8　超伝導秩序変数の空間変化………………………………………91
　　4.9　磁気トルク…………………………………………………………96
　　4.10　FFLO状態の磁場方位依存性……………………………………98

5. 電界誘起相転移………………………………………………〔山本浩史〕…103
　　5.1　フィリング制御型相転移と分子性固体…………………………103
　　5.2　フィリング制御とアンダーソン転移……………………………103
　　5.3　フィリング制御とモット転移……………………………………105
　　5.4　有機FET……………………………………………………………109
　　5.5　分子性導体を用いた有機FET……………………………………111
　　5.6　有機モットFET……………………………………………………112
　　5.7　電界誘起モット転移………………………………………………114
　　5.8　有機モットFETの両極性動作……………………………………118
　　5.9　フレキシブル・モットFET………………………………………120
　　5.10　有機超電導FET……………………………………………………121
　　5.11　この章のまとめ……………………………………………………123

6. 質量のないディラック電子………………………〔田嶋尚也・小林晃人〕…126
　　6.1　固体中における質量のないディラック電子……………………126
　　6.2　分子性ディラック電子系のバンド構造…………………………127
　　6.3　ディラック電子系のハミルトニアン……………………………129
　　6.4　ディラック電子のランダウ状態…………………………………134

6.5 ディラック電子系物質の物理現象 …………………………………… 136
6.6 磁場下のディラック電子 ………………………………………………… 139
6.7 この章のまとめ …………………………………………………………… 145

7. 電子型誘電体 ……………………………………………〔賀川史敬〕… 148
7.1 強誘電体とは ……………………………………………………………… 148
7.2 巨視的強誘電分極の物理的解釈 ………………………………………… 148
7.3 イオン強誘電性と電子強誘電性 ………………………………………… 156

8. 光誘起相転移と超高速光応答 …………………………〔岡本 博〕… 166
8.1 分子性物質の光誘起相転移 ……………………………………………… 166
8.2 超高速光誘起相転移の測定法 …………………………………………… 167
8.3 光誘起絶縁体-金属転移 …………………………………………………… 170
8.4 光誘起中性-イオン性転移 ………………………………………………… 177
8.5 テラヘルツ光による強誘電分極の超高速制御 ………………………… 187
8.6 この章のまとめ …………………………………………………………… 194

化合物略称リスト ……………………………………………………………… 197

索　　引 ………………………………………………………………………… 199

1. 分子性物質とは

1.1 分子の作る結晶

　電子は電荷とスピンを持っている粒子でありながら量子力学的な波動性を兼ね備えている．これが多数集まって相互作用しあうと，実に不思議な集団となる．現代の物性物理学は，この電子の集団の振舞いに着目し，興味深い性質を示す物質の開発とそこに現れる物性の発現機構の解明を目標の一つとして掲げている．すべての粒子が同調して一つの量子状態に凝縮する超伝導，磁場や電場に対する巨大な応答，電子が互いに反発しあって起こる電子の結晶化（ウィグナー結晶）など，その姿は変幻自在である．

　これらの多彩な物性を発現する舞台は無機系物質と有機系物質に大きく分けられる．物質の構成要素はもちろん原子であるが，無機系物質の多くは，直接原子が組み上がって構成されている（図 1.1（左））．周期表にある 100 種類程度の元素が持ち札のすべてである．一方，有機系物質のほとんどは，原子が分子という中間的な構造体を作り，それが積みあがって物質を構成する（図 1.1（右））．前者は個人が集まって社会を作るのに対して，後者では，個人がまず絆の強い家族

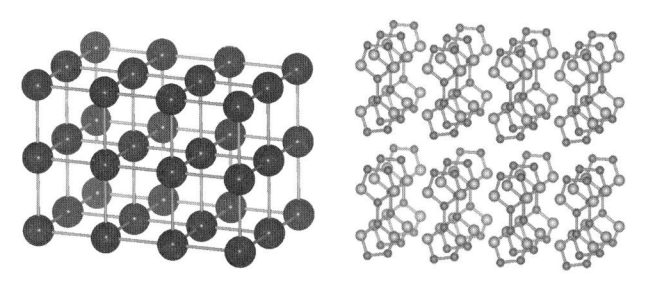

図 1.1　無機物質（左）と有機分子性物質（右）

を作り，そして社会ができると例えられる．分子自体は限られた元素でできているもののその種類は数百万種を超え，さらにこれらが組み合わされて物質を構成しているために，分子性物質の種類は事実上無限大である．分子の設計と合成は化学分野の最も得意とするところであり，いまこの瞬間にも新しい分子が合成され続けている．物理学は化学に支えられている．

分子自体の種類の多さに加え，凝集を引き起こす分子間の主要な引力が比較的弱いファンデルワールス力であることと，その引力が異方的であることから結晶構造にも多様性が生まれる．似た分子であっても，構造や化学的性質の小さな差異が，結晶化において構造に変化をもたらし，その結果，物性として劇的な変化をもたらすことがある．その構造についてもある程度の制御ができつつあり，物質設計および構造制御の観点からも，分子性物質は酸化物や合金とは異なる多様性を備えている．一方，物性現象は関与する自由度の凍結や解放によって生じると理解できるが，分子性物質では分子の持つ独特な自由度が相互作用することできわめて豊かな物性が発現する．

本書は，分子性物質を舞台として展開している物性研究の中でも，近年の物性物理学において広く注目されているテーマに焦点を絞り，その研究の最前線を基礎から解説する．

■ 1.2 分子性伝導体の歴史 ■

本題に入る前に，分子性物質研究の歴史について簡単に触れる．特に，本書で取り上げるテーマの多くが関連する，電気伝導性物質の開発の足跡をたどる．

1950年代の初めに，東京大学の赤松秀雄，井口洋夫，松永義夫は，絶縁体であるペリレン分子性固体が，臭素やヨウ素雰囲気にさらされることにより電気伝導体に変わることを見いだした[1]．有機伝導体の発見である．固体中に取り込まれたハロゲン（ハロゲンドープ）が，ペリレンから電子を引き抜き，正孔が動き回ることで電気が流れたのである．異なる分子間での電子の受け渡しが伝導性の鍵を握っていた．それが，後の電荷移動錯体における多くの金属物質の発見につながる．電荷移動錯体とは，電子供与（ドナー）性の分子から電子受容（アクセプター）性の分子に電子の移動が起こり，電荷を帯びた分子同士が軌道相互作用や静電相互作用などの引力によって錯体を形成するものである．

1960年代にはハロゲンドープによる有機伝導体の作成のアイデアはよく知ら

れるようになったが，物理または物理化学の分野に限られた．1967 年の秋，白川英樹のグループがフィルム状の高分子ポリアセチレンを合成した．アルミフォイルのような金属光沢の外観から導電性を期待しテスターを当てた白川であったがピクリともしない．高分子の専門家であった白川らはハロゲンドープには思い至らなかった．しかし，粉末と異なりフィルム状態の高分子ならいろいろな測定が可能である．一気にポリアセチレン研究は加速し，1976 年東京工業大学を訪れた A. G. マクダイアミドはこの金属光沢のあるフィルムをみて驚き，やがてドーピングによる導電性の発現という大発見に至って[2] 白川，A. J. ヒーガーとともにノーベル化学賞を受賞することとなる．

一方，低分子結晶による分子性導体研究については，歴史的には 1950 年代，米国の DuPond 社によるテフロンの開発に端を発する．現代でも応用的に重要な位置づけであるテフロンの成功の鍵はエチレンの水素を電子吸引性のフッ素へと置換したことであった．電子吸引性置換基の典型例はシアノ基であるため，テトラシアノエチレン（TCNE，図 1.2．以下，分子の略称は図 1.2 を参照）を合成したが，重合して高分子とはならなかった．そこで，TCNE の二重結合の部分に芳香族環を導入し合成されたのが TCNQ である．この分子も重合は起こらなかったが，シアノ基を 1 分子中に 4 個も持つアクセプター分子であることに着目して，ドナー分子と混ぜることで，数多くの電荷移動錯体ができた．これらの錯体の中に，有機物質であるにもかかわらず，導電性の高い物質がいくつか見つかり，1960 年代は世界的な TCNQ ブームとなった．F. ヴドルはドナー分子として TTF に着目した．TTF と TCNQ を混ぜると，いとも簡単に錯体が生成され高い電気伝導度を示した．この錯体結晶の電気伝導度の測定をヒーガーらが行ったところ，約 60 K で超伝導のゆらぎを示す実験結果が得られ，大きな衝撃が走った．しかし，これは実験的なミスであることがわかり，その後の正確な測定によって，60 K 付近まで金属的な電気伝導度を示すものの，それより低温では絶縁化することがわかった[3]．

超伝導にはならなかったものの，TTF・TCNQ の性質は金属的な電気伝導体から低温において絶縁体に転移するという興味深いものであった．後に，この転移が R. E. パイエルスによって理論的に予言されていた低次元電子系に特有の不安定性（パイエルス転移あるいは電荷密度波転移．1.5 節を参照）であることがわかり，分子性導体の研究は低次元系の電子論を牽引するとともに，化学と物理の緊密な融合研究として位置づけられた．これらの背景のもとに 1970 年代には

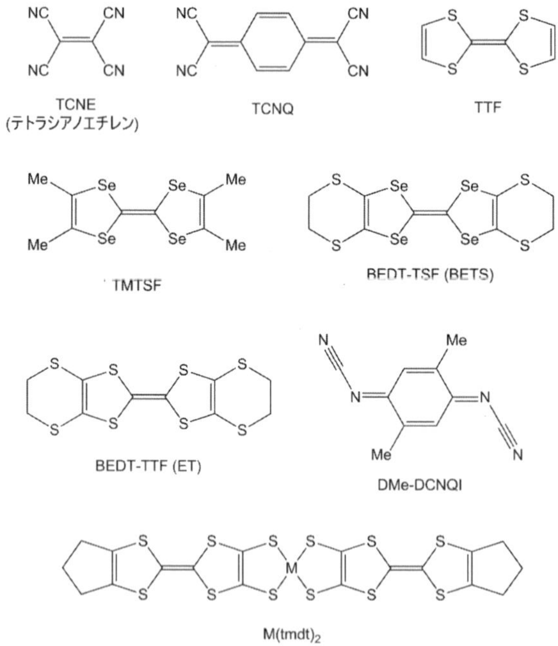

図 1.2 分子性伝導体を作る分子の構造と略称

数多くの TTF 類縁体が合成された．特に，TTF の硫黄をセレンや，テルルで置き換えることで，電子状態の次元性が変わることが明らかになり，物質制御，特に電子状態の制御における化学的方法の有効性が示された．K. ベチガードは D. O. コーワンの研究室に留学して TMTSF を合成し，錯体 (TMTSF)$_2$PF$_6$ を電解結晶法により合成した．その結晶の電気伝導度の温度依存性は金属的であったが低温で絶縁化した．そこで D. ジェロームとともに圧力下での電気抵抗測定を行って，極低温ではあるが超伝導を観測した (T_c = 1.6 K at 6 kbar)[4]．初めての有機超伝導体の発見である．その後に作成された多くの TMTSF 錯体のいくつかは圧力下超伝導体であったが，(TMTSF)$_2$ClO$_4$ は常圧下約 1 K で超伝導転移を示した．

さらに，TTF の誘導体として BEDT-TTF が合成され，種々のアニオン分子 X との錯体 (BEDT-TTF)$_2$X が数多く合成された．これらの錯体から多くの超伝導体が生まれたことは有名で[5]，特に日本の研究者が数多くの超伝導体の発見に貢献した．BEDT-TTF 錯体は常圧で超伝導を示す物質が多く，転移温度も 10 K を超えるものが少なくないことから[6]，さまざまな実験的な研究が進んだ．その詳細については，以下の章で語られる．

一方，TCNQ の誘導体として合成された DCNQI 分子はアクセプター分子であり，1 価の陽イオン Li$^+$, Ag$^+$ と錯体を作る．また，Cu との錯体では，劇的な金属-絶縁体転移を示す[7]．この相転移は，DCNQI の π 電子と Cu の d 電子との強い π-d 相互作用に起因していることから，この種の物質の研究がたとえば金属ナノパイ質における機能発現の理解につながる可能性など，新しい分野への発展が期待される．π-d 電子系の特徴は，一つの物質の中での π 電子の電気伝導性と d 電子の磁性のシナジー効果であるが，BETS 分子 (BEDT-TTF 分子の S を Se に置換した分子) と Fe を含むアニオンとの錯体は，超伝導にも新しい性質を与えた (第 4 章参照)[8]．この後，単一成分からなる分子性金属結晶，さらに超伝導体の発見へとつながり，分子性導体研究の新しい時代の幕開けとなる．

以上の研究の発展の背景には，後の節で解説される分子軌道計算や第一原理計算による電子構造の研究や，分子配列をパラメーターとして種々の強相関電子相を統一的に理解しようとする理論研究の存在があった．

1.3 分子性物質の構造

分子性物質の結晶は，分子の構造と分子間力の異方性を反映した結晶構造をとる．図 1.2 に金属あるいは超伝導体となる物質を作る分子のいくつかを示しているが，すべて平板状の形状であり，結晶中では分子面同士を平行に合わせて，分子が特定の方向に積層することが多い．この異方的な結晶構造は，さまざまな物性に影響する．

興味ある物性を示す分子性物質は，2 種類の分子からなる電荷移動錯体を形成することが多く，現に本書で取り上げる物質のほとんどは電荷移動錯体である．分子の堆積の仕方は二つのパターンに大別される．それぞれの分子同士が別々に堆積する型 (後述する (TMTSF)$_2$X, (BEDT-TTF)$_2$X はこれに相当) と 2 種類の分子が交互に堆積する型である (第 8 章に登場する TTF-CA がこれに相当).

前者の物質は，それぞれあるいは片方の積層系が伝導系あるいは局在スピン系を形成することにより，電気伝導性や超伝導性，あるいは磁性に関する物性を発現することが多く，第2章から第6章までに現れる物質はこのタイプの構造を持つ．一方，後者の物質は，電荷の異なる分子が交互に配列することにより，電気分極が発生しやすく，誘電性に関係する第7章や第8章ではこのタイプの物質が取り上げられる．扱う物質が結晶である以上，繰り返し単位である単位胞が存在するが，この積層構造と単位胞を直接的に結び付けて理解しようとすると多少難しい．分子性結晶が無機物質系に比べて複雑に感じられる大きな理由がこの結晶構造の一見した複雑さにあるが，とりあえず，分子を構成する原子を忘れて，分子を平らな原子と見なすと，結晶構造の特徴はわかりやすい．この大まかな見方は，後述するように，電子状態の理解にも有効である．電荷移動錯体の構造を，有機物質で初めて超伝導を示した (TMTSF)$_2$X と転移温度が初めて10Kを越した (BEDT-TTF)$_2$X を例にみてみよう．どちらも，分離積層型ではあるが，ドナー分子の配列に注目すると，前者は1次元的，後者は2次元的な構造をとる．

1.3.1　準1次元構造 (TMTSF)$_2$X の場合

TMTSF 分子は1価の閉殻アニオン X$^-$ と 2:1 塩を形成して結晶化し，分子面に垂直な π 分子軌道が重なり合う1次元的なカラム構造をとる．一般的には，X$^-$ の種類によらずに空間群 P$\bar{1}$ の同型構造をとる（図1.3）．X$^-$ が対称心のサイト上に配置し，二つのドナー分子が対称心で結ばれる結晶構造となる（図1.3）．

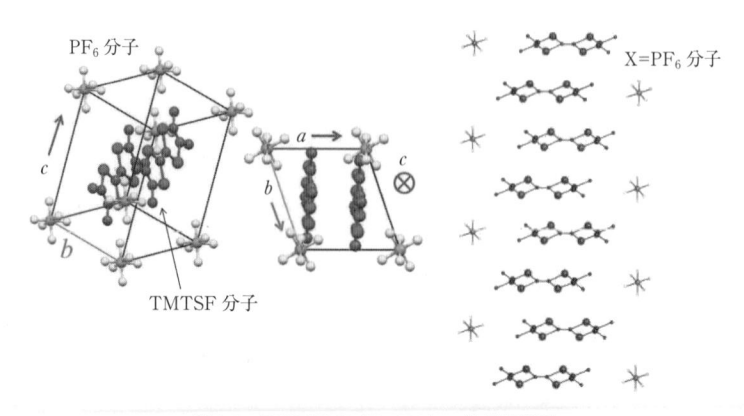

図1.3　TMTSF$_2$X (X = PF$_6$) の結晶構造図

この積層方向の a 軸に最も電気伝導度が高く，これに垂直な c 軸方向では低い．X^- の種類に依存するものの伝導度の比率は 1000：1 ほどにもなる．積層した分子面内で Se が張り出す b 軸方向（カラム間方向）の伝導度はその中間的な値となる．少し複雑に聞こえるが，X^- 自身に対称心のない四面体アニオン ClO_4 では，その向きも秩序化する．この場合には秩序-無秩序転移が生じるために低温で超格子構造が現れる．このように，分子自身の対称性も物性に影響を及ぼすことがある．

1.3.2　準 2 次元構造 (BEDT-TTF)$_2$X の場合

TMTSF 分子は 1 次元的な構造をとることで，パイエルス不安定性（1.5 節を参照）を起こし易く，これは電気伝導性に不利に働く．そこで，分子の横方向の分子軌道の重なりが大きくなるように設計されたのが BEDT-TTF ドナー分子である．この場合には種々のアニオンに依存した多様で多彩な構造が可能となるが，共通した特徴として BEDT-TTF 分子が凝集することで 2 次元的な分子配列層を形成し，X^- の存在する層との間でサンドイッチ構造をとる．この 2 次元的な面内での BEDT-TTF 分子配列に大きく影響しているのは，分子の外側の六員環部分である．この部分は，分子内側の平面的な骨格に対して分子面の上下に立体的に張り出しているために，分子が積み重なろうとすると立体幾何学的な障害となる．したがって，TMTSF 分子などと比べて分子の積層構造を安定に作ることが難しく，微妙な配列のずれが生じることでさまざまな配向様式が実現する．この配向形式は α, β, κ …などのギリシャ文字で区別されるが，対イオンの種類によって微妙な差異がある場合には α' のようにダッシュを付けて区別される（図 2.4 参照）．たとえば α 型，θ 型はヘリングボーン（herring bone）と呼ばれる配列をしている．β 型は TMTSF 系の結晶構造に似ているが，カラム間の相互作用が強いために電子状態はより 2 次元性が強い（図 1.4 左）．このように BEDT-TTF 分子の配列とアニオン X^- との組合せが型を決めているように説明したが，実は同じ X^- であっても配列の異なる配列（多形）が存在しているのでややこしい．これは，結晶構造がかなり相互作用が拮抗してできていることを表している．実験的には多形の存在は厄介であるものの，同じ組成で異なる結晶構造が存在することは，物性を制御するパラメーターの多様性という点で有用である．

超伝導体が最も多く発見されているのが κ 型の配列である（図 1.4 右）．二つ

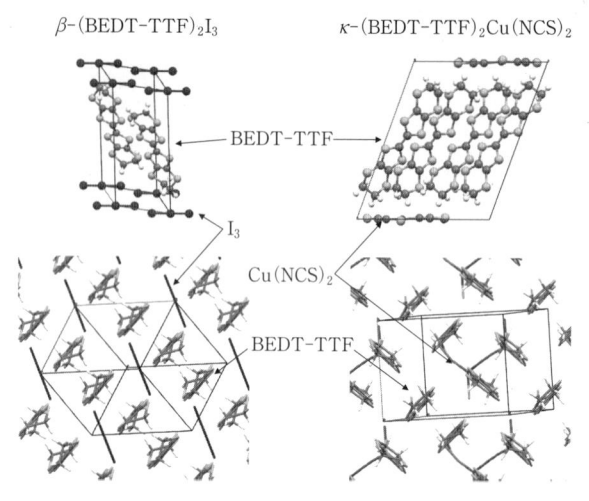

図 1.4 (BEDT-TTF)$_2$X の結晶構造図(左:β 構造,右:κ 構造.口絵 1 参照).

の BEDT-TTF 分子が二量体を作り,これが 2 次元面内で井桁状に配置することでより等方的な 2 次元電子状態が実現している.特に X が孤立した対アニオン分子ではなく,高分子状のアニオンである Cu[N(CN)$_2$]Cl, Cu(NCS)$_2$ などの結晶が 10 K を超える高い超伝導転移温度を持つ.第 2 章と第 3 章の主役が,この κ 型配列を持つ物質である.

1.4 分子性物質の電子

1.4.1 分子軌道という概念

　無機固体の電子状態を理解する際の出発点は原子軌道である.たとえば金属銅は,銅の 4s 軌道にある電子が,金属的な電気伝導とパウリ(Pauli)常磁性を与える.これに対して,分子性物質でその役割を担うのは,分子軌道である.最も単純な分子として水素分子を考えよう(図 1.5).二つの 1s 軌道が接近して混成するが,同符号で線形結合する結合性軌道と,異符号で結合する反結合性軌道とに再構成され,固有エネルギーが分裂する.水素分子が凝集して固体を形成すると,分子間で波動関数の混成が起こるが,弱い分子間力による混成は,分子内でのエネルギー分裂に比べてはるかに小さいので,結合性軌道と反結合性軌道が混じることはなく,それぞれが次項で説明するバンドを構成することになる.

1.4 分子性物質の電子

もっと多くの原子からなる複雑な分子でも同様に考えることができる．図1.6には，45個の原子（Ni, C, S, H）からなる分子 Ni(tmdt)$_2$ の構造，結晶構造とともに，分子軌道をそのエネルギー準位に対応させて描いている[9]．小林昭子らによって合成された1種類の分子で金属的な伝導を示す歴史的に意義深い物質である[10,11]．この分子を構成する多数の原子軌道が再構成されて分子軌道が作られる．分子軌道の計算には，拡張ヒュッケル法など，いくつかの方法があるが，ここで示したのは第一原理計算の結果である．分子軌道は分子内に広がるが，軌道ごとに特徴的な空間分布を持つ．各分子軌道は，0.5 eV 程度の間隔でエネルギー的に分離している．分子が中性になるまで電子を詰めたときの最高の準位にある占有軌道を HOMO（highest occupied molecular orbital），その上の非占有軌道を LUMO（lowest unoccupied molecular orbital）と呼ぶ．図1.6では，分子軌道 C が HOMO，B が LUMO となる．Ni(tmdt)$_2$ では，HOMO と LUMO がエネルギー的に近いので，固体を形成したときに，分子間で HOMO 同士，LUMO 同士の混成に加え，HOMO-LUMO の混成も起こり，これら2軌道がともに物

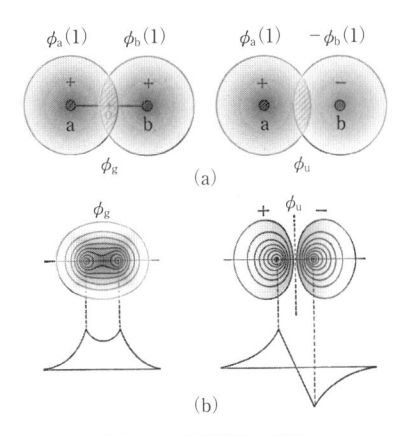

図 1.5 水素分子の軌道
二つの水素原子の軌道の符号の関係（a）と対称性軌道と反対称性軌道の等高線図（b）．

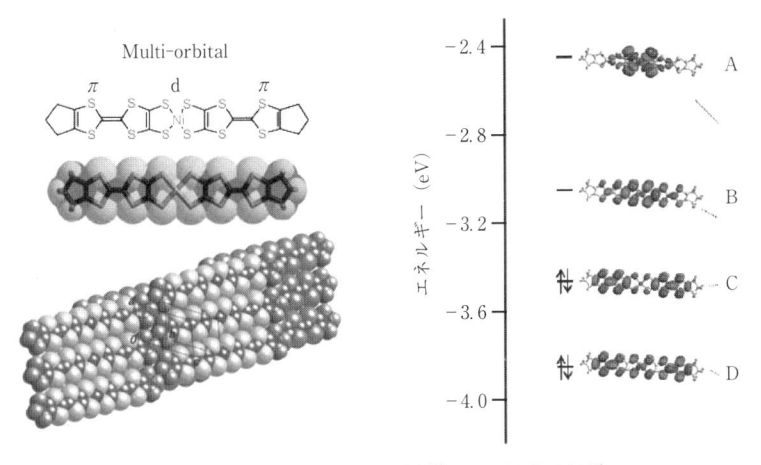

図 1.6 Ni(tmdt)$_2$ の構造図（左）[11] と分子軌道（右）[12]

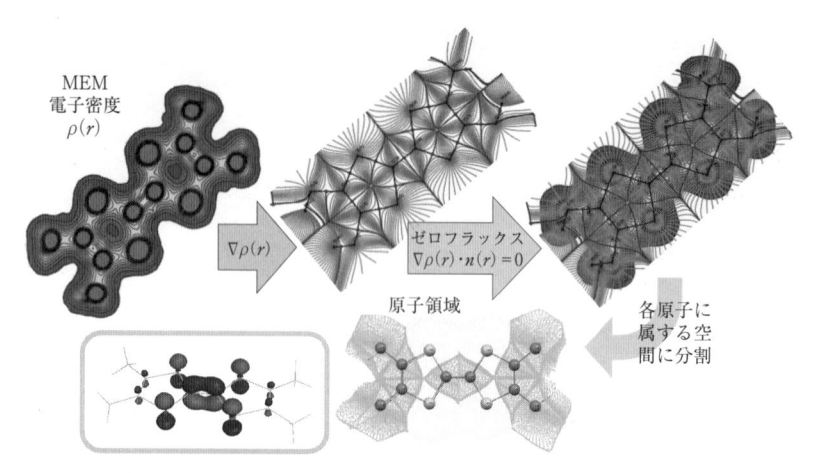

図 1.7 TMTTF 分子の電子密度分布を解析するための手法（口絵 2 参照）

性に関与することになる．これらの二つの軌道が，物性を決めるという意味で，HOMO と LUMO が「フロンティア軌道」となる．多くの分子では，HOMO と LUMO がエネルギー的によく分離していて，水素分子の場合と同様に，固体においてもそれぞれの軌道が独立にバンドを作る．すなわち，HOMO あるいは（他の分子から電子をもらって）LUMO のどちらか一方だけがフロンティア軌道となる．分子を構成するおびただしい数の原子軌道をすべて考慮する必要はなく，一つの分子を一つあるいは二つの分子軌道で代表させることができるという点が，分子性物質の電子状態を理解するうえでの出発点であり，最も重要な点である．

フロンティア軌道の空間分布は，$Ni(tmdt)_2$ でみたようにエネルギーによって異なる．すなわち，分子の持っている自由度はエネルギーバンドの観点からは単純ではあるものの，実空間における分布は複雑さが内在しているようにも見受けられる．エネルギーバンドを直接観測する光電子分光の精密な測定や，実空間における空間的な電子分布を直接観測する実験手法が，最近の分子性結晶の研究の奥行を広げている．図 1.7 に示したのは，$(TMTTF)_2PF_6$ という物質中の TMTTF 分子の HOMO を放射光 X 線回折による実験と特殊な解析によって決定し描くプロセスである．電子密度解析を行うことで，分子軌道の自由度が直接議論できつつある．

1.4.2 バンド構造の形成

バンド構造とバンド充塡率は，その物質の電子構造を特徴づける．たとえば，

1.4 分子性物質の電子

> **コラム**
>
> 分子の電子状態を精密に議論する場合には，電子の空間的な分布状態を扱う必要があるが，問題はどの電子がどの原子に所属しているかを如何にして明らかにするかということである．ベイダー（Bader）解析[13]はトポロジカル解析とも呼ばれ電子密度分布 $\rho(\boldsymbol{r})$ の中に原子を定義し，原子の価数に相当するベイダー電荷（Bader charge）や原子間の結合特性を評価する．R. F. W. ベイダーらは，多電子系は特定の境界条件を満足するただ一つの量子サブシステムに分割できることを示した．この方法では，電子密度分布が $\nabla\rho(\boldsymbol{r})$ の勾配ベクトル場における局所的なゼロフラックス（$\nabla\rho(\boldsymbol{r})\cdot\boldsymbol{n}(\boldsymbol{r})=0$，ただし $\boldsymbol{n}$ は面の法線ベクトル）の面によって分割される．この面を原子間表面（interatomic surface）と呼び，これによって作られる領域を原子領域（atomic basin）と呼ぶ．TMTTF 分子を例にとって解析の様子を示したのが図 1.7 である．原子間表面上ではビリアル定理が成り立ち，結合特性を導くための局所的な表現は（1.1）式によって与えられる．この式によって，ポテンシャルエネルギーと運動エネルギーの局所的な寄与は，電子密度 ρ のラプラシアンに関連付けられる．
>
> $$\frac{\hbar}{4m}\nabla^2\rho(\boldsymbol{r}) = 2G(\boldsymbol{r}) + V(\boldsymbol{r}) \qquad (1.1)$$
>
> ここで $G(\boldsymbol{r})$ は電子の運動エネルギー密度，$V(\boldsymbol{r})$ は電子のポテンシャルエネルギー密度である．$G(\boldsymbol{r})$ は正，$V(\boldsymbol{r})$ は負の値を持つ．ベイダー解析では，結合中点を結合臨界点（bond critical point : BCP）と呼ばれる点で定義する．共有結合特性が強い場合，BCP でのポテンシャルエネルギーが運動エネルギーに勝り，（1.1）式は負の値となる．一方，イオン結合特性が強い場合，BCP での運動エネルギーがポテンシャルエネルギーに勝り，（1.1）式は正の値となる．つまり，結合中点での $\nabla^2\rho$ の符号と値から，結合特性を定量的に評価できる．こうして，電子の空間分布状態を得てこの手法と組み合わせると，孤立した分子の電子数だけでなく，結合特性までもが議論できるようになる．

軌道が 2 個の電子で占有されていれば，その軌道が作るバンドも完全に充塡され，絶縁体となる．金属であるためには，バンドが部分的に充塡されている必要がある．分子性物質が複雑な結晶構造を持つことはすでにみたとおりであるが，分子性導体の最も特筆すべき特徴はその電子構造の単純さである．前項で述べた分子軌道（フロンティア軌道）が分子間で混成することで形成されるバンド構造をみてみよう．物質のバンド構造を理解する枠組みとして，ほとんど自由な電子による近似と強束縛近似の二つの極限がある．前者が，結晶中で隣接する分子軌道間の重なりが大きく，分子が作る格子を自由電子に対する弱い周期ポテンシャルと

して取り込む近似であるのに対し，後者は，分子軌道間の重なりが小さく，電子は各分子軌道によく束縛され，軌道間を小さな値の移動積分を通して運動するというものである．上でみたように，分子の凝集は，種々の結合の中でも最も弱いファンデルワールス力で起こることから，隣接する分子軌道の重なりは小さく，分子性物質のバンド構造は，強束縛近似でよく記述されることが，さまざまな物質について確かめられている．強束縛近似は，次のハミルトニアンで記述される．

$$H = \sum_{\langle ij \rangle} \sum_{\langle \alpha\beta \rangle} \sum_\sigma (t_{ij}^{\alpha,\beta} c_{i\sigma}^{\alpha\dagger} c_{j\sigma}^{\beta} + h.c.) \tag{1.2}$$

ここで，$c_{i,\sigma}^{\alpha\dagger}$ は，結晶中の分子 i の中の分子軌道 α（図1.6のA, B, C, Dに対応）に対するスピン σ を持つ電子の生成演算子，$t_{i,j}^{\alpha,\beta}$ は，分子 j の分子軌道 β から分子 i の分子軌道 α への移動積分である．強束縛近似では，移動積分 $t_{i,j}^{\alpha,\beta}$ を知ることがポイントである．そのためには，まず分子軌道を計算し，それを結晶中の各分子に置いて，軌道間の移動積分 $t_{i,j}^{\alpha,\beta}$ を計算する．あとは，固体物理学の教科書レベルの計算で，電子の波数 k とエネルギー ε の分散関係が得られ，バンド構造を知ることができる（森健彦により，分子軌道，移動積分，分散関係，さらにはフェルミ面の計算までがパッケージ化され，提供されている[14]）．図1.6の分子軌道の中で伝導に寄与する可能性のあるHOMO（分子軌道C）とLUMO（分子軌道B）のみを拾い出して強束縛近似計算を行った結果の分散曲線が図1.8(a)である．二つの軌道に対応して二つのバンドが存在するが，それらに重なりがあるために，フェルミエネルギーがバンドの中に位置し導伝性（金属）を与える．二つのバンドに重なりがなければ，下のバンドが完全に詰まったバンド絶縁体になる．私た

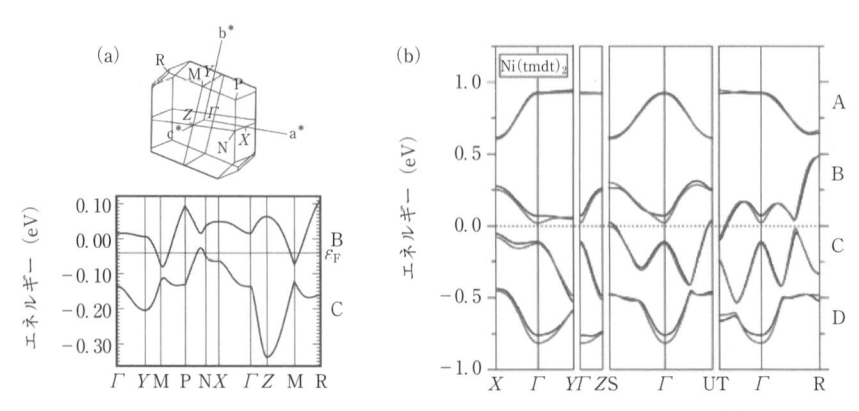

図1.8 第1ブリュアンゾーン（左上図）とエネルギーバンドの分散曲線[11,15]．横軸はブリュアンゾーン内の波数位置．縦軸は，電子のエネルギー．

ちの周りにあるほとんどの有機物質（化学薬品など）が絶縁体である理由は，この HOMO と LUMO が大きく離れているためである．

一方，分子軌道を出発点とせずに，物質が分子から成り立つことを忘れて，すべての原子軌道を取り込んでバンド構造を計算するのが，第一原理計算として知られる手法である．単位胞に数十，場合によっては百を超える原子を含む分子性物質に対しても，近年の計算機の処理能力の向上によって計算が可能になった．図 1.8(b) に濃い曲線で示したのが，その第一原理計算によって得られた分散関係である[15]．図 1.6 の四つの分子軌道に対応して四つのバンドが形成されており，図 1.8(a) の B と C に対応するバンドも定性的に再現されている．分子を忘れて計算しても，結果は「バンドは分子軌道から構成される」ことを物語っている．ところで，もう一度図 1.6 をみてみよう．分子の中心付近に局在した分子軌道 A は，中心金属の d 軌道とそれを囲む有機配位子の σ 結合を担う p 軌道が混成した d-pσ 軌道であるが，B, C, D は，中心の d 軌道にそれを囲む pπ 軌道が混成する d-pπ 軌道と両サイドの tmdt 上の π 軌道の計三つの軌道の分子内での混成から成り立っていることがみてとれる．これら四つの軌道は，分子が固体を成したときに隣り合う分子の間で混成するが，それが分子内の混成と同程度であるならば，この新しい軌道に基づいてバンド構造を理解することもできる．図 1.8(b) で薄い曲線で示したのは，第一原理計算の結果（濃い曲線）を，d-pσ 軌道，d-pπ 軌道と二つの π 軌道の強束縛近似 (1.1) 式でフィットしたものである[15]．このフィッティングから軌道間の移動積分 $t_{i,j}^{\alpha,\beta}$ が得られる．すなわち，電子間相互作用や電子格子相互作用の研究へと発展させるモデルハミルトニアンの基礎パラメーターとして，この移動積分を知ることができる．このように，第一原理計算とモデル計算を組み合わせる手法が近年の理論研究の新しい流れである．

これまで述べた Ni(tmdt)$_2$ のバンド構造では，HOMO と LUMO が互いに重なるバンドを形成していた．これは分子性物質では珍しい例で，ほとんどの分子性物質では，HOMO バンドと LUMO バンドはよく分離している．その場合，上で述べたように，HOMO バンドが完全に詰まった絶縁体となるはずであるが，なぜ分子性金属が存在するのか？　その答えは，分子性導体のほとんどが先に述べた電荷移動錯体だからである．つまり，異なる分子を取り込むことで，電荷移動が起こり，HOMO バンドから電子が引き抜かれるか，LUMO バンドに電子が注入されることで，部分的に充填されたバンド，すなわち伝導バンドができあがる．1.3 節で取り上げた BEDT-TTF 分子や TMTSF 分子はドナー性が強いので，

アクセプター性の強い脇役分子 X（閉殻アニオン X^{-1} となる）と多くの場合 2：1 の組成で $(BEDT-TTF)_2X$ や $(TMTSF)_2X$ を作る．このため，主役のドナー分子の HOMO バンドから，2分子当たり1個の割合で電子が引き抜かれホール伝導体となる．一方，R_1, R_2-DCNQI という分子は電子受容性が強いので，陽イオン M^+ と 2：1 の組成で $(R_1, R_2\text{-DCNQI})_2M$ を作り，LUMO バンドに（2分子当たり1個の割合で）電子が入り，電子伝導体となる．本書で取り上げる電荷移動錯体のほぼすべての物質では HOMO のみあるいは LUMO のみのバンドを考えればよい単純なバンド構造となっている．したがって，一つの分子には一つの分子軌道しかないと考えれば，強束縛近似のハミルトニアン（1.1）式は，

$$H = \sum_{\langle ij \rangle} \sum_{\sigma} (t_{ij} c_{i\sigma}^{\dagger} c_{j\sigma} + h.c.) \qquad (1.3)$$

と単純になる．これが，たとえば第2章で述べるように，電子間クーロン相互作用の項を付け加えたハバードモデルや拡張ハバードモデル（(2.2) 式）へと拡張される．

■ 1.5　電子状態の不安定性と多様性 ■

　固体物質の電子状態は，前節で述べたバンド構造をもとに理解される．電子が充填されている最も高いエネルギーにあるバンドが完全に占有され，その上のバンドとの間にエネルギーギャップがあると電子は動くことができない絶縁体となり，バンドが部分的にしか占有されていなければ金属となるはずである．しかしそのとおりにならないところが，物性物理の面白さである．バンド計算で金属になるはずのものが実は必ずしもそうならない．なぜか？　それはフェルミ面を持つ金属が宿命的に持つ不安定性による．まず有限な量子力学系を考えよう．よく知られているように，系のエネルギー固有値の縮退度と系の対称性には密接な関係がある．高い対称性を有している系は縮退度が高い．仮に対称性を落とすように系に変化を加えると，縮退が解けて，より高いエネルギー準位とより低いエネルギー準位へと状態の組換えが起こる．ゆえに，縮退した状態が部分的にしか占有されていない場合は，対称性の低下によって全エネルギーが下げられるので，系は自発的に対称性を落とすことで，縮退が解けた状態へと変化する．これは，ヤーン-テラー効果と呼ばれ，分子の変形の起源として広く知られている．このように，固有状態が縮退した系は摂動に対する不安定性を常に抱えている．フェルミ面を持つ金属も本質的にこれと同様な状況にある．フェルミ面とは，波数空

1.5 電子状態の不安定性と多様性

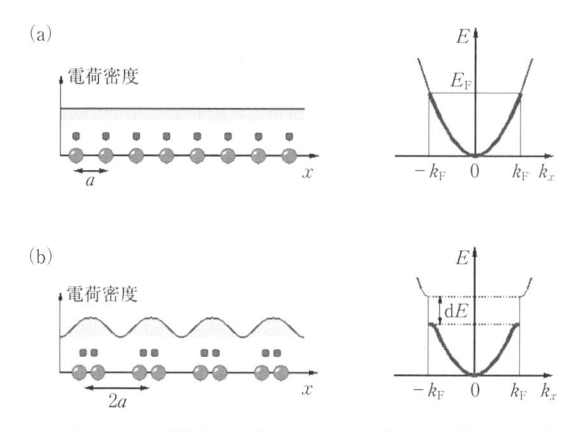

図 1.9 1 次元格子の電荷密度（左図）とバンド構造（右図）
(a) 格子が一様な場合．(b) 格子が $2k_F$ の波数で変調を受けた場合．

間で，フェルミエネルギーを持つ電子の波数が作る面で，無数の準位が縮退していることの証である．このため，電子系に作用するさまざまな摂動に対して電子系全体が不安定になる．よく知られているのが，1次元電子系におけるパイエルス転移と呼ばれる金属-絶縁体転移である（図1.9）．フェルミ波数 k_F から $-k_F$ まで電子が詰まった状態（図1.9(a)）に，波数 $2k_F$ で空間変化するポテンシャルが作用すると，縮退関係にある k_F と $-k_F$ の状態が前述のヤーン-テラー効果と同様のメカニズムで結合して上下に分裂し，エネルギーギャップ（ΔE）を作り絶縁体となる（図1.9(b)）．波数 $2k_F$ の空間変化は，格子，電荷密度，スピン密度など，電子格子相互作用や電子間相互作用などの強さに応じてさまざまな自由度で起こり，電荷密度波やスピン密度波が形成される．この現象が1次元系で起こりやすいのは，$2k_F$ の変調ポテンシャルによって，フェルミエネルギーを持つ全電子が縮退を解かれるからである[16]．

異なる機構として，電子間に有効的に引力が働く場合が考えられる．負の電荷を持つ電子同士には元来斥力が働くはずであるが，電子が動き回る舞台は正イオンからなる格子であることと，動く電子は斥力を容易に遮蔽できることから（2.2.1項を参照），実効的に動的な引力が働くこともある．このような引力相互作用があると，フェルミ面は消失し超伝導状態になる．同じフェルミ面の不安定性であっても，絶縁体になる一方で，対照的に超伝導になることは興味深い．また，電子間の斥力相互作用が遮蔽されずに，大きく残る場合は，フェルミ面に依存しない絶縁体化（モット転移，電荷秩序転移）が起こる．このタイプの不安定

性は，縮退系の不安定とは異なり，一般的にある一定以上の斥力相互作用が必要とされる．

バンド構造は，電子状態を考える出発点ではある．しかし，固体中に内在する電子に働くさまざまな相互作用によって多彩な電子状態が実現されるために，バンド理論だけではすべての性質を記述し尽くせない．電子物性物理学の醍醐味でもある．

1.6 なぜ分子性物質か？

以上みてきたように，金属状態だけでもさまざまな不安定性が存在しうる．電荷自由度においては，他に誘電性を伴う現象，さらにスピン自由度に目を向けると，多様性に富む磁性の発現と，固体の中の電子は決して安定な集団ではなく，私たちの想像を超える振舞いを示す．それを物理として体系づけて理解しようとするのが物性物理学であり，それを紹介するのが本書の目的である．では，なぜ分子性物質なのであろうか．

強相関物理学を例にとる．強相関電子系とは，電子間クーロン斥力エネルギーが電子の運動エネルギー（〜伝導バンド幅）と同程度もしくはそれを越えている電子集団をいう．その研究は，物性物理学の一分野を築くほどに奥が深い．身近な金属である銅を取り上げよう．銅イオンは常圧常温では面心立方格子を組んでおり，低温まで金属的な伝導が維持され，超伝導にも絶縁体にもならない．4s軌道の電子は銅イオンによる周期的なポテンシャルの中でほとんど自由な電子として振る舞う．では，銅原子間の距離を離していったらどうなるであろうか？ 電子間クーロン相互作用に比べてバンド幅がどんどん狭くなるはずである．ついには電子が各原子に局在した絶縁体になるであろうか？ その過程で超伝導は起こるのか？ そのメカニズムは？ 電荷は各原子で均一なままか？ 磁性は？ さらに，格子を面心立方格子から歪ませたらどうなる？ 電子数を変えたら？…．興味は尽きない．これらすべての疑問が，量子多体系の物理学の基本的な問題である．しかし，銅原子を自由に離したり並べ替えたりすることは現実には不可能である．では，この問題は空想にとどまるのであろうか？

いや，自然は，我々の予想をはるかに超える答えを現実の物質に用意している．たとえば，銅酸化物では，間に酸素を挟むことで，「原子同士を引き離し」，誰も予想できなかった100 Kを越す超伝導が生まれた．強相関電子系と呼ばれるもの

は，その物質に特有な方法で「原子同士を引き離す」ことを実現している．それゆえ物質の個性が顔を出し，発現する現象が多彩なものになる．分子性物質を形成する分子の平面性という特殊な形とその立体化学的事情から，分子性結晶は独特な格子配列を組む．格子が柔らかいことから，分子の化学的な修飾や物理的な圧力によって，格子構造の大きな伸縮や変形を起こすことができる．遷移金属酸化物とはだいぶ異なるが，これこそが分子性物質の特徴である．電子間の相互作用を比較すると，フロンティア軌道は分子内に広がっているので，分子内の斥力は無機固体での原子内斥力に比べて小さい．しかし，バンド幅も，1 eV 以下と，遷移金属酸化物より 1 桁小さいので両者は拮抗状態にある．

このように，分子性物質では，多彩な分子配列と柔らかな格子のもとで，狭いバンド幅と電子間クーロン反発エネルギーが拮抗して，本書で紹介するような，電荷，スピン，格子の自由度が絡み合うさまざまな電子凝縮相が出現する．一見すると複雑な結晶構造を持つ分子性固体のバンド構造は驚くほど単純であり，このことが，多様な電子相を博物学として楽しむだけではなく，電子相をバンド構造と関係づけて系統的に理解する物理学の構築を可能にしている．無機物質とは異なる特徴が，次節で述べるように，物性物理学への独自のアプローチを可能にしている．

1.7 本書の概観

まず第 2 章では，金属-絶縁体転移に焦点を当てる．バンド計算ではフェルミ面を持つ金属であるはずの物質が，電子間に働くクーロン相互作用のために絶縁体化する現象を解説する．分子性物質では，分子配列（格子構造）の多様性を反映して，電荷密度の空間変化を伴わないモット転移や，空間変化を伴う電子の結晶化が起こるが，それらは，格子構造で決まる実効的なバンドの充塡率との対応で系統的に理解される．また，分子性物質では，クーロン相互作用に対して相対的に電子の運動エネルギー（〜バンド幅）を精密に変化させることができるので，金属-絶縁体転移の臨界的な状態を詳しく調べることができる．さらに，別の絶縁体化機構として，古くから研究されている乱れの効果がある．これは，乱れによる散乱によって電子波が局在する現象で，1 電子由来の現象であるが，これが多電子由来のモット転移に絡むときに起こるモット-アンダーソン転移についても触れる．

第3章では，モット絶縁体の磁性に関する問題を扱う．モット絶縁体では，電荷は局在しているが，スピンの向きに自由度が残っている．通常のモット絶縁体では，隣接するスピンを互いに反平行にそろえようとする交換相互作用が働き，低温でスピンが互い違いに並ぶ反強磁性体が実現する．しかしながら，スピンが居座る格子が三角格子であると，隣同士をすべて反平行にできないフラストレーションが生じる．スピンは最終的にどちらを向くのであろうか？ 40年前，スピンが持つ量子性のためにスピンは特定の方向を向かずに量子力学的にゆらぐ量子スピン液体になるのではないかとP. W. アンダーソンは予言した．前節で述べたように，分子性物質の特徴は格子構造の多様性である．三角格子構造を持つ物質を用いた量子スピン液体研究の最前線を解説する．

第4章のテーマは超伝導である．多くの場合，相図上のモット転移の金属側では低温で超伝導が起こる．電子の引力相互作用で起こるはずの超伝導が，モット絶縁体に近いほど，すなわち斥力が強くなるほど高い温度で起こるなど不思議な性質を示すが，この章では，超伝導と磁場との相互作用に焦点を当てる．一般に，超伝導は磁場で破壊されるが，この常識に逆らう二つの効果を紹介する．一つ目は，いわゆる磁場誘起超伝導である．低い磁場では超伝導が起こらず，強い磁場をかけると超伝導が起こるという驚くべき現象である．本来超伝導に悪さをする磁性イオンが，超伝導電子に対して外部磁場と反対向きに交換磁場を作り外部磁場を打ち消すことによって，超伝導をよみがえらせている．二つ目は，超伝導がその強弱を空間的にうねらせる（並進対称性を落とす）ことで，超伝導がより高磁場まで生きながらえる状態（FFLO状態）である．50年前に提唱されさまざまな物質で探索が続いているが，その有力候補がここで紹介する分子性超伝導体である．2次元性が強く乱れが少ないという分子性物質の特徴が生かされている．

第5章では，電界（電場）が物質の性質を劇的に変えるという研究を紹介する．ほとんどの分子性伝導体は電荷移動錯体であることは先に述べたとおりである．(BEDT-TTF)$_2$X では，1価の閉殻のアニオン X^{-1} により BEDT-TTF 分子当たり平均1/2個のホールが注入され，それらが電気伝導を担う．すなわち化学的に電荷が注入されている．しかしながら，これでは電荷移動量は固定され，変えることはできない．それを，電界効果トランジスタ（FET）を用いて変化させる．FET は，半導体を電極の一方として誘電体を挟んだコンデンサ構造を作り，電圧をかけて半導体の界面に電子あるいは正孔を誘起させるデバイスである．有機半導体を用いた有機 FET は基礎から応用まで広範に研究されているが，強相関

1.7 本書の概観

分子性物質を用いることで，単に電気伝導性の定量的な変化に止まらず，絶縁体から金属へのモット転移や超伝導転移など質的な変化を起こすことができる．分子エレクトロニクスへの新しい発展としても注目される．

第6章では，物質中で有効質量がゼロとなる特異な電子の物性を紹介する．物質中の電子は，格子が作るポテンシャルを反映した有効質量を持つ準粒子として振る舞う．しかし，ある種の格子構造のもとでは，分散関係がフェルミエネルギーに頂点を持つコーン型(ディラックコーン)になり，電子の有効質量がゼロとなる．蜂の巣格子を持つグラフェンがこの例として知られているが，分子のジグザグ配列を持つ分子性物質もディラックコーンを持つのである．ただし，グラフェンと違って，対称性の低い格子構造を反映してディラックコーンが運動量空間の中で大きく傾くという特徴を持つ．さらに，磁場中では，質量が有限な通常の系とは異なり，ゼロモードランダウ準位と呼ばれる特異なランダウ準位が存在し，低温においてこの準位が特異な現象を引き起こす．分子配列の自由度がディラック電子の物理学に多様性を与えていることがわかっていただけると思う．

第7章は，分子軌道と電子が演ずる強誘電現象について解説する．陽イオンと陰イオンの「変位」で分極が理解できる「イオン変位型強誘電体」はよく知られている．しかし，ドナー分子とアクセプター分子の交互積層型電荷移動錯体の強誘電転移を調べると，電子が違った形で分極に寄与しうることがわかってきた．すなわち，中途半端に電荷が移動している錯体の場合，分子の変位に伴って起こる電荷のさらなる移動と分子軌道の変化によって，単なるイオン変位から期待される分極と逆方向にその数十倍大きい電子分極が現れるのである．ほぼ完全に電荷分離した物質は，従来のイオン変位型分極で説明できるが，この変位はスピン自由度における相転移(スピン–パイエルス機構)によって引き起こされている．格子，電荷，スピン自由度が総動員されて，誘電現象に多様性が生まれるからくりを解説する．

第8章では，分子性物質を光で揺さぶる．第7章までに，分子性物質がきわめて多様な相を見せることを知る．そこでは，電荷，軌道，スピン，格子の自由度が，それぞれの相の形成に特有な役割を果たしている．その相を外から刺激を与えて乱したとき，その揺れ具合にそれぞれの自由度の関与の仕方が現れる．具体的には，光を瞬時に当て電子を励起させ非平衡状態を作り，その後の戻りを超高速分光によって追跡する．平衡状態をじっと観察するだけではわからなかったことが見えてくる．特にこの章では，光励起後，単にもとの相へ戻るのではなく，別の

相（光誘起相転移）を経てもとに戻る高速相転移について解説する．絶縁体から金属，中性相からイオン性相への高速転移の実時間観測が可能となっているのである．読者には，物質の中でさまざまな自由度がうごめく時間を感じてもらう章である．

各章のトピックスを通して，分子性物質という階層構造に内在する自由度が，如何に物性物理学を豊かなものにしているのかがわかっていただけると思う．なお，分子の略称を巻末にまとめて記す． 〔鹿野田一司・澤　博〕

文　献

1) H. Akamatsu, H. Inokuchi and Y. Matsunaga : Nature **173** (1954) 168.
2) H. Shirakawa et al. : J. Chem. Soc. Chem. Comm. **579** (1977).
3) H. J. Keller ed. : Low Dimensional Cooperative Phenomena, Plenum Publishing (1975).
4) D. Jerome et al. : J. Physique. Lett. **41** (1980) 95.
5) T. G. Prokhorova et al. : Cryst. Eng. Comm. **15** (2013) 7048.
6) H. Urayama et al. : Chem. Lett. (1988) 55.
7) A. Aumüller et al. : Angew. Chem. Int. Ed. Engl. **25** (1986) 740.
8) S. Uji et al. : Nature **410** (2001) 908.
9) B. Zhou et al. : Inorg. Chem. **49** (2010) 6740.
10) H. Tanaka et al. : Science **291** (2001) 285.
11) A. Kobayashi et al. : Chem. Rev. **104** (2004) 5243.
12) S. Ishibashi et al. : J. Phys. Soc. Jpn. **77** (2008) 024702.
13) Richard F. W. Bader : Atoms in Molecules : A Quantum Theory, Oxford University Press, Oxford (1990).
14) http://www.op.titech.ac.jp/lab/mori/lib/program1.html
15) H. Seo et al. : J. Phys. Soc. Jpn. **82** (2013) 054711.
16) 鹿児島誠一編著：低次元導体，裳華房 (2000)．

2. 電子相関と金属-絶縁体転移

■ 2.1 金属状態と絶縁体状態 ■

　金属と絶縁体は，絶対零度に向かって温度を下げていくときに電気抵抗が有限の値にとどまるか無限大に発散するかの違いとして区別される．固体結晶に対するバンド理論は，この絶縁体状態をバンド絶縁体として金属との違いを次のような電子状態の相違として説明する．フェルミ準位が結晶の周期性によって生じたバンドギャップ内にあれば絶縁体であり，バンド内にあれば金属となる．またバンドギャップが狭く，ギャップ内にフェルミ準位がある場合は，有限温度で熱的に励起された電子による伝導が生じて半導体となる．通常の場合，初等的な取扱いでは電子間のクーロン相互作用，すなわち電子相関は非常に弱いことを前提として，その影響を考慮しない．

　しかし，現実の物質においては，結晶の周期性を乱す欠陥や不純物などによるランダムポテンシャルや電子間に働くクーロン斥力による多体の相互作用の影響を考える必要がある．前者の影響によって金属はアンダーソン局在による絶縁体状態になり[1]，後者によってモット絶縁体[2]や電荷秩序絶縁体という強い電子相関を起源とする絶縁体状態が生じる．この電子相関の効果による金属-絶縁体転移は，遷移金属酸化物や分子性物質において見いだされてきた．このような絶縁体相に隣接した金属相では標準的な金属とは異なる「風変わりな」金属状態や超伝導が出現する．本章では，分子性物質のπ電子間に働くクーロン相互作用によって生じる金属-絶縁体転移について紹介する．

2.2 強相関電子状態

2.2.1 分子性物質とクーロン相互作用

強相関状態と呼ばれる電子状態は，物質中の電気伝導を担う電子の平均運動エネルギーに比べて電子間に働くクーロン相互作用の効果が大きい状態のことである．この運動エネルギーに相当する移動積分 t の大きさは，隣り合う原子や分子の最外殻電子軌道の重なりの大きさで決まる．分子性物質中の分子同士はファンデルワールス力により弱く結合し，また分子間の距離が構造的な立体障害などのために離れているため，分子軌道の重なりが比較的小さい．このため分子軌道の重なりに相当するバンド幅 W は，無機金属に比べて狭い（$W \sim 4t < 1\,\mathrm{eV}$）．一方，電子間に働くクーロン相互作用は，一般には距離の逆数に比例する長距離力として働くが，物質中においては電子数密度の大小によってその相互作用が及ぶ距離が大きく変化する．銅や金などの標準的な金属の電子数密度は $\sim 10^{23}$ 個 cm^{-3} 程度と大きく，このようにたくさんの電子が高い密度で存在する状況では，遮蔽効果によりクーロン斥力は短距離的になる．つまり電子は他の電子からのクーロンポテンシャルを感じずに自由電子的に振る舞うことができる．このときの遮蔽距離（トーマス-フェルミのスクリーニング距離）λ^{-1} は，

$$\lambda^2 = 4\pi e^2 N(E_\mathrm{F}) \tag{2.1}$$

で与えられる．通常の金属の場合は，この効果による遮蔽距離が約 0.05 nm 程度となり，格子間隔程度の距離においてもクーロン相互作用は著しく減衰している．このため，本来は長距離力であるクーロン相互作用が電子の運動にほとんど影響しない．一方で分子性物質の場合は，典型的な無機金属に比べて分子の大きさを反映して単位胞が大きく，電子数密度は $\sim 10^{21}$ 個 cm^{-3} 程度と 2 桁ほど小さくなっている．このように電子数密度が小さい場合は，遮蔽距離は長くなり隣り合う分子間程度の距離までクーロン相互作用の影響が及ぶようになる．このため分子性導体では，電子相関の効果が現れやすい電子状態が実現している．

クーロン相互作用が電子状態に与える影響を考えるうえで重要なことは，その作用が及ぶ距離に加えて，電子の運動エネルギーとの大小関係である．図 2.1 に示すような単純化した 2 次元格子上の電子状態を例として模式的に説明する．一般に周期結晶系の一つのバンドに収納される電子の数 N は，スピンの縮重度を考慮すると $N=2$ である．このとき単位胞当たりの電子数 n が 0 または 2 の場

合，バンドはまったく空か完全に満ちた状態となりバンド絶縁体になる．電子数 n が $0<n<N$ のとき，バンドは電子により不完全に埋められ，それらが伝導電子として電気伝導を担い金属状態になる．これらの伝導電子は各格子点間を移動積分 t の運動エネルギーで移動する．このとき，バンド描像でのバンド幅 W は $4t$ で与えられる．このような電子系における電子相関を考える．一つの格子点上の電子1個に対して，仮にその格子点上に他からもう1個電子を移動させてきたとする．このとき，二つの電子の間にはクーロン斥力が生じる．この斥力を生じる相互作用が，格子点近傍という短距離の状況で働くオンサイトクーロン相互作用 U である．この場合，遮蔽効果が十分に大きく，二つの電子が同一サイトにきたときだけ相互作用すると考える．一方で，二つの隣り合う格子点に電子をそれぞれ置いたときに，その間に働く比較的長距離のクーロン斥力がサイト間クーロン相互作用 V である．分子性導体のように電子数密度が小さく遮蔽効果が弱い場合は，U に加えてこのような隣のサイト程度，つまり分子間で働くクーロン相互作用も考える必要がある．このような電子間クーロン相互作用 U, V が t に比べて大きい場合，電子は互いに避け合い離れようとして局在化し絶縁体となる．この避け合い方には，後節で述べるように単位胞当たりの電子数 n によって異なる様相が現れる．$n=1$ のときは，U の効果により1格子点上に1個の電子が局在したモット絶縁体に，$n=1/2$ のときは U に加えて V の効果により格子点一つおきに電子が「いる」「いない」を繰り返す配置をとって局在化する電荷秩序絶縁体となる．

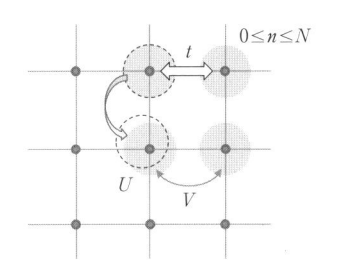

図2.1 2次元正方格子上の模式的な電子状態

2.2.2 ハバードモデル

電子間にクーロン相互作用が働いている場合の電子状態を考える．分子性物質の場合，π 電子が分子軌道の重なりによる幅の狭いバンドに比較的強く束縛された強束縛近似がよい出発点である．このような電子状態を記述するモデルとしてハバードモデルがある．特に，V の効果も考慮したものは拡張ハバードモデルと呼ばれ，そのハミルトニアン H は次式で与えられる．

$$H = \sum_{\langle ij \rangle} \sum_\sigma t_{ij}(c_{i\sigma}^\dagger c_{j\sigma} + h.c.) + \sum_i U n_{i\uparrow} n_{i\downarrow} + \sum_{\langle ij \rangle} V_{ij} n_i n_j \tag{2.2}$$

ここで，$c_{i\sigma}^\dagger (c_{i\sigma})$ はサイト i におけるスピン σ を持つ電子の生成（消滅）演算子，

$n_{i\sigma} = c_{i\sigma}^{\dagger} c_{i\sigma}$, $n_i = n_{i\uparrow} + n_{i\downarrow}$, t_{ij} はサイト間の移動積分, U はオンサイトクーロン相互作用, V_{ij} は $\langle ij \rangle$ 間のサイト間クーロン相互作用であり, 斥力であるので U, V_{ij} >0 である. また, 各サイトは後節で述べるように分子位置に対応する. このハミルトニアンの第1項は, 隣接する分子間を移動する電子の強束縛近似での運動エネルギーを表し, 第2項, 第3項は, それぞれ分子上, 分子間でのクーロン斥力によるポテンシャルエネルギーを表している. 分子性導体の場合, 拡張ヒュッケル法により計算される隣接する分子間の t_{ij} は約 $0.2\,\mathrm{eV}$ 程度[3]であり, バンド幅 W はおよそ〜$1\,\mathrm{eV}$ である. これに対して U や最近接サイト間の V_{ij} は, それぞれ $1\,\mathrm{eV}$, $0.5\,\mathrm{eV}$ 程度と見積もられている[4,5,6]. このようなハバードモデルは, 次節以降で述べるように分子を1格子点（サイト）と見なす分子性導体の電子状態モデルによく対応しておりよい見通しを与えてくれる. 特に, 基底状態（モット絶縁体状態, 電荷秩序絶縁体状態）については実験結果をよく説明し有効である[7-11]. この様子を図2.2に示すような1次元格子モデルを使って概念的に説明する. 単位胞当たり 0.5 個の電子 ($n=1/2$) が各格子点にあり, 電子相関が弱い (U, $V \ll t$) ときにはバンド描像で1/4充填バンドを有する金属状態, つまり電子は移動積分 t の運動エネルギーで格子上を遍歴している（図2.2(a)）. この金属状態に対して U, V が t に対して有効に働くようになると, 電子は互いに避け合っ

(a) 1/4 充填バンド金属 ($n=1/2$)

(b) 電荷秩序絶縁体 ($V>t$)

(c) 1/2 充填バンド金属 ($n=1$)

(d) モット絶縁体 ($U>t$)

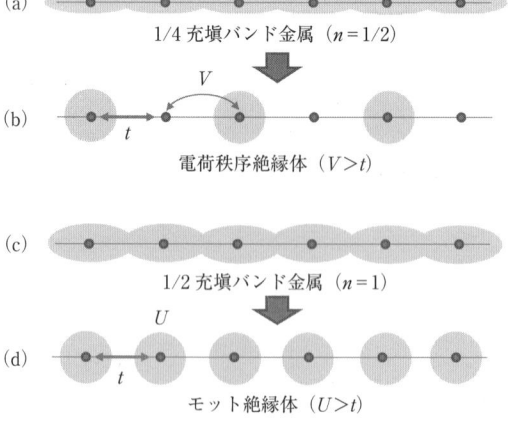

図2.2 1次元格子上の模式的な電子状態
各格子点上の灰色の円（楕円）は, 単位胞当たりの電子の数とその広がりを表している.
(a) 1/4 充填バンド金属状態, (b) 電荷秩序絶縁体状態, (c) 1/2 充填バンド金属状態, (d) モット絶縁体状態.

た位置に局在するようになる．このとき電子は，格子点上で交互に「いる」「いない」を繰り返した配置をとり局在して動けなくなる．これが電荷秩序絶縁体状態である（図 2.2(b)）．一方，格子点当たり電子が 1 個いるときに t が優勢であれば 1/2 充填バンドを有する金属状態であるが（図 2.2(c)），このときに電子相関の効果が有効になると各サイトに電子が均等に 1 個ずつ局在するモット絶縁体状態（図 2.2(d)）となる．実際の分子性導体での分子当たりの電子数 n は，ドナー分子とアニオン分子の組合せで決まり，t, U, V の値はドナー分子とその空間配置によって決まる．つまり，n, t, U, V のパラメーターを分子の組合せや配置の仕方，また分子相互の距離を物理的，化学的に変化させることによって異なる絶縁体状態が現れるのである．

2.2.3 分子軌道とバンド構造

　無機金属物質などと比べて分子性物質の電子状態を考えるうえでの難しさは，一つの単位胞に含まれる原子の数の多さである．たとえば超伝導を示す分子性物質 κ-(BEDT-TTF)$_2$Cu[N(CN)$_2$]Br は，1 単位胞中に各分子を構成する炭素，硫黄，水素など合計で 236 個の原子を含んでいる．最近では，計算機技術・計算手法の発達により第一原理的に全原子を考慮したバンド計算[12,13] が行われるようになったが，このような複雑な系において強相関性を考慮した電子状態計算を行うことは一般的に困難である．このため，前項のハバードモデルなどに適合するように，周期的に配列した分子を一つの格子点（サイト）と見なし，各分子の分子軌道を格子点上に局在する軌道として単純化するモデル化が行われた．1.4 節で示されたように，この単純化では，まず各分子の分子軌道を拡張ヒュッケル法などにより計算し，隣接する分子間での最外殻軌道の重なりを求め，格子点間を移動する電子の運動エネルギーを考える．このときの最外殻軌道である，最高占有分子軌道（HOMO）は，孤立した中性分子の場合は電子 2 個により完全に埋まっている．また，この軌道のすぐ上には最低非占有分子軌道（LUMO）が存在する．この HOMO, LUMO を各格子点に置き，その周期的重なりによるエネルギーバンドを考える．このような考え方のもとになるのが，フロンティア電子軌道理論[14] である．この出発点では HOMO バンドは電子により完全に満たされたバンド絶縁体であり，一般的に，1 種類の分子の配列による結晶では，バンドが満ちたバンド絶縁体となっている．

2.2.4 電荷移動錯体 D_2X 系

ここでは，電子を放出しやすいドナー型分子 D（たとえば BEDT-TTF 分子や TMTTF 分子）と受け取りやすいアクセプター型分子 X の 2 種類の分子による電荷移動錯体を考える．多くの場合，アクセプター分子 X はマイナス 1 価になることで閉殻構造を取り化学的に安定になる．このため，二つのドナー分子 D からアクセプター分子 X に電子 1 個が電荷移動することで D_2X の 2:1 組成比をとり電荷移動錯体を形成する．このとき，HOMO バンドを作るドナー分子 D には，1 分子当たり平均 0.5 個のホールが生じることになる．この場合は，ホールが伝

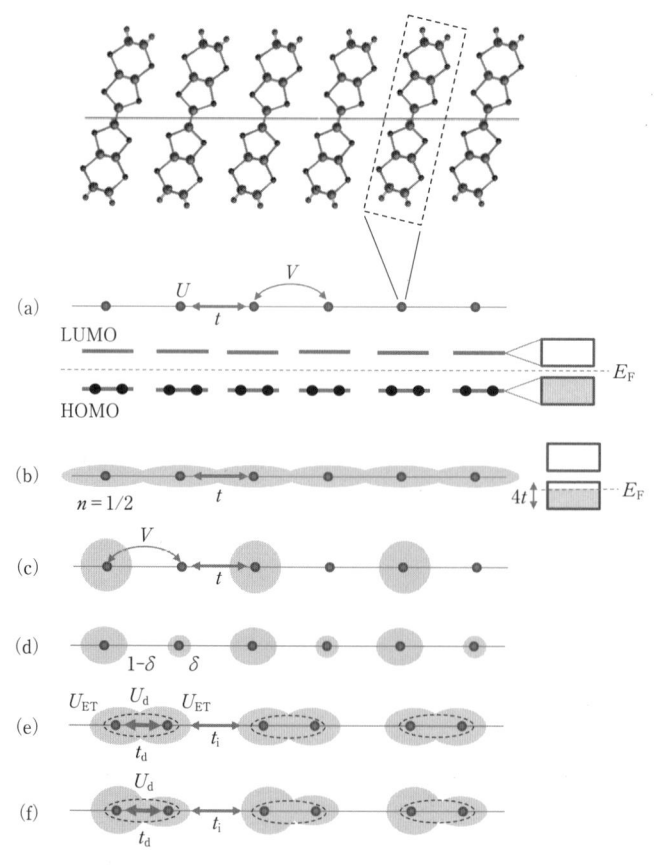

図 2.3 1 次元格子上に配列した分子と電子状態のモデル
(a) 各格子点での HOMO-LUNO 軌道と周期格子によるバンドの形成，(b) 3/4 充填バンドによる金属状態，(c) 電荷秩序状態，(d) 電荷不均衡状態，(e) ダイマー状態，(f) ダイマー性電荷秩序状態．

導を担うキャリアと考えるとHOMOバンドが電子により3/4充填された状態になることに相当している．また，この状態は，ホールをキャリアとして考えると，ホールによる1/4充填バンドと見なすことができる．このような1格子点当たり0.5個のホールを有する分子が1次元に配列する場合を図2.3に模式的に示す．この模式図に2.2.2項で述べた拡張ハバードモデルを適用して，金属-絶縁体状態について定性的に考えてみる．配列したD分子（ここではBEDT-TTF分子）は，各格子点上のHOMO, LUMO軌道に置き換えられ，それぞれHOMO, LUMOバンドを形成する（図2.3(a)）．このHOMOバンドは，1格子点当たり0.5個のホールの導入により3/4充填状態になる．このとき，ホールはHOMOバンドのバンド幅 $W \sim 4t$ に相当する運動エネルギーで格子点間を移動して金属伝導状態となる（図2.3(b)）．ここで最近接のサイト間クーロン相互作用 V が働くと，ホールはサイトごとに0個，1個を繰り返す秩序化を起こして局在し電荷秩序絶縁体状態になる（図2.3(c)）．また，このようにホールの分布が完全に0個，1個の繰り返しではなく，δ 個，$(1-\delta)$ 個（$\delta < 0.5$）のようにサイトごとに偏りがある場合（図2.3(d)）を電荷不均衡化（charge disproportionation）という．

ここまでは，サイト間の t がすべて均等の場合を考えてきたが，t が1次元鎖方向に対して変調している場合を考える．具体的には (2.2) 式の第1項が $t_{i,i+1} = t(1+(-1)^i \Delta_d)$ となる場合である．このとき格子点間の t は，$t_d = t(1+\Delta_d)$ と $t_i = t(1-\Delta_d)$ が交替して現れる．t_d によりつながれた分子の対は，Δ_d が大きいときは，二つの分子が強く結合したダイマー（二量体）と見なすことができる（図2.3(e)）．つまり Δ_d はダイマー化度を表すパラメーターである．ダイマー化度が高いと，これまで分子1個を1格子点としてきたが，ダイマー1個を格子点とする描像が可能になる．このとき，分子1個当たりホール0.5個の電子状態が，ダイマー1個当たり1個のホールという1/2充填バンド状態に変貌する．この場合，U の効果によりおのおののダイマーにそれぞれホール1個が局在するダイマーモット絶縁体状態が実現する．このダイマーモット絶縁体については2.4節で詳述する．

2.2.5 2次元分子配列とバンド構造

前項までは，分子が1次元的に配列した場合を考えてきたが，実際の結晶構造における分子配列とバンド構造，電子状態について考える．電子相関が重要となる分子性物質群は多数あり，それらを構成するドナー，アクセプター分子も多種多様である．ここでは，最も代表的なドナー分子であるBEDT-TTFにより構

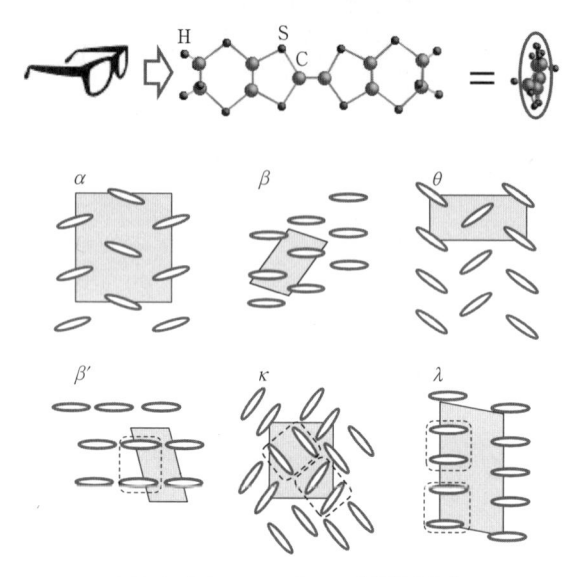

図 2.4 (BEDT-TTF)$_2$X の分子配列様式
長楕円は，分子長軸方向からみた BEDT-TTF 分子を表している．
β', κ, λ 型はダイマー構造（破線）をとっている．

成される (BEDT-TTF)$_2$X を取り上げる．

(BEDT-TTF)$_2$X は，平板状 BEDT-TTF 分子が種々の配列パターンにより 2 次元的に積み重なった伝導層とアニオン分子 X 層が交互に積層した層状構造をしている．アニオン分子層は，BEDT-TTF 層からの電子移動により安定的な閉殻構造をとることで，電気伝導性には関与しない絶縁層としての役割を果たしていると近似的に考えてよい．図 2.4 に BEDT-TTF 層内での BEDT-TTF 分子の配列の仕方を模式的に示す．この図は平板状 BEDT-TTF 分子の長軸方向，つまり 2 次元伝導面に垂直方向からみた並び方になっている．平板状分子の積み重なり方には特徴的な配列様式があり，それぞれギリシャ文字 (α, β, κ, θ, …) で名前が付けられている．このような決まった配列をとる原因として BEDT-TTF 分子の外側に拡がる π 電子軌道の方向が関係している．平板状の分子構造を反映して分子面を正対させる方向には大きな重なりがある．加えて，側面方向や斜め方向にもこのような軌道重なりが大きい特定の方向があり，この方向に向けて分子は積層しやすく，さらに広いバンド幅によって電気伝導性のよい方向でもある．このため分子配列によって分子間 t の大きさとその方向が決まり，2 次元面内の異方性に相違が生じる．また，同一のアニオン分子の場合でも多形と呼

ばれる異なる配列様式をとることがある.たとえば,同じI_3分子をアニオン分子とする(BEDT-TTF)$_2$$I_3$には,$\alpha$, β, θ, κ型のほか,数多くの結晶多形が存在する.

これらの配列様式は大きく二つのタイプに分けられる.第一は分子1個がそれぞれユニットとなり配列している場合(α, βやθ型)であり,第二は二つのBEDT-TTF分子が分子平面を正対させたユニット,ダイマー(二量体)を作り,このダイマーを単位として2次元配列が構成されている場合(β', κやλ型)である.このようなダイマー構造の有無とそのダイマー化度は,電子相関による絶縁体状態やその金属-絶縁体転移の発現の仕方に大きく関係する.つまりダイマー構造をとらない場合は,BEDT-TTF分子当たり0.5個のホールがHOMOバンドに生じる3/4充填状態である.一方,ダイマー構造をとる場合は,一つのダイマーを1サイトと見なす実効的な1/2充填状態となっている.クーロン相互作用が有効的に働くと,前者では3/4充填バンド金属状態から電荷秩序絶縁体状態に,後者の場合は実効的1/2充填バンド金属状態からダイマーモット絶縁体状態への金属-絶縁体転移が出現する.

■ 2.3 電荷秩序絶縁体 ■

2.3.1 分子性物質における電荷秩序状態研究の概観

分子性物質における電荷秩序に関する研究は,1970年代のTTF-TCNQの電荷密度波の研究までさかのぼる[15].標準的な$2k_F$電荷密度波状態は,1次元性の強いフェルミ面構造と電子-格子相互作用により説明されるが,TTF-TCNQで観測された$4k_F$の波数を持つ電荷の空間変調を理解するためには長距離のクーロン相互作用を考慮する必要があった.その後,1980年代から現在に至る準1次元系(TMTTF)$_2$X,(TMTSF)$_2$Xの研究において,その温度圧力相図中に電荷密度が空間的に変調している相や関連する強誘電性や超伝導を含む多彩な電子相が見いだされ[16].クーロン相互作用による長距離電荷秩序状態の出現が理論的に予言された[10].そして,1990年代後半から2000年代にかけて準1次元系の(DCNQI)$_2$M(M=Li, Ag, Cu)系や(TMTTF)$_2$Xにおいて,実験的に電荷秩序状態が確認された[17-19].また,擬2次元系α-, θ-(BEDT-TTF)$_2$Xにおける最近の研究では,多様な電荷秩序の空間パターンの出現[20]とその共存/競合による特徴的な非線形伝導[21]や秩序の融解現象[22],電荷ガラス状態[23]などの非平衡状態

や電荷のダイナミクスに関する新現象が次々と見いだされている．このような多様な物性発現の背景には，オンサイトクーロン相互作用に加えて，長距離なサイト間クーロン斥力と運動エネルギーの拮抗が生まれる絶妙な物質パラメーターのバランスを分子性物質が有していることがある．多数の電子同士の綱引きにより電荷の空間的な不均一や時間的なゆらぎがもたらされることで，多彩で新しい電子物性が出現するのである．

2.3.2 電荷秩序を示す分子性物質
a. 擬1次元系(TMTTF)$_2$X

(TMTTF)$_2$X 系は，TMTTF 分子が図 2.4 の β' 型に近い 1 次元的なカラム状に積層した擬 1 次元系物質である．この系では，図 2.5 に示す温度圧力相図[16]にみられるように X 分子の種類や圧力によって，金属相，超伝導相，そして多様な絶縁体相が現れる．(TMTTF)$_2$PF$_6$ の基底状態は，常圧でスピンパイエルス状態であるが圧力の印加により反強磁性，スピン密度波を経て超伝導相に転移する．高温低圧領域の金属相では 1 次元カラム間の結合が弱く，この方向の t はカラム内方向の 1/10 程度であり温度換算で 100 K 程度と小さい．このためカラム間を移動する電子は，熱ゆらぎにより互いの相関を失ってしまうために，電子

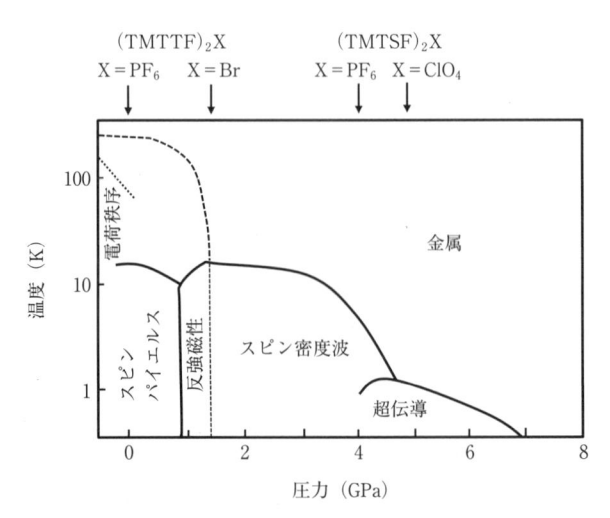

図 2.5 (TMTTF)$_2$PF$_6$ の温度圧力相図[16]
矢印の位置は (TMTTF)$_2$X, (TMTSF)$_2$X の常圧における加圧下の (TMTTF)$_2$PF$_6$ に対応する状態を表す．

の運動は実質的にカラム内に制限されるため，1次元系朝永-ラッティンジャー液体[24]が実現しているとする見方が提案されている．また (TMTTF)$_2$PF$_6$ では，TMTTF 分子の積層に結晶構造に由来する $\Delta_d = 0.1$ 程度の弱いダイマー化が生じている．このダイマー化と TMTTF カラム間の弱いクーロン相互作用により，常圧の 250 K 以下で電気抵抗は増大し電荷が局在する様子がみられ，さらに 70 K で電荷秩序状態になる．この電荷秩序状態は NMR 測定から明らかにされた[18]．また，この電荷秩序発生と同時に強誘電転移が誘電率の鋭いピークとしてその温度依存性に観測される[25]．この強誘電性はダイマー性電荷秩序状態(図 2.3 (f)) という電気双極子モーメントを持つ状態になっていることが原因と考えられている．

b. 擬 2 次元系 (BEDT-TTF)$_2$X

ダイマー化が弱い α や θ 型の配列では，分子間クーロン相互作用による電荷秩序が 2 次元的なパターンとして現れる．この 2 次元電荷秩序パターンの現れ方は，α や θ 型の分子配列に共通してみられる異方的な三角格子構造において t や V の異方性を加味した拡張ハバードモデルによって計算されている[20]．その結果，図 2.6 に示すように，パラメーターのとり方によって多様な電荷配置パターンが現れる．たとえば，図中の V_c が V_p よりも大きい場合は，「横ストライプ」型が，その逆の場合は「縦ストライプ」型が安定化する．実際の物質のパラメーター領域 ($V_c \simeq V_p$) では，t の異方性も関係してさまざまなパターンを持つ状態が拮抗

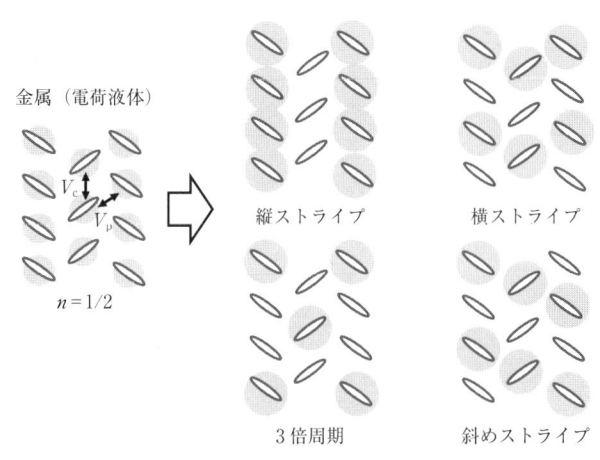

図 2.6 2 次元三角格子 ($n = 1/2$) における電荷秩序パターン[11,20]

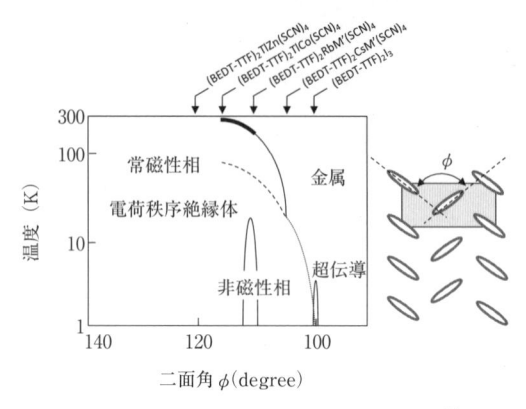

図 2.7 θ-(BEDT-TTF)$_2$MM′(SCN)$_4$ の相図[27]

している.

　実験的に電荷秩序状態が確かめられた典型物質として α-(BEDT-TTF)$_2$I$_3$ と θ-(BEDT-TTF)$_2$MM′(SCN)$_4$(M = Tl, Rb, Cs, M′ = Zn, Co) を紹介する．α-(BEDT-TTF)$_2$I$_3$ は，比較的古くから知られた物質で常圧 135 K において金属-絶縁体転移が起きる．金属相では，弱いダイマー化とバンドの分裂により小さなフェルミ面ポケットを持つ半金属的なバンド構造が提案されている．低温絶縁体相の起源は，長い間，謎であったが NMR 測定から横ストライプ型の電荷秩序絶縁体状態であることが明らかになった[26]．この電荷秩序絶縁体状態は圧力印加により抑制され，第 6 章で紹介されるディラック電子状態を示すゼロギャップ半導体となる．

　θ-(BEDT-TTF)$_2$MM′(SCN)$_4$(M = Tl, Rb, Cs, M′ = Zn, Co) は，θ 型と呼ばれる対称性の高い分子配列をしている．この物質群の相図[27]を図 2.7 に示す．この相図の横軸は，BEDT-TTF 分子が積層する二つのカラム間での BEDT-TTF 分子平面がなす角度（二面角）である．MM′ の組合せによりこの二面角が決まりその角度によりバンド幅が変化する．二面角が大きい MM′ = TlZn, TlCo ではバンド幅が狭く，逆に，角度が小さい CsZn, CsCo はバンド幅が広い．低温相は電荷秩序絶縁体状態であり，バンド幅が広いほど転移温度は低下する．MM′ = RbZn は，最も研究が行われている物質で，転移温度 195 K においてヒステリシスを伴う急激な電気抵抗の増加を示し電荷秩序絶縁体となる[27]（図 2.8）．この電荷秩序パターンは横ストライプ型である．絶縁体転移と同時に c 軸方向に 2 倍となる構造変調も生じる．さらに 30 K ではスピン 1 重項状態となる非磁性転移

が生じる．このような低温絶縁体状態の性質は試料の冷却速度に大きく依存している．コラムに示すように転移温度を通過する速度が速いと準安定的な電荷のガラス状態[23]となる．MM′=CsZn, CsCoは，金属相と電荷秩序相の相境界付近に位置し，電気抵抗は室温から低温まで連続的に増加して絶縁体となるが，明瞭な長距離の電荷秩序状態を示さない．X線散乱やNMR

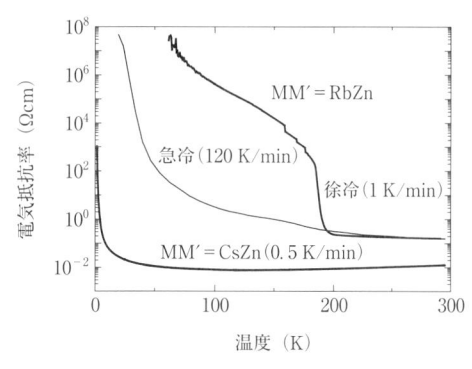

図2.8 θ-(BEDT-TTF)$_2$MM′(SCN)$_4$の電気抵抗率の温度依存性（冷却時）

測定からは，電荷の不均化や短距離の電荷秩序が低温において徐々に発達する様子が示されている．また，大きな非線形伝導性[21]や電流振動現象[22]が現れるなど，短距離電荷秩序の非平衡状態における特徴的な外場応答として興味深い振舞いが観測されている．

2.3.3 電荷秩序状態の観測

電荷秩序を観測する有効な実験手法として，X線散乱実験による長周期構造の観測などのほかに，分子上の電子密度に比例した内部磁場を観測する核磁気共鳴（NMR）や分子上の電荷量が分子振動周波数に反映される赤外・ラマン分光がある．

a. 核磁気共鳴（NMR）

核磁気共鳴は，原子核スピンが外部からの印加磁場と電子スピンが作る微小な磁場を感じて，その全内部磁場に対応する周波数に吸収線（スペクトル）が現れる現象である．分子ごとに電子密度の疎密が生じると，それに対応して電子スピン密度にも疎密が生じ，結局，スペクトルは電荷の疎密を反映することになる．図2.9(a)に，BEDT-TTF分子中心の炭素二重結合部を^{13}C同位体置換したθ-(BEDT-TTF)$_2$RbZn(SCN)$_4$の^{13}C-NMRスペクトル[28]を示す．室温のスペクトルにみられる3本のピークは，二重結合で隣接した二つの^{13}C核スピンの電子から受ける内部磁場に差があることと，隣の^{13}C核スピンが作る磁場によって現れるもので，同一分子内からくる信号である．すなわち，すべての分子上に電荷が均等に分布していると考えてよい．転移温度である195 K以下になると，複雑な

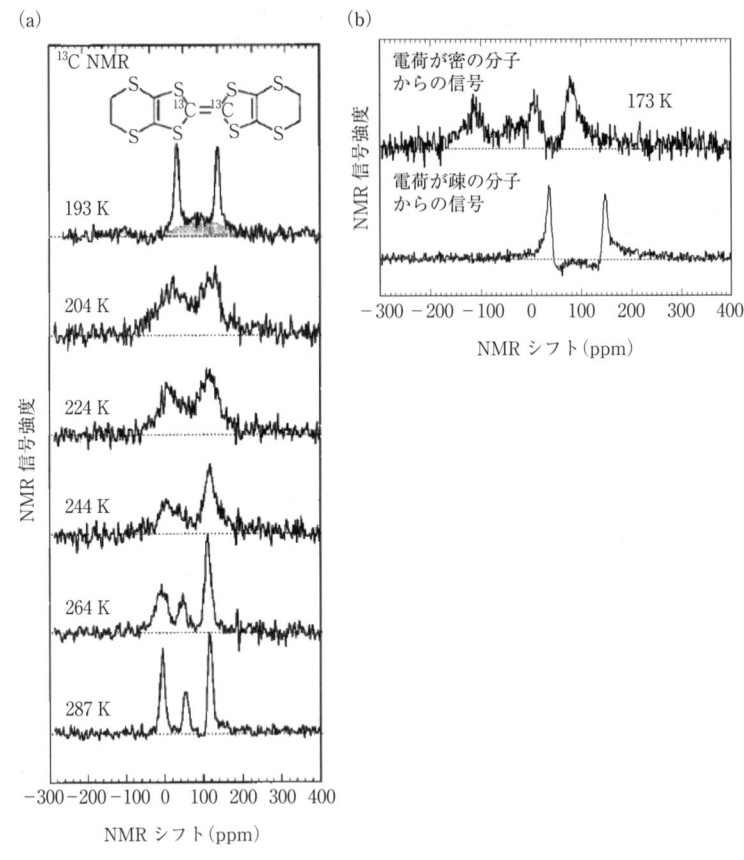

図 2.9 θ-(BEDT-TTF)$_2$RbZn(SCN)$_4$ の ^{13}C-NMR スペクトルの温度変化[28]

スペクトルに変化するが，スペクトルが観測されるまでの緩和時間（電子スピン密度の2乗に比例する）が約40倍も異なる鋭い2本のピーク（ダブレット）と幅広い吸収スペクトルの2種類に分けることができる（図2.9(b)参照）．それぞれのスペクトル形が単純でないのは上に説明したとおりである．形と重心が異なる二つの吸収線の存在とそれぞれの緩和時間の違いは，常磁性電子の密度が約6～7倍（緩和時間比の1/2乗）ほど異なる2種類の分子サイトが存在していること，つまり電荷秩序状態の発生を表している．このときの電荷秩序パターンは，スペクトルの磁場方位依存性から「横ストライプ」型と判明している．

b. 赤外・ラマン散乱分光

分子性物質の赤外分光やラマン散乱分光において，構成する分子の分子内振動

が約 800〜2000 cm^{-1}(0.1〜0.25 eV) の領域に現れる．この振動は，分子内の構造や結合の強さなどの分子構造や分子上の電荷との結合による電子状態の情報を与えてくれる．このため，このエネルギー領域は分子を特徴づける「指紋領域」とも呼ばれる．特に，BEDT-TTF 分子の場合，五員環部の炭素二重結合の振動（ν_2 モード）はラマン活性なモードで，分子上の電荷量によって敏感にそのシフト量が変化する．図 2.10 に θ-(BEDT-TTF)$_2$RbZn(SCN)$_4$ のラマン散乱スペクトルの温度変化[29]を示す．電荷秩序転移温度よりも高温では，ν_2 モードが 1 本のみ観測され，NMR の結果同様にすべての分子上に +0.5 個のホールが均等に分布していることを示している．転移温度以下になると，この ν_2 モードが分裂するとともに他の振動モード

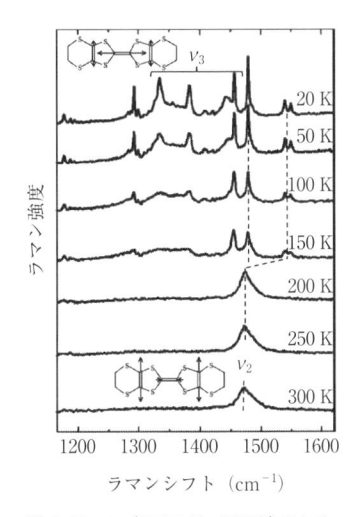

図 2.10 θ-(BEDT-TTF)$_2$RbZn(SCN)$_4$ のラマン散乱スペクトルの温度変化[29] と BEDT-TTF 分子の分子内振動（ν_2, ν_3 モード）の様子

（ν_3）も現れる．ν_2 モードの分裂は，各 BEDT-TTF 分子上の電荷分布がおよそ 0.2 : 0.8 の 2 種類に分かれて電荷不均衡化していることを表している．また，BEDT-TTF 分子の中心炭素二重結合の振動である ν_3 モードが分裂して現れることも電子-分子振動結合（EMV 結合）を介した電荷秩序状態をとらえているものである．このような電荷不均衡化による分子振動の分裂は赤外分光スペクトルにも観測されている．

2.3.4 非線形伝導，非平衡状態

電気的な絶縁体もしくは半導体に強い電場を印加したとき，オーミックな電流-電圧特性から外れた非線形な電気伝導性が現れることがある．その現れ方は，絶縁体状態の機構によってさまざまである．低温で電荷秩序絶縁体状態となっている θ-(BEDT-TTF)$_2$CsZn(SCN)$_4$ に大きな電場を印加すると，数桁も抵抗値が減少する巨大な非線形電気伝導性が現れる[22]．この非線形性は，異なる電荷秩序パターンの拮抗により短距離秩序のままで凍結して局在している電子に対して，大電流を流すことで秩序の一部を抑制，融解させた結果，生じていると説明されている．また，この過程では流れる電流に周期振動的な振舞い[23]が観測さ

れるなど，他の非線形現象にはない特徴がある．このような現象の本質的な理解は，固体中の電子が定常的に流れている非平衡状態であるため，非常に難しい問題である．しかし，異なる電荷秩序の共存・拮抗による短距離秩序化と空間不均一，ゆらぎという平衡状態の物理に加えて，非平衡状態で流れる電子の効果を取り入れ，さらにこのような状態を具現化できる分子性物質の合成によって，これまでにない魅力的な新現象が生み出される大きな期待がある．

コラム　電荷が作るガラス状態

液体を冷やして融点以下になると固体になる．通常はある程度ゆっくり冷やすことで，固化の際に核の生成・成長を伴い結晶化する．しかし，融点において結晶化するのに必要な時間を持つ間もなく急冷された場合，結晶性を伴わない構造的なガラス状態となる．この急冷の度合いは物質によって異なっている．たとえば，「窓ガラス」の原料となる二酸化ケイ素 (SiO_2) は，~ 0.01 K min^{-1} よりも速く冷やすとガラスになるため，溶けた SiO_2 を窯から取り出して室温に放置してゆっくり冷やしてもガラスになる．一方で，水と氷の間では，$\sim 10^8$ K min^{-1} よりも速く冷やさないとガラスにならないため，通常では氷の結晶となる．電荷秩序絶縁体は，液体のように無秩序に動いている電子（電荷液体）が，低温で凍結固化して結晶化した状態（電荷結晶）と見なすことができる．クーロン相互作用による電荷の長距離秩序状態も，急冷することで構造ガラス同様なガラス状態が実現するだろうか？　最近，θ-(BEDT-TTF)$_2$MM'(SCN)$_4$ (M = Tl, Rb, Cs, M' = Co, Zn) を室温から冷却するときに，電荷秩序転移温度を通過するときの冷却速度を速くすると，電荷秩序した絶縁状態，つまり結晶化した電荷固体が生じずに電荷がガラス状に凍結することが明らかになった[23]．クーロン相互作用によるフラストレーションの度合いと電荷ガラス形成，冷却速度の関係を物質ごとに調べると，電荷ガラスと構造ガラスの概念的な類似性がみられることがわかった[30]．はるか紀元前の昔から利用されてきたガラスであるが，そのミクロな機構には現在でも未知のことが多い．21世紀の電荷秩序-電荷ガラス研究により，新たな視点からガラス状態の理解がもたらされるかもしれない．

2.4　モット絶縁体

2.4.1　モット絶縁体状態を示す分子性物質：κ-(BEDT-TTF)$_2$X

モット絶縁体は，2.2.1項で示したように格子点当たりの電子数が $n = 1$ で，オンサイトクーロン相互作用 U が，サイト間の t よりも大きい場合に，各サイト

に電子が局在して絶縁体化する物質である．分子性物質を考えると，分子1個が一つのサイトを占め，そこに電子1個が局在する状況が対応する．これには DX で表されるドナー，アクセプター分子が 1:1 組成である K-TCNQ などが相当し，典型的なモット絶縁体として知られている．2.4節では，このような 1:1 組成のモット絶縁体物質とは異なり，2.3節で扱った電荷秩序を示す物質と同様に，$n=1/2$ である 2:1 組成の電荷移動錯体 (BEDT-TTF)$_2$X を対象とする．つまり1分子を1サイトとする強束縛バンド描像ではホールをキャリアとする 3/4 充填バンドによる金属状態が基本であるが，強いダイマー構造とオンサイトクーロン相互作用により，ダイマーモット絶縁体となることが特徴である[7,8,9]．

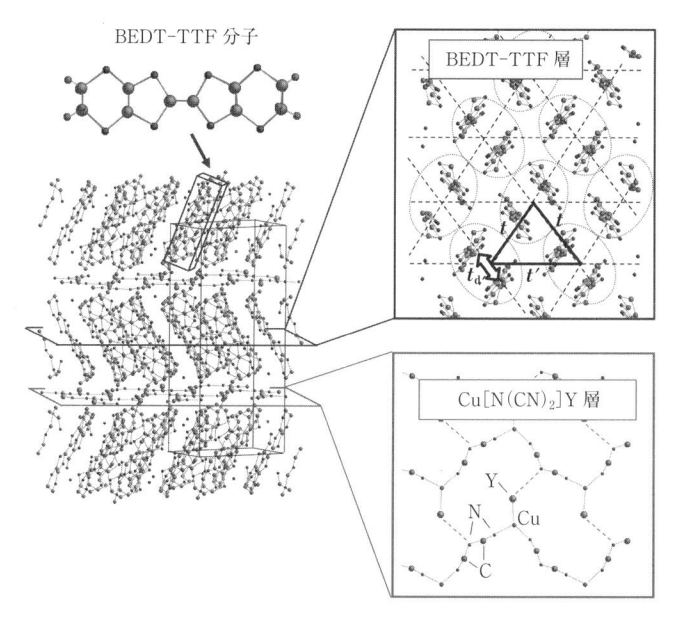

ダイマーモット絶縁体の代表格である擬 2 次元 κ-(BEDT-TTF)$_2$Cu[N(CN)$_2$]Y (Y = Br, Cl) の結晶構造と BEDT-TTF 分子層，アニオン分子層内での分子配列を図 2.11 に示す．二つの平板状 BEDT-TTF 分子は，分子平面を正対させて対になったダイマー構造を作り，このダイマーが κ 型と呼ばれる井桁状に交互配列することで 2 次元伝導層を構成している．この BEDT-TTF 伝導層とアニオン分子 Cu[N(CN)$_2$]Y が作る網目状の絶縁層は，約 1.5 nm 間隔で交互に積

図 2.11　κ-(BEDT-TTF)$_2$Cu[N(CN)$_2$]Y (Y = Br, Cl) の結晶構造
κ 型配列をとる BEDT-TTF 層と網目状のアニオン分子層の様子．BEDT-TTF 分子ダイマーは t, t' で異方的三角格子構造をしている．

層して層状構造を作っている．κ型配列の特徴は，BEDT-TTF分子ダイマーが，異方的な三角格子構造をとって配列していることである．このときの三角格子の異方性はダイマー間のtとt'の比で決まっている．

このような強いダイマー構造をとっている場合は，1分子当たり0.5個のホールがあると考えるよりも，ダイマーを1サイトと見なしてダイマー当たり1個のホールがある1/2充填バンド的とする描像がよく成り立つ．ちょうど図2.3(e)に示した模式的状態である．一つのダイマーを取り出してみると，二つのBEDT-TTF分子のHOMO軌道のエネルギー準位E_0は，ダイマー内t_dにより縮退が解けて結合性軌道（E_0-t_d）と反結合性軌道（E_0+t_d）に分裂している（図2.12）．それぞれの軌道は，ダイマー間t_iによってバンド（ダイマーバンド$W \sim 4t_i$）を形成している．このときt_dが大きいと二つのバンドは分裂し，ダイマー当たり1個のホールが反結合性バンドの半分を埋めるため1/2充填バンド系と見なすことができる．つまり，バンドの分裂幅$2t_d$とWの大小関係により3/4充填バンド系か実効的な1/2充填バンド系と見なせるかが決まる．実際のκ-(BEDT-TTF)$_2$Xでは，2次元単位胞中に二つのダイマー（四つのBEDT-TTF分子）を含むため，四つのバンドが存在している．このときの強束縛近似による

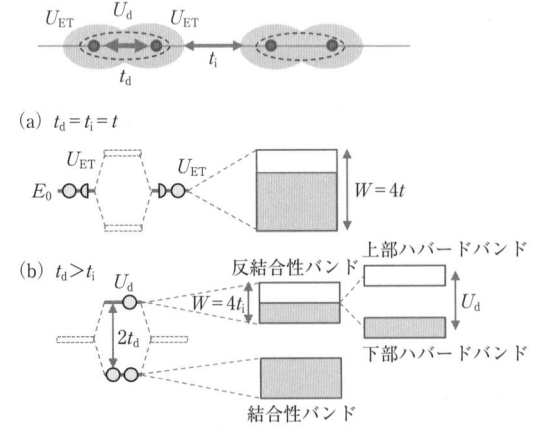

図2.12 ダイマー構造の模式的な軌道とエネルギー準位 (a) $t_d=t_i$で各HOMO軌道が3/4充填になり金属的なバンドを形成している様子．(b) $t_d>t_i$の強いダイマー構造をとり反結合性，結合性ダイマーバンドに分裂している様子．ダイマー上のU_dが強いと反結合性バンドは上部，下部ハバードバンドに分裂してダイマーモット絶縁体になる．

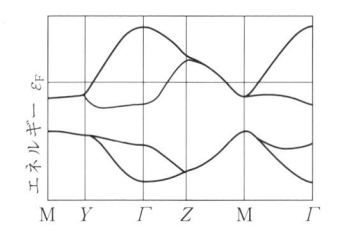

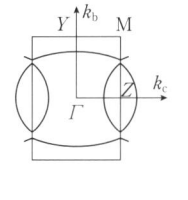

図 2.13 κ-(BEDT-TTF)$_2$X の強束縛近似によるバンド計算と 2 次元フェルミ面[31]

バンド計算とフェルミ面[31] を図 2.13 に示す．四つのバンドは，2 本ずつに縮退した反結合性と結合性バンドに分かれている．この分裂幅が t_d によるダイマーギャップに相当している．このとき，フェルミ準位は縮退した反結合性バンドの中間に位置し，フェルミ面は単位胞当たり 2 個のホールに相当する大きさ，つまり第一ブリルアンゾーンの面積と同じ大きさになっている．この状況は，フェルミ準位に状態を有する 1/2 充填バンドの金属であることを示している．このようなフェルミ面構造は κ-(BEDT-TTF)$_2$Cu(NCS)$_2$ のド・ハース-ファンアルフェン効果の測定[31] によって精度よく観測されており，ダイマー描像による強束縛近似バンド構造が的確に電子状態を表していることの実験的な検証となっている．

BEDT-TTF 分子ダイマーを 1 サイトと考えたとき，ダイマーサイトにおける実効的なクーロン相互作用 U_d は，隣接したダイマーそれぞれに 1 個のホールがある場合と片方のダイマーに 2 個のホールがきた場合のエネルギーを比較して，

$$U_d = 2t_d + \frac{U_{ET}}{2}\left(1 - \sqrt{1 + \left(\frac{4t_d}{U_{ET}}\right)^2}\right) \tag{2.3}$$

と表される[8,9,32]．ここで U_{ET} は，BEDT-TTF 分子上のオンサイトクーロン相互作用である．U_{ET} の評価は難しいが数 eV 程度，t_d は約 0.2 eV 程度と見積もられているため，近似的に $U_d \sim 2t_d$ と見なすことができる．より正確な評価を行うためには，ここで考慮されていない遮蔽効果や分子間のクーロン相互作用 V を繰り込む必要がある．この U_d の評価から，ダイマー間の運動エネルギーに相当するバンド幅 W に対して U_d が大きいときには，実効的 1/2 充填バンド金属状態から，各ダイマーサイトにホール 1 個が局在するモット絶縁体状態になると見なすことができる．この状態はダイマーモット絶縁体と呼ばれる．ここで実効的 1/2 充填のダイマーバンド状態となるための条件，$W \sim 4t_i < 2t_d$ との比較を行うと，

$t_i \sim 0.1\,\mathrm{eV}$ 程度でちょうど $W \sim U_d$ となる.つまり金属-ダイマーモット絶縁体転移が起こる臨界値が t_i を介したバンド幅変化の条件として存在する.実際,κ-(BEDT-TTF)$_2$X の t, t' は,ほぼこの値程度の大きさであり,モット転移近傍の物質であることがわかる.

図 2.12 で示されている 1/2 充填のダイマーバンドは,モット絶縁体化によって上部ハバードバンドと下部ハバードバンドが形成されて分裂し,フェルミ準位にギャップが生じる.これが,ハバードによるオリジナルなバンド幅制御のモット転移の考え方である.一方で,W. F. Brinkman と T. M. Rice は W/U が減少すると伝導バンドの幅が狭く有効質量が大きくなり,バンド幅が 0 になるところで有効質量が発散して絶縁体となると考えた[33].ハバードの考え方は,格子点に局在する電子の側から,ブリンクマン-ライスの考え方は結晶中を運動する電子の側からの考え方で,モット転移の異なる側面をとらえているものである.このハバードモデルを動的平均場近似により計算した結果[34](図 2.14)は,両方の特徴を兼ね備えた状態になることを示している.その特徴は,金属側からモット絶縁体への転移に向けて上部,下部ハバードバンドが成長し,同時にフェルミ準位にコヒーレンスピークと呼ばれる状態密度の山が現れることである.ただし,κ-(BEDT-TTF)$_2$X におけるこれまでの実験では,モット転移に向けて有効質量の増大を示唆する比熱や帯磁率,NMR 緩和率の振舞い[35]や,コヒーレンスピークの増強を示唆する光学スペクトル[36]は観測されていない.

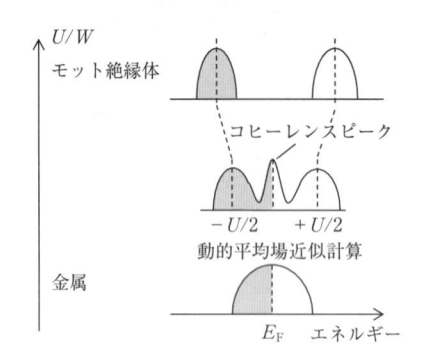

図 2.14 バンド幅制御型金属-モット絶縁体転移における電子状態の変化

2.4.2 バンド幅制御とバンドフィリング制御による金属-モット絶縁体転移

モット絶縁体を金属化する方法は大別して 2 通りある.第一は,格子点当たり 1 個の電子が占めている $n=1$ の 1/2 充填バンド状態から電子数密度を変化させる方法である.この方法による金属-モット絶縁体転移をバンドフィリング制御型と呼ぶ.銅酸化物高温超伝導体に代表される多くの遷移金属酸化物におけるモット絶縁体の金属化は,キャリアドーピングと呼ばれる方法,つまり酸素欠損量や価数の異なる元素の部分置換によって遷移金属サイトの電荷量を $n=$

1からずらすバンドフィリング制御によってなされている．図 2.15 にバンドフィリング制御による模式的な金属化の様子を示す．2次元格子の各格子点に1個の電子が局在しているモット絶縁体の状況から，電子がいない格子点，つまりホールを一部分だけに導入する．この空いているサイト（ホール）を利用して椅子取りゲームのように電子は動けるようになり金属となる．κ-(BEDT-TTF)$_2$X のような分子性電荷移動錯体の場合は，一部の例外を除いて，BEDT-TTF 分子の価数を $+0.5$ からずらすことは，結晶の化学的安定性から難しい．このためバンドフィリ

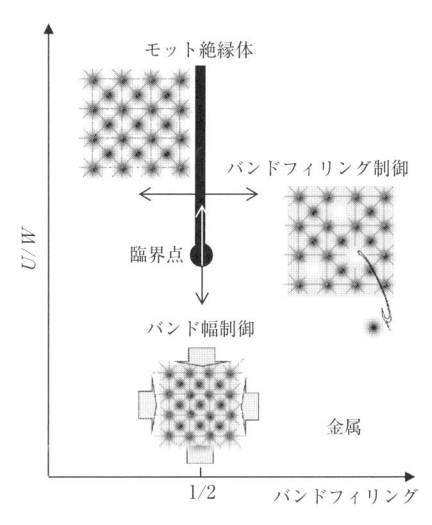

図 2.15 バンドフィリング制御とバンド幅制御による模式的な金属-モット絶縁体転移

ング制御による金属化はほとんど行われていない．最近，第5章に取り上げるように，強電界の印加による結晶界面への静電的なキャリアドープが試みられ成功している．第二の方法は，バンド幅制御と呼ばれる圧力の印加や原子，分子の置換により格子間隔を変化させることにより，電子の運動エネルギーをオンサイトクーロン相互作用に対して変化させる方法である．前節で記したように，κ-(BEDT-TTF)$_2$X は，$W \sim U_d$ の状況にあり，バンド幅を変化させることで金属-モット絶縁体転移を起こすことが可能である．図 2.15 に示すように，結晶に静水圧力を印加したり（物理圧力），アニオン分子 X を変えたりする（化学圧力）ことによって格子間隔を縮めるとバンド幅が広がり，サイト間の運動エネルギーが増加する．この過程で W が U（もしくは U_d）を超えると，局在していた電子（ホール）は一斉に動きだして金属化する．これがバンド幅制御による金属-モット絶縁体相転移である．

2.4.3 κ-(BEDT-TTF)$_2$X の金属-ダイマーモット絶縁体転移

κ-(BEDT-TTF)$_2$X の金属-ダイマーモット絶縁体相転移近傍における電子状態相図[37,38]を図 2.16(a)に示す．横軸は電子相関の相対的な強さに相当する W/U_d に対応している．静水圧力の印加やアニオン分子の置換などによりバンド幅が

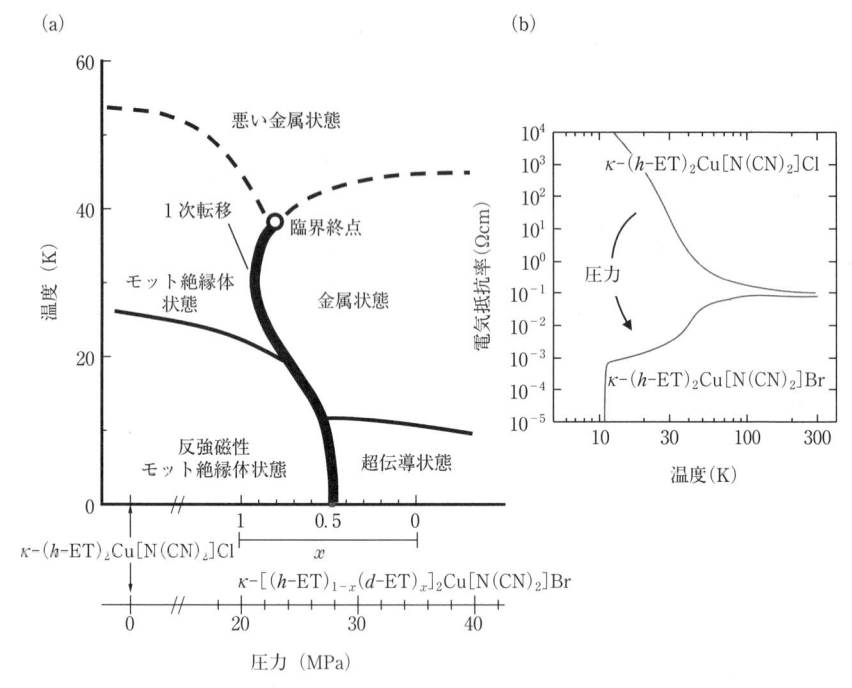

図 2.16 (a) κ-(BEDT-TTF)$_2$Cu[N(CN)$_2$]Y (Y = Br, Cl) の電子状態相図[37, 38] と (b) κ-(BEDT-TTF)$_2$Cu[N(CN)$_2$]Y (Y = Br, Cl) の常圧での電気抵抗率の温度依存性
h-ET, d-ET はそれぞれ BEDT-TTF 分子とエチレン基を重水素化した BEDT-TTF 分子. 常圧の κ-(BEDT-TTF)$_2$Cu[N(CN)$_2$]Br は, κ-(BEDT-TTF)$_2$Cu[N(CN)$_2$]Cl に対して 35 MPa の静水圧を印加した状態に相当する. 部分重水素化分子置換における $\Delta x = 0.1$ は 1.5 MPa の圧力に相当する.

広くなるほど右側に位置し金属的になる. この相図上で κ-(BEDT-TTF)$_2$Cu[N(CN)$_2$]Cl は, 低温で反強磁性秩序を伴う常圧モット絶縁体である. この物質のアニオン分子内の塩素を臭素で置換した κ-(BEDT-TTF)$_2$Cu[N(CN)$_2$]Br は低温まで金属であり, 常圧で $T_c = 11$ K の超伝導を示す. 一方, κ-(BEDT-TTF)$_2$Cu[N(CN)$_2$]Cl に静水圧力を印加していくと, 約 25 MPa 付近でモット絶縁体 (反強磁性) から金属 (超伝導) に相転移する. この相転移では, 電気抵抗の急激な変化やその温度履歴などが観測され 1 次転移の性質を示している. 加圧によって金属化した状態では超伝導を示す. この静水圧力 (約 35 MPa) を印加した状態が, ちょうど常圧の κ-(BEDT-TTF)$_2$Cu[N(CN)$_2$]Br に相当している. 両物質の間を隔てる 1 次のモット転移を示す転移線は, 超伝導転移, 反強磁性転移よりも高温まで延びており, 臨界点 (約 33〜38 K) を持って終端している. この臨界終

点よりも高温では，金属的な電気抵抗の温度存在性を示すにもかかわらず，電子の平均自由行程は格子間隔よりも短くなっている．このため高温領域は，「悪い金属」状態と呼ばれている．

このような温度圧力相図におけるバンド幅の制御は，アニオン分子の置換のほかにも BEDT-TTF 分子内原子を部分的にアイソトープ置換する手法によっても行われている．BEDT-TTF 分子両端のエチレン基の水素を部分的に重水素化したり[39]，完全重水素化した d-BEDT-TTF 分子によって，一部の分子を置換したりする方法[38]である．置換割合を変化させることで化学圧力を比較的連続的に変化させてバンド幅を制御することが可能である．圧力下では実験上の制約により難しい光学測定や比熱測定などに役立つバンド幅制御の手法である．

2.4.4 ダイマーモット電子状態：光学伝導度スペクトルからわかること

κ-(BEDT-TTF)$_2$X 系のダイマーモット絶縁体状態が 2.4.1 項で表しているようなエネルギー状態であるかを実験的に調べる方法の一つが，赤外分光による光学スペクトル測定である[40]．エネルギーや波長の異なる光の吸収・反射を利用して，電子，磁気，格子振動，分子振動などの励起状態に関する情報を得ることができる．分子性物質の場合は，遠赤外～赤外のエネルギー領域に，伝導電子によるドルーデ応答，格子振動，分子振動，電子のバンド間遷移などが現れてスペクトルが成り立っている．このような光学スペクトルの測定から，ドルーデ応答をする金属であるか，またはギャップが開いた絶縁体であるか，さらにダイマー化によるダイマーバンド間遷移やモット絶縁体の特徴であるハバードバンド間遷移の有無やその特徴的エネルギーを知ることができる．

図 2.17 に κ-(BEDT-TTF)$_2$Cu[N(CN)$_2$]Y（Y = Br, Cl）の光学伝導度スペクトル（偏光方向は c 軸方向）を示す．測定温度の 4 K では Y = Br は金属状態であり，Y = Cl はモット絶縁体状態である．Y = Br の低エネルギー領域には，金属状態を表すド

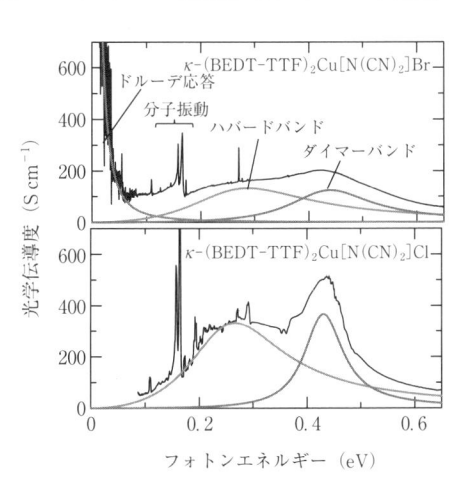

図 2.17 κ-(BEDT-TTF)$_2$Cu[N(CN)$_2$]Y（Y = Br, Cl）の光学伝導度スペクトル（4 K, $E_{//c\text{軸}}$）

ルーデモデルに従う周波数に依存した光学伝導度

$$\tilde{\sigma}(\omega) = \frac{ne^2\tau}{m} \cdot \frac{1-i\omega\tau}{1+\omega^2\tau^2}$$

が観測される．このとき $\omega\to 0$ の極限での $\sigma(0)$ は，直流電気伝導度に対応する．一方，Y=Cl にはドルーデ応答はみられず，低エネルギー領域に状態がない状態，つまり約 0.1 eV のギャップが開いている様子がわかる．この大きさがモット-ハバードギャップに相当する．格子振動や分子振動などのフォノンは，比較的鋭いローレンツ振動として現れ，特に 0.1～0.25 eV に現れる分子振動は分子の「指紋」として分子同定や分子内結合を知るうえで重要である．赤外領域の幅広のスペクトルはバンド間遷移を表している．その中心エネルギーから U_d(0.25～0.3 eV) や，$2t_d$(0.4～0.5 eV) の大きさを実験的に知ることができる．また，スペクトルの強度や積分値は，対応するエネルギー遷移に関与する状態数を表している．Y=Cl では，Y=Br に比べてこれら二つのバンド間遷移が増強している．このことは，低エネルギー領域でドルーデ金属的に振る舞っていた電子が，モット絶縁体化により局在してダイマーバンドやハバードバンドに状態を移していることを示している．この二つのスペクトルには，2.4.1 項で述べた動的平均場計算から期待されるコヒーレンスピーク（図 2.14）による構造が観測されず，ハバードによるバンド幅制御によるシンプルな上部，下部ハバードバンドの形成に従ったスペクトルが観測されている．このような理論と実験の対応は，今後の検討課題であるが，光学伝導度スペクトル測定は，その温度変化や物質依存性から電子状態変化をエネルギースペクトルの観点からとらえることができる有効な実験手法である．

2.4.5 モット転移点における臨界性

金属-モット絶縁体転移は，状態密度分布中のフェルミ準位にギャップ（モットギャップ）が現れる不連続な転移である．図 2.16 で示した相図をみると，絶対零度においてモット転移は 1 次転移であるが，この 1 次転移性は有限温度にも延伸して 2 次の臨界点で終端し，さらに高温へクロスオーバー的な変化として伸びている．この有限温度にある臨界終点近傍での臨界性を調べることで，特徴的なゆらぎの性質などの相転移の個性を明らかにすることができる．モット転移は対称性の破れを伴わない転移のため，相転移を特徴づける物理量は自明ではないが，ホロンとダブロン（非占有サイトと二重占有サイト）の密度を秩序変数として，

モット絶縁体相をホロン-ダブロン密度の低い相，金属相を密度の高い相とする考えが提唱されている[41]．その密度は電気伝導度に比例する考え方をもとにモット転移点付近での電気伝導度変化の解析（スケーリング解析）が行われている．スケーリング解析の詳細は，本書の程度を越えるので興味ある方は他書[42]を参照いただきたい．これまでの例として，3次元モット転移物質である遷移金属酸化物 V_2O_3 の臨界性が温度，圧力に対する電気伝導度の変化として測定され，そのスケーリング性が検証されている[43]．その結果，V_2O_3 の3次元モット転移の臨界性は，3次元イジングユニバーサリティクラスという既知の臨界指数で表されることがわかった．一方で，擬2次元系である κ-(BEDT-TTF)$_2$Cu[N(CN)$_2$]Cl の臨界性が，同様な手法によって臨界終点近傍での電気伝導度の圧力・温度依存性測定により調べられた[44]．そのスケーリング解析の結果，これまでに知られていない臨界指数の組が得られている．この異常な臨界指数については理論的にも解釈が分かれており，実験的にも電気伝導度を秩序変数とすることの妥当性についての議論がある．また，他の物理量観測（NMR 緩和時間[45]や熱膨張係数[46]）による検証も行われている．モット転移の秩序変数が何であるのかという基本的な問題も含めて，分子性物質でのモット転移の個性を探る興味深い研究の進展が期待されている．

2.4.6 乱れの影響：モット-アンダーソン転移

2.1 節で述べたように，現実の物質では欠陥や不純物などによる乱れが電子状態に影響を及ぼす．このような不規則性は，電子の波動関数の散乱を引き起こし，散乱波が干渉することで局在状態ができる．この局在絶縁体状態がアンダーソン局在による絶縁体である．そして，不規則性の強さを変調することによって起こる電子の局在状態と非局在状態の間の転移をアンダーソン転移という[1]．本節で述べてきたモット転移とともに，アンダーソン転移についての理解は理論，実験の両方で進んでいるが，不規則性と電子相関が複合し，共存するような場合の金属-絶縁体転移についての研究は十分に進んでいない．理論的には，ハバードモデルに不規則ポテンシャル項を取り入れたモデルに対して，ハートリー-フォック近似[47]や動的平均場近似[48]による計算が行われ，ギャップレスな局在状態の出現と特徴的な電気伝導性や乱れと電子相関に対する相図が提案されている[1,47-49]．一方，実験的には，不純物半導体[50]を中心に研究されてきたが，電子相関と不規則性を独立かつ系統的に変化させる困難さから，理論と対比できる金

属-絶縁体相図などが十分に検証されていない.

最近,κ-$(BEDT-TTF)_2X$ における金属-モット絶縁体転移に対する乱れの影響と,アンダーソン絶縁体状態への転移についての研究が進んでいる[51,52]. すでに述べたように,分子性物質はその特有の柔らかさから,圧力印加や分子置換などで容易にまた精度よくバンド幅を変化させることができるため,電子相関の強さ U/W をパラメーターとして制御可能である. 最近の研究から,単結晶試料にX線を照射することで,分子欠陥を人為的に導入制御できることが明らかになった. この分子欠陥は主としてアニオン分子 X 層に生成され,この不規則性が電気伝導性を担う BEDT-TTF 層のホールに対してポテンシャル乱れとして影響する. このため,BEDT-TTF 層内での電子相関の強さや電子数密度をほとんど変化させずにホールの運動に対する乱れを導入できるため,モット-アンダーソン転移を研究する格好の舞台となっている. また,X線照射と物理的,化学的圧力印加を実験的に併用することで,乱れと電子相関の強さを独立,系統的にコントロールすることが可能である. 図2.18(a)にX線照射により乱れを段階的に導入した κ-$(BEDT-TTF)_2Cu[N(CN)_2]Y$ (Y = Br, Cl) の電気抵抗の温度依存性を示す[51,53]. 金属である κ-$(BEDT-TTF)_2Cu[N(CN)_2]Br$ では,照射時間 t_{irr} を増やすにしたがって分子欠陥が増加して絶縁体的な振舞いが現れる. 低温の絶縁体的な温度依存性は,乱れを含むクーロン相互作用が働いた場合に予想されるギャップレスな局在状態を示している. またモット絶縁体 κ-$(BEDT-TTF)_2Cu[N(CN)_2]Cl$ の場合は,モット-ハバードギャップによる熱活性的な温度依存性から,照射により κ-$(BEDT-TTF)_2Cu[N(CN)_2]Br$ と同様なギャップレス局在状態で期待される温度依存性に変化する. このような抵抗挙動をもとにした金属-モット絶縁体-アンダーソン絶縁体の概念的な相図[53]を図2.18(b)に示す. モット転移点に近い方が少ない乱れでアンダーソン局在的な絶縁体になることが予想される. このとき,モット転移の不連続性がどの程度の乱れまで保持されるのか,金属-モット絶縁体-アンダーソン絶縁体の相境界はどのように接続し,そこでの臨界性やゆらぎは理想的な場合と相違があるのかなど多くの興味ある疑問が残されている. このように分子欠陥の人為的な導入が可能になったことで,圧力による t の制御に加えて,実験的に乱れを制御可能な物質パラメーターとして分子性物質の研究に適用できるようになった.

2.4 モット絶縁体

(a) κ-(BEDT-TTF)$_2$Cu[N(CN)$_2$]Br   κ-(BEDT-TTF)$_2$Cu[N(CN)$_2$]Cl

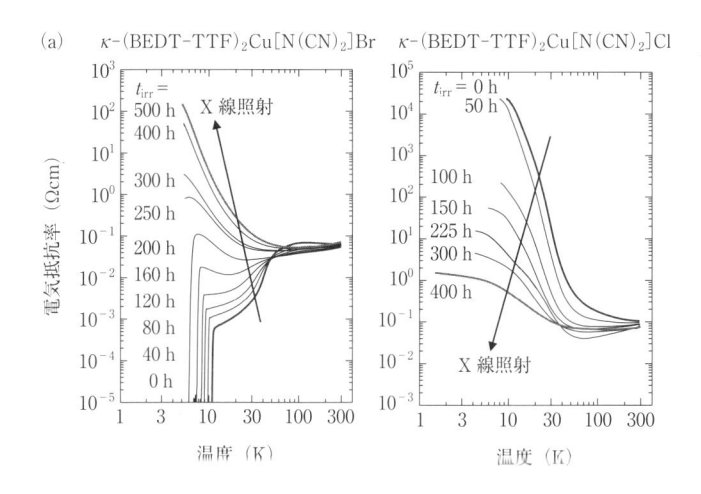

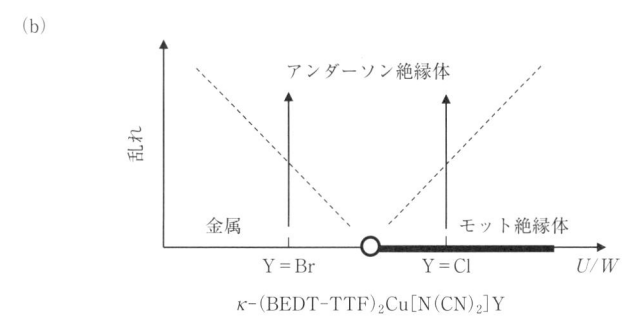

(b)

図2.18 (a) X線照射したκ-(BEDT-TTF)$_2$Cu[N(CN)$_2$]Y (Y=Br, Cl)の電気抵抗率の温度依存性[51,53]と (b) 乱れのパラメーターを含む模式的な金属-モット絶縁体-アンダーソン絶縁体の相図[53]

2.4.7 ダイマーモット絶縁体と電荷秩序絶縁体の拮抗

本節の最初に示したように, 一つの分子当たり0.5個のホールが存在する3/4充填バンド金属状態が(BEDT-TTF)$_2$X系の出発点である. これに対して, 十分な強さの電子相関U, Vが働いている場合に, 電荷秩序絶縁体となるかダイマーモット絶縁体になるかの違いは, 分子配列に従ったダイマー構造を有するかどうかによっている. 2.3.2項の2次元系電荷秩序物質のモデルに対して, バンド幅とダイマー化度をパラメーターにした異方的三角格子構造を有する一般化した(BEDT-TTF)$_2$X系の概念的な相図が計算されている[20] (図2.19). ここでU, Vは, 実際の物質で期待される値に定めてある. 注目される点は, 適当なダイマー化度をとる領域では, 電荷秩序絶縁体相とダイマーモット絶縁体相さらに金属相

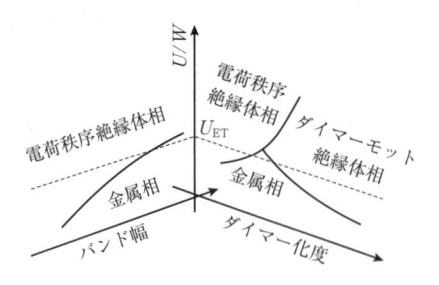

図 2.19 (BEDT-TTF)$_2$X 系の異方的三角格子構造に対して，実際の物質での典型的な t, U, V を考慮した拡張ハバードモデルにより期待される概念的な統一相図[20]．相図中で V は固定されている．

の三つの状態が競合していることである．このような競合領域において期待される物性の一つとして，最近，ダイマー内の電荷の自由度による特徴的な誘電応答の振舞いが報告されている．κ-(BEDT-TTF)$_2$X における標準的なダイマーモット絶縁体描像では，ダイマー内の電荷は対称的に分布し，ダイマー分子の反結合性軌道をダイマー中心に置きそれを格子点とする三角格子構造を想定している．このダイマーモデルに対して各 BEDT-TTF 分子間の V を考慮すると，ダイマー内の分子間で電荷の不均衡化が生じる可能性がある．このような電荷不均衡によって，ダイマー内に電気双極子が形成されることが期待される．この状況は，2.3.2 項で述べた (TMTTF)$_2$X 系における電荷秩序と弱い構造的ダイマー性に加えて 1 次元鎖間の V によって生じる電子誘電性と強誘電秩序化[25]の 2 次元版ととらえることができる．このようなダイマー内電荷不均衡による特異な電子誘電性が観測されていると期待されているのがダイマーモット絶縁体 κ-(BEDT-TTF)$_2$Cu$_2$(CN)$_3$[54] や β'-(BEDT-TTF)$_2$ICl$_2$[55] である．前者はスピン液体物質（第 3 章）として有名であるが，50 K 以下の低温で，後者は光学伝導度にモットギャップが開き電荷が局在するよりも高温の 60 K 以上でともに大きな周波数分散を有するリラクサー的な誘電応答を示す．これらの実験結果はダイマーモット絶縁体状態ではあるが，ダイマー化度や 2 次元的な V や t の拮抗により電荷秩序的性質を残すことでダイマー内に電荷分布の自由度が残存し，その不均衡化による電気双極子の発生を示唆している．ただし，この二つの物質に関しては，(TMTTF)$_2$X で生じる自発的な強誘電性は観測されていない．また，反強磁性転移とともに強誘電性が発現するとの報告[56]がある κ-(BEDT-TTF)$_2$Cu[N(CN)$_2$]Cl とは，自発的強誘電性の有無についての相違がある．このようなダイマー内での電荷不均衡の有無[57]についても議論が続いている．議論の背景には，時間的，空間的にゆらいだ電荷分布が関係するこのような動的な現象は，測定物理量や手法によって同じ現象であっても観測のされ方が異なるとの予想がある．分子性物質が有する広い空間に少数の電子という電子相関が強く働く舞台において，分子とその積層と

いう特徴的な構造階層性と電子の結合による分子性物質ならではの電荷の自由度や新しい電子ダイナミクスが今後の研究で明らかになるものと期待される．

〔佐々木孝彦〕

文　献

1) E. Abrahams ed.: 50 Years of Anderson Localization, World Scientific Publishing, Singapore (2010).
2) N. Mott: Metal-Insulator Transitions, 2nd ed., Taylor & Francis, London (1990).
3) H. Kobayashi et al.: Chem. Lett. **15** (1986) 89.
4) T. Ishiguro, K. Yamaji and G. Saito: Organic Superconductors, 2nd ed., Springer, Berlin (1998).
5) L. Ducasse, A. Fritsch and F. Castet: Synth. Met. **85** (1997) 1627.
6) F. Mila: Phys. Rev. B **52** (1995) 4788.
7) H. Kino and H. Fukuyama: J. Phys. Soc. Jpn. **65** (1996) 2158.
8) 鹿野田一司：固体物理 **30** (1995) 240；**36** (2001) 733.
9) 鹿野田一司：日本物理学会誌 **54** (1999) 107.
10) H. Seo and H. Fukuyama: J. Phys. Soc. Jpn. **66** (1997) 1249.
11) 妹尾仁嗣，鹿野田一司，福山秀敏：日本物理学会誌 **58** (2003) 801.
12) H. Kandpal et al.: Phys. Rev. Lett. **103** (2009) 067004.
13) K. Nakamura et al.: J. Phys. Soc. Jpn. **78** (2009) 083710.
14) K. Fukui and H. Fujimoto eds.: Frontier Orbitals and Reaction Paths: Selected Papers of Kenichi Fukui; World Scientific Series in 20th Century Chemistry, vol. 7, World Scientific Publishing, Singapore (1997).
15) 鹿児島誠一編著：低次元導体―有機導体の多彩な物理と密度波―（改訂改題），裳華房 (2000).
16) H. Wilhelm et al.: Eur. Phys. J. B. **21** (2001) 175.
17) H. Hiraki and K. Kanoda: Phys. Rev. Lett. **80** (1998) 4737.
18) D. S. Chow et al.: Phys. Rev. Lett. **85** (2000) 1698.
19) Y. Nogami et al.: Synth. Met. **102** (1998) 1778.
20) H. Seo: J. Phys. Soc. Jpn. **69** (2000) 805.
21) K. Inagaki et al.: J. Phys. Soc. Jpn. **73** (2004) 3364.
22) F. Sawano et al.: Nature **437** (2005) 522.
23) F. Kagawa et al.: Nature Phys. **9** (2013) 419.
24) 小形正男：固体物理 **30** (1995) 216.
25) P. Monceau, F. Ya. Nad and S. Brasovskii: Phys. Rev. Lett. **86** (2001) 4080.
26) Y. Takano et al.: J. Phys. Chem. Solids **62** (2001) 389.
27) H. Mori, S. Tanaka and T. Mori: Phys. Rev. B **57** (1998) 12023.
28) K. Miyagawa, A. Kawamoto and K. Kanoda: Phys. Rev. B **62** (2000) 7679.

29) K. Yamamoto et al.: Phys. Rev. B **65** (2002) 085110.
30) T. Sato et al.: J. Phys. Soc. Jpn. **83** (2014) 083602.
31) K. Oshima et al.: Phys. Rev. B **38** (1988) 938.
32) 十倉好紀：固体物理 **28** (1993) 557.
33) W. F. Brinkman and T. M. Rice: Phys. Rev. B **2** (1970) 4302.
34) A. George et al.: Rev. Mod. Phys. **68** (1996) 13.
35) K. Kanoda: J. Phys. Soc. Jpn. **75** (2006) 051007.
36) M. Dumm et al.: Phys. Rev. B **79** (2009) 195106.
37) K. Kanoda: Hyperfine Interactions **104** (1997) 235.
38) T. Sasaki et al.: J. Phys. Soc. Jpn. **74** (2005) 2351.
39) A. Kawamoto et al.: J. Am. Chem. Soc. **120** (1998) 10984.
40) M. Dressel and N. Drichiko: Chem. Rev. **104** (2004) 5689.
41) C. Castellani et al.: Phys. Rev. Lett. **43** (1979) 1957.
42) N. Goldenfeld: Lectures on Phase Transitions and the Renormalization Group, Addison Wesley (1992).
43) P. Limelette et al.: Science **302** (2003) 89.
44) F. Kagawa, K. Miyagawa and K. Kanoda: Nature **436** (2005) 534.
45) F. Kagawa, K. Miyagawa and K. Kanoda: Nature Phys. **5** (2009) 880.
46) L. Bartosch, M. de Souza and M. Lang: Phys. Rev. Lett. **104** (2010) 245701.
47) H. Shinaoka and M. Imada: J. Phys. Soc. Jpn. **78** (2009) 094708.
48) K. Byczuk et al.: Phys. Rev. Lett. **94** (2005) 056404.
49) A. L. Efros and B. I. Shklovskii: J. Phys. C **8** (1975) L49.
50) B. I. Shklovskii and A. L. Efros: Electronic Properties of Doped Semiconductors, Springer, Berlin (1984).
51) T. Sasaki: Crystals **2** (2012) 374.
52) 佐々木孝彦：日本物理学会誌 **67** (2012) 504.
53) K. Sano et al.: Phys. Rev. Lett. **104** (2010) 217003.
54) M. Abdel-Jawad et al.: Phys. Rev. B **82** (2010) 125119.
55) S. Iguchi et al.: Phys. Rev. B **87** (2013) 075107.
56) P. Lunkenheimer et al.: Nature Mater. **11** (2012) 755.
57) K. Seldmeier et al.: Phys. Rev. B **86** (2012) 245103.

3. スピン液体

■ 3.1 スピン系におけるフラストレーションとは ■

スピン間の相互作用として隣同士が反対方向を向こうとする反強磁性相互作用があり，さらに図 3.1 のように正三角形を基本構造にもつスピン格子などの場合を考える．この場合，エネルギーが最も下がるようにスピンを配置しようとすると，ある場所でのスピンの向きが上向きでも下向きでもエネルギーが同じになってしまい，スピンの向きが決められないことになる．このような状態をフラストレーションと呼んでいる．日本語では「三つ巴（どもえ）」とか「三すくみ」といった状態であるといえる[1,2]．

図 3.1 からもわかるように，スピン間の相互作用が反強磁性であることがまずは重要である．もし強磁性相互作用であれば，スピンがすべて同じ向きにそろえばエネルギーが下がるのでフラストレーションは存在しない．

また，量子効果ももう一つの重要な要因である．もしスピンがイジングモデルのように古典的な場合（つまり相互作用がスピンの z 成分間だけの場合），反強磁性によるフラストレーションは基底状態の大きな縮退を与える．スピンの配置を変えても同じエネルギーを持つ状態が多数存在するからである．これに量子効果が入ると，一般的に縮退は解けて基底状態は一つに定まると考えられる．古典的な場合の縮退（$T=0$ の残留エントロピー）の問題も十分面白いが，量子効果によっていろいろな状態の重ね合わせになったときには「スピン液体」となってさらに面白いことが期待できる[1-5]．

スピン系の量子力学的な基底状態がどのような状態

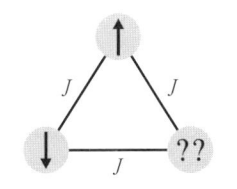

図 3.1 スピンフラストレーションの概念図

になるかは,統計力学のモデルとしていろいろと調べられている.一つの典型的な状態は秩序状態である.反強磁性であっても正方格子等の場合であれば,一つおきにスピンが逆向きに向いた状態が可能で,この状態は反強磁性長距離秩序を持つ.これに対して,三角格子などフラストレーションが効いている場合の基底状態は自明ではない.基底状態において長距離秩序を持たない状態を「スピン液体」の状態と呼ぶ.実際,この本で議論される分子性物質に対する実験においては,低温まで長距離秩序が発生しない物質が見いだされており,それが「スピン液体」を実現している物質であると見なされる[5].

■ 3.2 磁性の基礎理論とスピン液体への興味 ■

次にこの節では,スピン系の磁性についてもう少し詳しく説明していこう.まず長距離秩序の形成については,平均場近似という直観的にもわかりやすい理論があり,秩序状態への相転移を含めて理解されている.仮に各サイトでのスピンの期待値が有限に残り,それが反強磁性的に並んでいるとする.この期待値が隣のサイトにいるスピンに及ぼす効果を平均場として扱い,それによって生じる隣のサイトのスピンの期待値を計算する.この期待値が最初に仮定した期待値と等しくなるように決めることができれば(つまり矛盾なく期待値を決める),それが一応の期待される状態となる.これがおおざっぱな秩序状態の理解である.

これに対して,秩序がない状態,つまりスピン液体の状態については,簡便な一般論は存在していない.このため手さぐりでスピン液体状態について考えていくことにしよう.そもそも反強磁性の相互作用自体は,本質的に量子力学的な状態を与えるものであるといえる.たとえば,二つのスピン S_1 と S_2 を考えてみよう.このスピン間に反強磁性的な相互作用があると,$S_1^+ S_2^-$ の相互作用のために,↑↓と並んだ状態はハミルトニアンの固有状態ではない.実際,2スピンの基底状態は,

$$\frac{1}{\sqrt{2}}(|\uparrow\downarrow\rangle - |\downarrow\uparrow\rangle)$$

であり,二つの量子力学的状態の重ね合せが基底状態である.これをスピン1重項(スピンシングレット)状態という.このように反強磁性の相互作用は量子ゆらぎを本質的に含んでいるといえる.この状態のエネルギーは $3/4J$ である.

まずこのようなシングレット状態が1次元的に並んでいる状態を考えてみよ

う（図3.2(a)）．全体でN個のスピンがあるとすると，シングレット対は$N/2$個あり全エネルギーは$-3/8JN$となる．ここで隣り合ったシングレット同士の間にはエネルギーの利得がないことに注意しよう．シングレットの片割れのスピンは，外からみるとスピン0に見えるので，外界との相互作用はないのである．一方，平均場近似で得られ

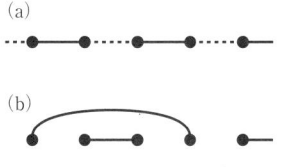

図3.2　1次元のスピン系（太線はシングレット状態を表す）

るような反強磁性長距離秩序状態のエネルギーも調べてみよう．1次元では単に↑↓↑↓↑↓…と並んだ状態である（これを古典的ネール状態ともいう）．この状態は$S_{1z}S_{2z}$の期待値のみを持ち，全エネルギーは$-1/4JN$となる．量子効果による重ね合わせがまったくないので，$S_1^+S_2^-$や$S_1^-S_2^+$の項によるエネルギー利得がまったくない代わりに，すべての隣り合ったスピンi, j同士は$\langle S_{iz}S_{jz}\rangle = -1/4$の利得をしているのである．

1次元の場合，シングレット状態を並べたものと反強磁性状態では，シングレット状態の方がエネルギーが低い．実は1次元の場合は厳密解がわかっていて，真の基底状態のエネルギーは$E = -(\log 2 - 0.25)JN = -0.4431JN$であり，シングレット状態の$-0.375JN$よりかなり低い．基底状態の波動関数は，実はシングレット状態を並べたものと反強磁性状態のちょうど中間のようなもので，反強磁性の長距離秩序はないが，相関関数がべき乗で減衰するといった相転移の臨界点直上の状態と同じ振舞いをすることがわかっている．シングレット状態としては，図3.2(b)のように，単純に隣同士だけではなく長距離のシングレット対も波動関数の中に含まれているといえる．1次元系は長距離秩序がないという意味で，典型的なスピン液体状態の一つである

現実の物質は3次元系である．分子性物質では2次元平面が主な舞台となっているが，結晶であるかぎり3次元性が少しは含まれる．まず2次元系において，フラストレーションがない正方格子から考えてみよう．この場合，シングレット状態を敷き詰めると図3.3(a)のようになる．シングレット対の数はやはり$N/2$なので，エネルギーは$-3/8JN$である．一方，反強磁性状態は↑↓↑↓↑↓…ときれいに並ぶことができて，エネルギーは$-1/2JN$となる．フラストレーションがないので，$2N$本のボンドすべてが$\langle S_{iz}S_{jz}\rangle = -1/4J$の利得を得るのである．シングレット対の状態のエネルギーと比べて，今度は反強磁性の方がエネルギーが低い．実際，数値計算などから正方格子ハイゼンベルグモデルの基底状態には反

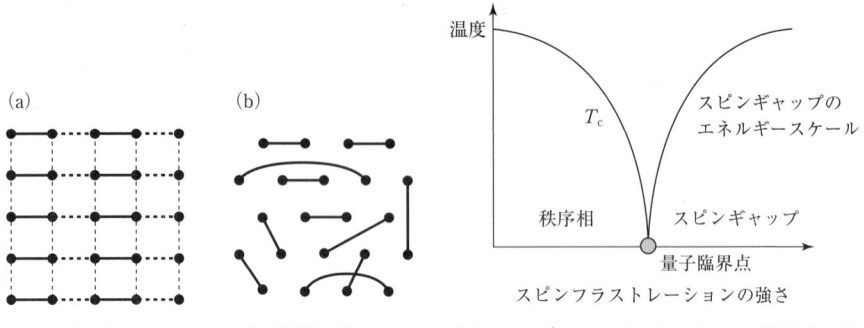

図3.3 シングレット対の配置の例

図3.4 スピンフラストレーションの強さをパラメーターとした相図

強磁性長距離秩序があり，エネルギーはほぼ$-0.668JN$であることがわかっている．

次にフラストレーションのある三角格子でエネルギーを比較してみよう．シングレット対のエネルギーは相変わらず$-3/8JN$である（たとえば図3.3(b)）．一方，フラストレーションのために，きれいな反強磁性状態を組むことはできない．代わりの可能性としては，三角格子を三つの副格子に分けて，それぞれのスピンが$0°, 120°, 240°$の方向に向いている状態が考えられる（$120°$構造という）．このエネルギーを計算すると$-3/8JN$となり，ちょうどシングレット対の状態と同じエネルギーになる．このように，簡単な計算からも，フラストレーションのあるスピン系において長距離秩序が生じるか，長距離秩序がないスピン液体のような状態が実現するかは微妙な問題であることがわかる．さらに，スピン液体状態はいろいろなシングレット対の敷き詰め方によっていろいろな可能性があり，それらの線形結合が真の基底状態に近いものとなると考えられている．

ここでフラストレーションのある場合に予想される相図を考えておこう．図3.4の横軸はフラストレーションなどの強さを示すパラメーターであるとする．フラストレーションが弱ければ，反強磁性の長距離秩序が存在する．これは対称性を破っている状態なので，明確な相転移温度が定義されて，それ以下の温度領域で長距離秩序が発生する．フラストレーションが強くなってくると，臨界温度は徐々に低くなって$T=0$に近づくと考えられる．臨界温度が$T=0$となったところを量子臨界点と呼ぶ．これより先は長距離秩序がなくなるので，スピン液体の状態であるといえる．

ただし，ここで「スピンギャップ」という現象が起こる．通常のスピン系の理論では，長距離秩序がなくなると，代わりにスピン励起に有限のエネルギーが必要となるという「スピンギャップ」が生じると考えられている．スピンシングレット対の言葉でいうと，励起状態はスピンシングレットを一つ壊してスピントリプレット状態にしたものと考えられる．トリプレット状態は$+1/4J$のエネルギーを持つので，励起にはシングレット対との差の$+J$のエネルギーが必要となる．これがスピンギャップエネルギーの起源である．もちろん，トリプレット状態が二つの↑スピンに分離して，自由に運動することにより運動エネルギーの利得を得る可能性はある．しかし，Jのエネルギーギャップをちょうど打ち消すだけの運動エネルギーがあって，励起が0となるのはかなりの偶然であると考えらえる．図3.4のように，フラストレーションを表すパラメータが大きくなるにつれて，スピンギャップの大きさは量子臨界点の0から増加すると考えられている．

ところが以下の節で示すように分子性物質におけるスピン液体では，長距離秩序もなく同時にスピンギャップも0（または非常に小さい）ということが実験的に示されている．このような状態を理論的に理解するのはまだまだ難しい問題である．これまでの理論では，長距離秩序もなくスピンギャップもないような状態は，1次元の場合または量子臨界点（2次元以上）でしか見つかっていない．

3.3 スピン液体的な性質を示す物質

スピンフラストレーションが存在し低温でスピン液体の形成が期待できる物質として，2次元の三角格子やカゴメ格子，3次元系ではパイロクロア格子，ハイパーカゴメ格子の化合物が知られている．スピンを持つ磁性原子あるいは分子が正三角形の頂点に存在し，頂点とそれを結び付ける辺を共有してつながり結晶格子を作っている化合物である．その中で，これまでにスピン液体としての性質が報告されている代表物質について表3.1にまとめている[5-21]．スピンの大きさによっても相違が現れるが，量子性が強い$S=1/2$の2次元三角格子の例としては，$LiNiO_2$や$NaNiO_2$などのNi酸化物が古くから研究されている[6,7]．またCu^{2+}を含むCs_2CuCl_4とその関連物質もフラストレート系として広く研究されてきた[8]．集積型金属錯体，配位高分子などの分子性化合物の中にもCu^{2+}，V^{4+}などのスピンが三角格子やカゴメ格子構造を持つ物質は知られている[9]．これらの化合物ではスピンのフラストレーションの効果が顕著に現れ，たとえば低温で温度に比例

する熱容量の出現などが報告されているが，極低温になると，①2次元面間に働く弱い3次元的な相互作用による秩序化，②スピン軌道相互作用を通じたかたちでの軌道秩序の形成，③酸素欠陥等の乱れの影響によってスピングラス化を生じ，液体としての基底状態を観測するのは困難であった．もちろん低温での多様な振舞いと，各種自由度の交錯，短距離相関とダイナミクスの関係などを含めた電子状態の理解はフラストレート系科学の重要な課題として現在でも広く研究されている．また，$S=1/2$ ではないが理想的な三角格子構造を作りスピン液体の特徴を示す物質として $NiGaS_4$ ($S=1$) や[10]，さらにカゴメ格子としてスピン液体的な性質を示す物質として $SrCr_{9p}Ga_{12-9p}O_{19}$ ($S=3/2$)[11]，天然鉱物として知られるボルボサイト[12]，ハーバースミサイト[13]，ベシグナイト[14] などが知られている．最後の鉱物系の物質は，最近，水熱合成などの手法で良質結晶の合成が可能となり，Cu^{2+} と酸素のネットワークが理想的な $S=1/2$ のカゴメ格子を作ることが知られカゴメのフラストレーションの研究に大きく寄与している．またハイパーカゴメ構造を持つ $Na_4Ir_3O_8$[15]，パイロクロア構造を持つ $R_2Ti_2O_7$（Rは希土類原子）

表3.1 スピン液体としての性質を示す代表的物質

化合物名	スピン	格子	基底状態	文献
$LiNiO_2$	1/2 (Ni^{3+})	2D 三角	グラス化	6
$NaNiO_2$	1/2 (Ni^{3+})	2D 三角	反強磁性	7
Cs_2CuCl_4	1/2 (Cu^{2+})	2D 三角	反強磁性	8
$Cu(H_2O)_2(C_2H_8N_2)SO_4$	1/2 (Cu^{2+})	2D 三角	反強磁性	9
volborthite ($Cu_3V_2O_7(OH)_2 2H_2O$)	1/2 (Cu^{2+})	2D カゴメ	磁性	12
herbertsmithite ($ZnCu_3(OH)_6Cl_2$)	1/2 (Cu^{2+})	2D カゴメ	スピン液体	13
vesignieite ($BaCu_3V_2O_8(OH)_2$)	1/2 (Cu^{2+})	2D カゴメ	スピン液体	14
$NiGaS_4$	1 (Ni^{2+})	2D 三角	スピン液体	10
$SrCr_9pGa_{12-9p}O_{19}$	3/2 (Cr^{3+})	2D カゴメ	スピン液体	11
$Na_4Ir_3O_8$	1/2 (Ir^{4+})	ハイパーカゴメ	スピン液体	15
$R_2Ti_2O_7$　R：希土類，遷移金属	各種	パイロクロア	反強磁性，スピン液体，スピンアイスなど	16, 17
グラファイト上の ^{3}He	1/2（核スピン）	2D カゴメ	スピン液体	18
κ-$(BEDT\text{-}TTF)_2Cu_2(CN)_3$	1/2（ダイマーモット系）	2D 三角	スピン液体（32 mK）	19
$EtMe_3Sb[Pd(dmit)_2]_2$	1/2（ダイマーモット系）	2D 三角	スピン液体（19.4 mK）	20
κ-$(Cat\text{-}EDT\text{-}TTF)_2H_3$	1/2（ダイマーモット系）	2D 三角	スピン液体	21
κ-$(BEDT\text{-}TTF)_2Ag_2(CN)_3$	1/2（ダイマーモット系）	2D 三角		
κ-$(BEDT\text{-}TTF)_2B(CN)_4$	1/2（ダイマーモット系）	2D 三角		

などでスピン液体の形成が見いだされている[16,17]. パイロクロア系の $Pr_2Ir_2O_7$ では遍歴的な電子系と液体状態のスピンとの相互作用が報告されており新しい物理の舞台になっている[17]. しかし, 本当にゼロエネルギーまで秩序やグラス化を起こさない系は少ないのが現状であり, スピン液体の極低温での励起構造, 臨界性などの問題に迫れている化合物はほとんどない. 金属間化合物以外の物質系では, グラファイト上に作成した ^3He の2次元固体がカゴメ格子を作り理論モデルと対比され研究されている[18]. 上記の①〜③のような複雑な要素が共存, 競合しないシンプルでありながら, 磁気相互作用 J が強い系があれば, 量子力学的な基底状態としてのスピン液体に関する知見を深めることができる. 表3.1に網をかけた分子性物質はその新しい候補になっている.

3.4 ダイマーモット型の分子性スピン液体物質

前節のような磁性遷移金属を含む金属間化合物や金属錯体の磁性研究の中で, スピン液体の実現とその性質の解明はフラストレート系磁性の一つの重要なテーマとして研究されてきた. ところが, 最近, 分子性導体の仲間でおもに π 電子系の強相関物性の立場から量子スピン液体の研究に大きな展開を見せている化合物が報告されている[5,19-21]. 表3.1に示したような, BEDT-TTF(ET) 分子からなる電荷移動塩であり, その代表が κ-(BEDT-TTF)$_2$Cu(CN)$_3$ である[19]. 同様に Pd(dmit)$_2$ というアクセプター分子からなる EtMe$_3$Sb[Pd(dmit)$_2$]$_2$ も良く似た性質を示すことがわかってきた[20]. これらの分子性塩は電子間の強いクーロン反発によってモット絶縁体となり, 分子のダイマー上に $S=1/2$ のスピンが局在した2次元スピン格子を形成する.

二つの物質の構造についてもう少し詳細に説明する. 第2章で詳説されているように κ 型と呼ばれる構造の BEDT-TTF 塩は, ドナー分子と対アニオンが2:1の組成を持って層状に配列し, ドナー分子は典型的な2次元構造をとっている. 図3.5の左側にその配列構造を示している. ドナー分子の2次元面を上からみると, 分子のダイマーがジグザグ構造に配列している. 実際, ダイマー内での相互作用は強く, さらにダイマー間でも相互作用することで2次元系を形成する. この構造の塩は, 有機伝導体の中では最もよく研究されている. カウンターアニオンが Cu(NCS)$_2^-$, Cu[N(CN)$_2$]Br$^-$ の塩やその重水素化塩では 10 K を越える超伝導相がモット絶縁体相と隣接して存在し, 2次元強相関系の典型的な相図を与え

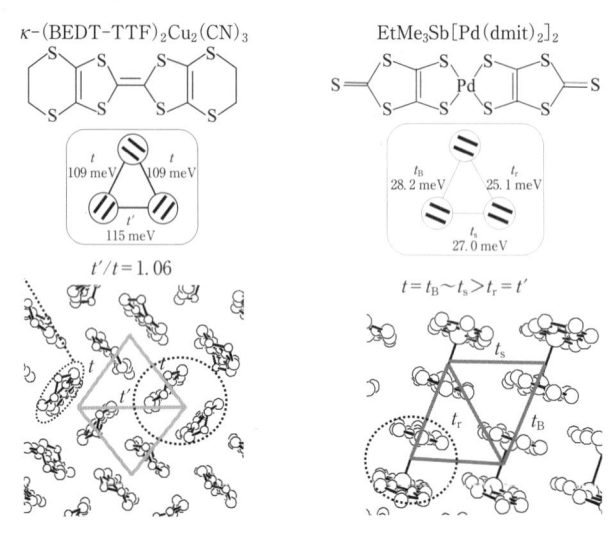

図 3.5 ダイマーモット系三角格子物質の構造

る．κ-(BEDT-TTF)$_2$Cu$_2$(CN)$_3$ では，Cu$_2$(CN)$_3^-$ 層とドナー層の構造的なマッチングから 2 次元面内ではダイマーをユニットとする理想的な三角格子構造が作られている．一方，Pd(dmit)$_2$ とカウンターカチオンが作る塩でも 2:1 の組成となり，アクセプター分子のダイマーが三角格子を作って配列する．その構造も図 3.5 の右側に示した．BEDT-TTF の場合はスピンが HOMO の反結合性バンドに入ったホールによって作られる．一方，Pd(dmit)$_2$ の場合は，ダイマーあたりに存在する電子がスピンを担うが，HOMO と LUMO の間のギャップが小さく，二量体を作った際に HOMO の反結合性軌道と LUMO の結合性軌道の準位が逆転したかたちになり電子は HOMO の反結合性軌道に入る．

二つのダイマー三角格子の構造を模式図で示したのが図 3.5 の上方の図である．κ-(BEDT-TTF)$_2$Cu$_2$(CN)$_3$ は，厳密には二等辺三角形であり，理想的な正三角格子からのずれを t', t という二つの移動積分で評価するとその差は約 6% 程度である．一方 EtMe$_3$Sb[Pd(dmit)$_2$]$_2$ は厳密には不等辺三角形になっており，図の t_B と t_S はほぼ等しく（$=t$），この値ともう一つの移動積分 t_r ($=t'$) との比によってフラストレーションを評価する[5,19,22]．二つの塩のダイマー間移動積分の大きさは約 5 倍程度異なるが，スピン間の磁気相互作用 J は同程度である．

さらに最近になって，ベンゼン環のオルト位に OH 基を二つ持つカテコールと呼ばれる部位をもつ有機分子である Cat-EDT-TTF と水素の電荷移動塩として，

κ-(Cat-EDT-TTF)$_2$H$_3$ が開発された[21]．カウンターイオン相がプロトンだけからなる有機分子層のみの構造だが，層内で分子は κ 型の構造をとっており強いダイマー性のためやはりモット絶縁体となり同様にスピン液体の基底状態を示すことが報告されている[21]．

3.5 スピン液体基底状態の実証

分子性のモット絶縁体では，隣接するスピン間には 100 K を越える大きな反強磁性的な相互作用が働くことがわかっている．実際，κ 型の塩でも，正方格子に近い κ-(BEDT-TTF)$_2$Cu[N(CN)$_2$]Cl, κ-(BEDT-TTF)$_2$Cu[N(CN)$_2$]Br, κ-(BEDT-TTF)$_2$Cu(NCS)$_2$ では2次元面内に大きな反強磁性ゆらぎが存在することが ^{13}C-NMR の実験から示されており，κ-(BEDT-TTF)$_2$Cu[N(CN)$_2$]Cl では約 27 K で反強磁性秩序が形成される．内部磁場の有無を検出するための実験手法として，NMR や μSR などのミクロな手法を利用することが効果的である．

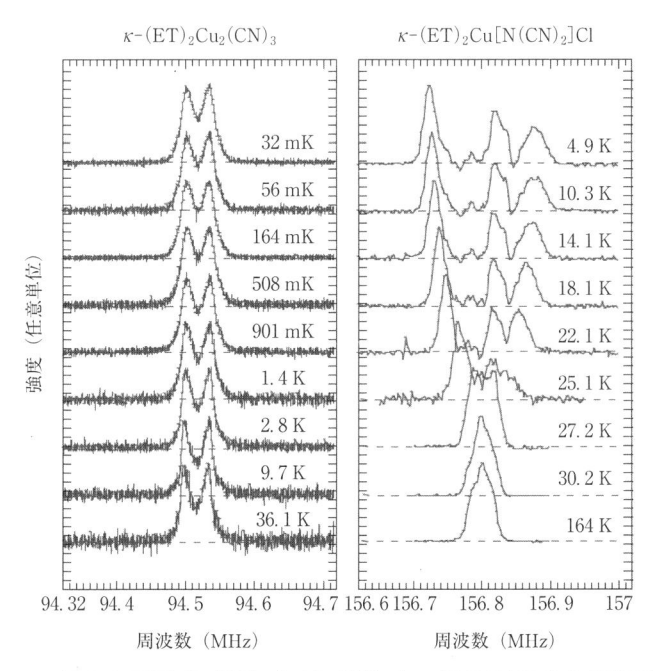

図 3.6 κ-(BEDT-TTF)$_2$Cu$_2$(CN)$_3$（スピン液体）と κ-(BEDT-TTF)$_2$Cu[N(CN)$_2$]Cl（反強磁性 T_{AF} = 27 K）の NMR スペクトルの温度依存性[5]

NMRは塩を構成しているドナー分子上の炭素や水素原子の原子核スピンをプローブにして固体中の電子が作る内部磁場を検出する方法である．外部からかける磁場とは別に結晶内部に秩序状態ができると核スピンのエネルギー準位が分裂し結果として電磁波の共鳴によって生じるスペクトルのピーク位置がシフトすることになる．図3.6にBEDT-TTF分子の両端にあるエチレン基の ^{1}H の核を用いてみた結果を示している．κ-(BEDT-TTF)$_2$Cu[N(CN)$_2$]Cl では，約27 K で反強磁性の相転移を示すが，それに伴いその温度付近からスペクトル幅が急速に広がり，内部磁場の発生が確認できる．一方，三角格子化合物である κ-(BEDT-TTF)$_2$Cu$_2$(CN)$_3$ では，32 mK までまったくスペクトルの広がりを見せない[19]．この傾向はより電子密度の高いBEDT-TTF分子の中心にある ^{13}C でNMRを行った場合も同様である．^{13}C を置換したPd(dmit)$_2$ 分子を用いたEtMe$_3$Sb[Pd(dmit)$_2$]$_2$ についてのNMRの実験も行われており19.4 mK までの極低温までスペクトルの広がりがみられず内部磁場が生じていないことが確認されている[22]．この物質の場合には1 K 付近に磁場に依存するような緩和時間（T_1）の変化が生じることも指摘されている．

　内部磁場を確認するもう一つの手法として μSR がある．結晶試料中に打ち込んだミューオン μ$^+$ がプロトンと同様に核スピンを持っており，それが結晶中に内部磁場により歳差運動しながら消失していく．その際に陽電子を放出するが，この陽電子はミューオンスピンが向いている方向に放出されやすいため，その検出強度の分布と時間変化を解析して内部磁場の大きさを検出する方法である．分子性化合物の場合，通常発生する内部磁場はそれほど大きくないが，長距離秩序を作るような系では非常に感度よく検出でき，磁気オーダーの有無を判断するために有効な実験である．Ohira らの κ-(BEDT-TTF)$_2$Cu$_2$(CN)$_3$ の実験では，1 K 以下まで内部磁場の振動は現れず，NMRの実験と同様に内部磁場は発生していないことを示している[23]．磁場印加した状態も含めた，より詳細な μSR 実験によると κ-(BEDT-TTF)$_2$Cu$_2$(CN)$_3$ では，ゼロ磁場下では内部磁場は観測されないが，わずかな磁場の印加によって磁性相が出現する可能性も示唆されている[24]．κ-(BEDT-TTF)$_2$Cu$_2$(CN)$_3$ が持つカチオン部位のわずかな乱れの効果が影響を与えている可能性がある．しかしながら，J の10万分の1に近いオーダーでの低エネルギー領域で秩序化の兆候が観測されないことは，理論的に示唆されたようなスピン液体が基底状態として実現していることを明確に示唆している結果である．

3.6 熱力学的な基底状態と励起構造

相互作用が大きいにもかかわらず，低温まで秩序化がないスピン状態をどのようにとらえたらよいのだろうか．強く相互作用しているスピンの集団系としての特徴をとらえるには，熱的な測定で低エネルギーの励起構造をみていくことが有効である．熱容量測定は物質の相転移などによる状態変化を知るために使われる手法であるが，一方で低エネルギー励起をエントロピーの温度依存性として定量的に検出できる利点を持っている．また磁場，電場，あるいは電磁波などをかけることなく基底状態と集団励起の性質を調べることができるため，特に外部磁場が基底状態に影響を与える場合には完全なゼロ磁場の情報を得られるという意味でも有効な手法である．

液体的な基底状態を示す典型例としてよく知られているのは，金属などの伝導電子系である．電子がフェルミ縮退しており連続的なバンドのエネルギー準位に低エネルギーから順に電子が充塡されている．$T=0\,\mathrm{K}$ の基底状態では，フェルミ分布関数が階段関数となり充塡状態と非充塡状態の境界がバンドの途中にできる．有限温度になると $k_\mathrm{B}T$ で与えられる範囲内でその段差に熱的なゆらぎ領域ができ，運動状態を変える励起がゼロエネルギーから連続的に起こることになる．バンドを形成している個々のエネルギー準位は実空間に広がった波動関数になっている．このギャップのない連続的な励起と広がった波動関数が液体状態を特徴づけていることになる．励起の程度は，電子熱容量係数（Sommerfeld constant）γ によって特徴づけられ，その大きさはフェルミエネルギー（ε_F）における電子状態密度に比例する．γ は通常，数百 $\mu\mathrm{JK}^{-2}\mathrm{mol}^{-1}$ から $10\,\mathrm{mJK}^{-2}\mathrm{mol}^{-1}$ 程度である．バンド電子のフェルミレベルでの状態密度 $D(\varepsilon_\mathrm{F})$ と γ の間には

$$\gamma = \frac{1}{3}\pi^2 D(\varepsilon_\mathrm{F})k_\mathrm{B}^2$$

という関係がある．γ は電子状態密度と比例する量であるため，金属状態でのパウリ（Pauli）磁化率の値と対比される．電子間の相互作用や電子格子相互作用が強くなると上式が変形を受け電子熱容量係数が増大する．

三角格子物質である $\kappa\text{-}(\mathrm{BEDT\text{-}TTF})_2\mathrm{Cu}_2(\mathrm{CN})_3$ と $\mathrm{EtMe}_3\mathrm{Sb}[\mathrm{Pd}(\mathrm{dmit})_2]_2$ の熱容量の温度依存性を図3.7に示した[25,26]．一般に，有機分子からなる化合物は柔らかい格子を持っており，低温であっても格子熱容量が大きい．そのため，こ

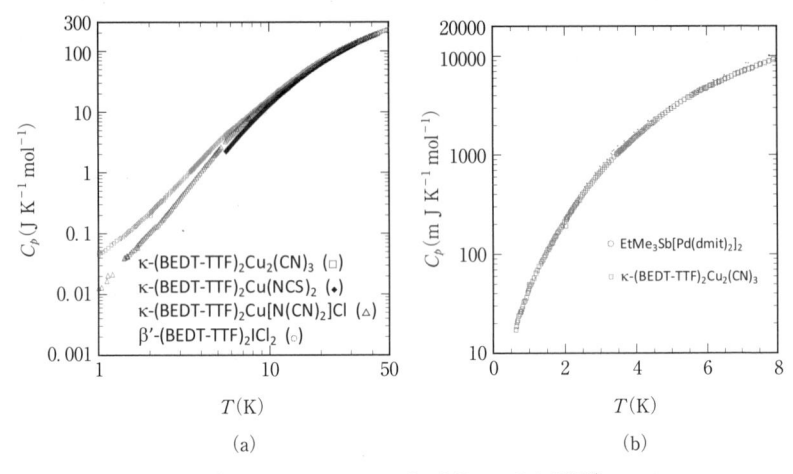

図3.7 ダイマーモット系三角格子の熱容量[25, 26]

こでは熱容量を対数を使ってプロットしている．特に相転移を思わせる熱異常は現れない．図3.7の10 K以下をみるとκ-(BEDT-TTF)$_2$Cu$_2$(CN)$_3$の熱容量は他の化合物と比較して2～4倍程度大きいことがわかる．スピン間に大きな相互作用があってもフラストレーションのため秩序だった配置を作ることができず，そのゆらぎによるスピンエントロピーが低温領域に存在しているため，低温熱容量が大きくなる．これは，内部磁場が観測されずスピンが低エネルギー状態でもゆらいでいることと矛盾なく理解できる．

低温領域の熱容量をよく知られたC_pT^{-1} vs T^2のかたちでプロットしたのが図3.8である．一般に，低温での固体の電子熱容量は$C_p=\gamma T+\beta T^3$で表される．第1項は電子やスピンによる寄与，第2項が格子の低温熱容量の寄与であり，デバイ（Debye）近似で表すことができる．スピン液体物質では図3.8に実線で示したようなきれいな直線関係が得られる．直線を絶対零度まで外挿していくと縦軸の切片がκ-(BEDT-TTF)$_2$Cu$_2$(CN)$_3$では12.6 mJK^{-2} mol^{-1}，EtMe$_3$Sb[Pd(dmit)$_2$]$_2$では19.9 mJK^{-2} mol^{-1}という有限の値になり，この低温での様子は金属状態にある物質の典型的な振舞いである．金属的な伝導を示す，α-(BEDT-TTF)$_2$MHg(SCN)$_4$(M=K, Rb, NH$_4$)やβ-(BEDT-TTF)$_2$AuI$_2$，κ型の超伝導塩などでは20～30 mJK^{-2} mol^{-1}程度のγ値を与える（表3.2参照）[27]．伝導性のない絶縁体にもかかわらず電子熱容量係数が存在することは，このスピン系が金属で実現しているようなフェルミ液体に近い基底状態を作っていることを示唆して

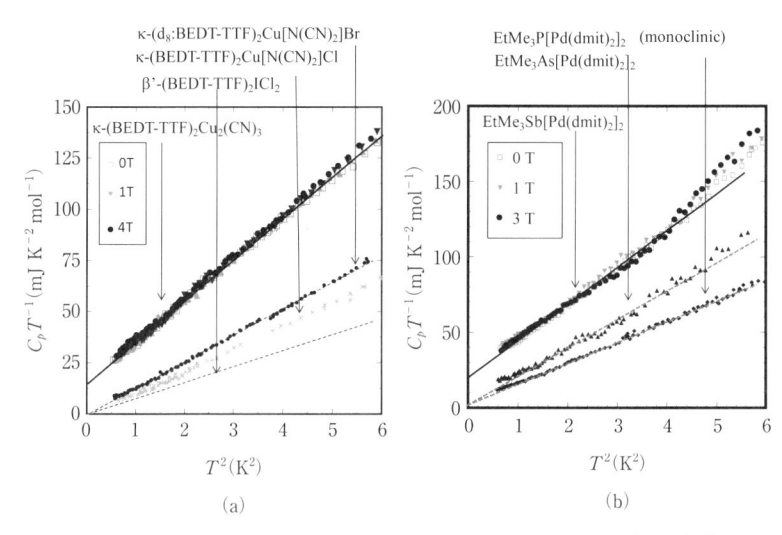

3.6 熱力学的な基底状態と励起構造

図 3.8 スピン液体物質とその関連物質の低温熱容量の C_pT^{-1} と T^2 の図[25,26]. (a)は κ-(BEDT-TTF)$_2$Cu$_2$(CN)$_3$（0 T, 1 T, 4 T の磁場下）と反強磁性絶縁体 κ-(BEDT-TTF)$_2$Cu[N(CN)$_2$]Cl, 重水素化した κ-(BEDT-TTF)$_2$Cu[N(CN)$_2$]Br, β'-(BEDT-TTF)$_2$ICl$_2$ のデータ. (b)は EtMe$_3$Sb[Pd(dmit)$_2$]$_2$ （0 T, 1 T, 3 T の磁場下と反強磁性体 EtMe$_3$As[Pd(dmit)$_2$]$_2$ 電荷秩序状態になる EtMe$_3$P[Pd(dmit)$_2$]$_2$ のデータ.

表 3.2 代表的な分子性ど導体とスピン液体物質の熱力学的パラメーター[27]

化合物名	γ (mJ K^{-2} mol^{-1})	β (mJ K^{-4} mol^{-1})	Θ_D (K)
α-(BEDT-TTF)$_2$KHg(SCN)$_4$	6.4	11.6	223
α-(BEDT-TTF)$_2$NH$_4$Hg(SCN)$_4$	25〜26		221
κ-(BEDT-TTF)$_2$Cu(NCS)$_2$	25		
κ-(BEDT-TTF)$_2$Cu[N(CN)$_2$]Br	22		210
β-(BEDT-TTF)$_2$I$_3$	24		197
β-(BEDT-TTF)$_2$AuI$_2$	20		
κ-(BEDT-TTF)$_2$Cu[N(CN)$_2$]Cl	0	10.9	219
β'-(BEDT-TTF)$_2$ICl$_2$	0	7.46	
(DMe-DCNQI)$_2$Cu	25		
κ-(BEDT-TTF)$_2$Cu$_2$(CN)$_3$	12.6	21	
EtMe$_3$Sb[Pd(dmit)$_2$]$_2$	19.9	24	

いる．同じ図 3.8 に磁場中で測定したデータが示されており，テスラ級の磁場を印加してもほとんど変化が現れないことから，この励起は強く相互作用しあったスピンの集団系の性質であるということができる．希釈冷凍機を用いて 75 mK まで冷却すると，原子核による熱容量が現れてきて C_pT^{-1} が低温で増大するが，それを差し引いても同程度の γ 項が存在している．EtMe$_3$Sb[Pd(dmit)$_2$]$_2$ の熱

容量も同様に γ 項の存在する金属に近い振舞いを示し熱励起にギャップのない液体状態になっていることを示している．

図3.8には同じBEDT-TTF分子からなる κ 型塩，あるいは β' 型塩のモット絶縁体で3次元的な反強磁性秩序状態を形成する物質と，X[Pd(dmit)$_2$]$_2$ でカウンターカチオン X$^+$ の違いにより反強磁性，電荷秩序による非磁性基底状態をとる物質の低温熱容量を同時に示している．この温度領域では同様の直線関係になるが，図の縦軸の切片はどの塩も0に向かうことが見てとれ典型的な絶縁体の振舞いである．同じモット絶縁体の中で三角格子物質がいかに特異的かがよくわかる．

3.7 磁気的性質

ここで考えている $S=1/2$ のスピンは，分子上の，HOMO, LUMO に広がった，不対電子あるいはホールのスピンである．このような分子の持つスピンは異方性が小さくその相互作用エネルギーは等方的なハイゼンベルグモデルで表すことができる．分子のダイマー系のモット絶縁体はダイマー間の移動積分 t とクーロン相互作用 U を使って表したハバードモデルで記述するが，U が大きな極限では電子の移動はなくなりハイゼンベルグモデルになっている．電荷移動塩として得られる分子性のモット絶縁体は通常2次元の構造を反映した磁化率を与える（この場合，磁気的な相互作用 J は，ダイマー間の移動積分とクーロン相互作用 U によって決まっている）．1次元，2次元などの低次元系の磁性現象は，物質開発の進展と，測定技術の進歩，スピン系の統計力学による計算精度の向上が相補的に寄与しながら大きく進展してきた．ハイゼンベルグ系については，3次元的な相互作用がなければ有限温度では長距離秩序は形成されず，その磁化率や熱容量は短距離秩序形成を特徴づけるブロードな山を形成する．低次元系のこのようなブロードな山を持つ磁化率の温度依存性は一般にボナー–フィッシャー型磁化率と呼ばれる．

フラストレーションを持つ2次元の三角格子の場合にはピークの構造は比較的低温側に現れる．図3.9は，三角格子 κ-(BEDT-TTF)$_2$Cu$_2$(CN)$_3$, EtMe$_3$Sb[Pd(dmit)$_2$]$_2$, κ-(Cat-EDT-TTF)$_2$H$_3$ の磁化率の温度依存性を示したものである[20-22]．熱容量と同様に相転移は観測されず短距離秩序によるブロードなピークが存在する．この図の実線は J の大きさを仮定した高温展開による計算値であり

3.7 磁気的性質

κ-(BEDT-TTF)$_2$Cu$_2$(CN)$_3$ は $J/k_B = 250$ K, EtMe$_3$Sb[Pd(dmit)$_2$]$_2$ では $J/k_B = 240$ K の実線がデータをよく再現している. この値は2次元のダイマー系のスピン間相互作用の典型的な値である. κ-(Cat-EDT-TTF)$_2$H$_3$ の場合には, $J/k_B = 80$ K 程度でありこれはダイマー間の相互作用である J が小さくなっていることに対応している. スピンの自由度が低温側に動き磁化率のピークが3倍程度高くなっている. スピン液体状態としての特徴は磁化率のさらに低温側の温度依存性に現れている. ハイゼンベルグモデルに従うと $T = 0$ K に近づくと磁化率も低下していく. しかし, 三角格子系の磁化率はヘリウム温度以下の低温で図3.9(a)

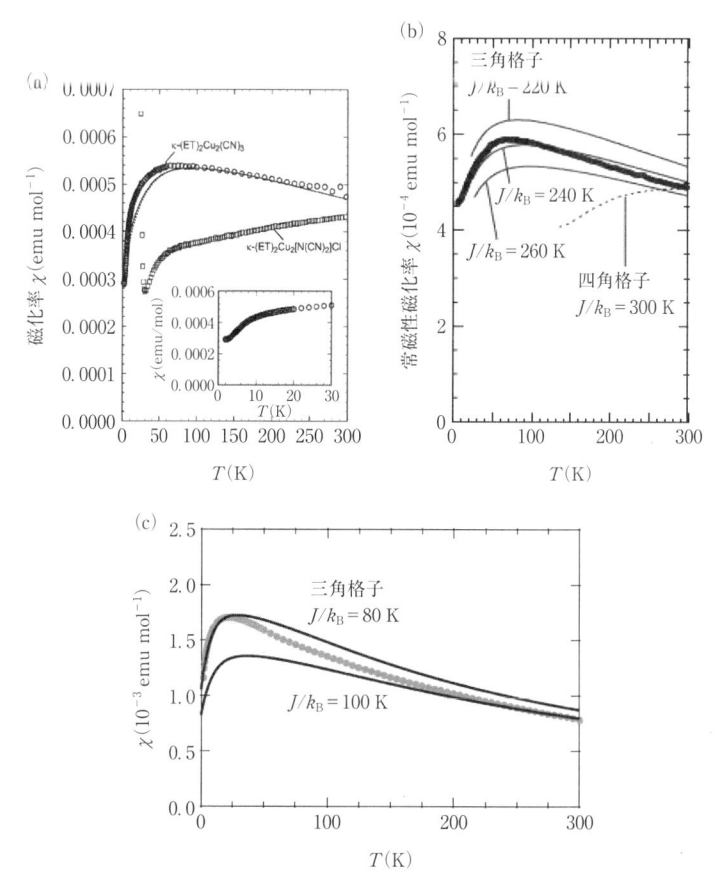

図3.9 三角格子化合物の磁化率の温度依存性[19,22,27)]
(a) は κ-(BEDT-TTF)$_2$Cu$_2$(CN)$_3$. (b) は EtMe$_3$Sb[Pd(dmit)$_2$]$_2$. (c) は κ-(Cat-EDT-TTF)$_2$H$_3$. 実線は2次元三角格子ハイゼンベルグモデルによる理論カーブ.

の挿入図にみられるように一定値をとり温度に依存しなくなる．温度変化をしない磁化率は，伝導電子でよく知られているパウリ常磁性に相当する磁化率と考えられる．低温で電子熱容量が温度に比例し，連続励起の存在を示す有限のγが存在することを前節で述べたが，ここで与えている静磁化率は同様な起源によるものと思われる．一般にフェルミ液体の場合には，電子熱容量係数と絶対零度におけるパウリ常磁性磁化率$\chi(0)$はともに状態密度に比例する．相関のない状態での$\chi(0)/\gamma$の値は

$$R_{W,0} = \frac{3(g\mu_B)^2}{4\pi^2 k_B^2}$$

となるが，実際に観測される実験値がこの値と比較してどの程度増幅されるかを示すパラメーターとしてウィルソン比（R_W）が定義される．$\chi(0)/\gamma = R_W R_{W,0}$となり$R_W = 1$の場合は電子相関がない金属の状態であり，相関が強くなってくると，この比が段々と大きくなる．重い電子系といわれるf電子系の物質や，電子相関の強いd電子の遍歴電子系などでは大きなウィルソン比を持つ物質が知られている．スピン液体物質である，κ-(BEDT-TTF)$_2$Cu(CN)$_3$は絶対零度での静磁化率の値が$\chi(0) = 2.9 \times 10^{-4}$ emu・mol^{-1}，$\gamma = 12.6$ mJK^{-2} mol^{-1}，EtMe$_3$Sb[Pd(dmit)$_2$]$_2$では$\chi(0) = 4.4 \times 10^{-4}$ emu・mol^{-1}，$\gamma = 19.9$ mJK^{-2} mol^{-1}となる．ここから，計算されるウィルソン比は$R_W = 1.4 \sim 1.6$程度となる．一方はドナー分子からなるホールのスピン，後者はアクセプター分子の電子のスピンの三角格子であり，さらに3.4節で示したようにダイマー間の移動積分の値も数倍程度異なっているにもかかわらず，ウィルソン比がほぼ等しくなる．また，電子状態がさらに異なりJが小さくなるκ-(Cat-EDT-TTF)$_2$H$_3$でもほぼ近いウィルソン比になっていると考えられる．これらの分子性化合物塩ではスピンの励起がフェルミ液体と同じような液体的になっている一つの決定的な証拠である．

通常，磁化率の温度依存性は高感度磁束計で引き抜き法によって測定するが，汎用機器の測定下限の2Kより低温域でも磁化率がほぼ一定の値を与えることはトルク測定によって確認できる．単結晶1枚の磁化率の磁場に対する方向依存性の差をトルクとして測定すると，方向による差分は温度変化せず2K以下での磁化率が一定値になっており，スピン系の与える磁化率は温度変化を示さないことがわかる[28,29]．

3.8 熱　伝　導

　熱容量の測定から絶縁体であるにもかかわらず，金属のような電子熱容量係数が確かに存在し，ギャップのない連続励起の存在が示されている．しかし，この電子熱容量係数は1K付近からの熱容量の絶対零度への外挿によって評価している．1K以下での熱容量は，低温で温度の低下とともに増大する．この増大は，構成原子の原子核スピンのエネルギーレベルによるショットキー型の熱容量として説明できるケースが多い．2準位系のショットキー熱容量は準位の分裂幅をδとして表すと

$$C_{\mathrm{Sch}} = k_{\mathrm{B}}N\left(\frac{\delta}{k_{\mathrm{B}}T}\right)^2 \frac{g_0}{g_1}\left(\frac{\exp\{\delta/(k_{\mathrm{B}}T)\}}{[1+(g_0/g_1)\exp\{\delta/(k_{\mathrm{B}}T)\}]^2}\right)$$

のかたちで与えられる．ここでg_0, g_1はそれぞれ基底状態，励起状態の縮退度でありNは原子の数である．この式の低温極限，高温極限はそれぞれ

$$C_{\mathrm{Sch}} = k_{\mathrm{B}}N\left(\frac{\delta}{k_{\mathrm{B}}T}\right)^2 \frac{g_0}{g_1}\exp\left(-\frac{\delta}{k_{\mathrm{B}}T}\right) \qquad k_{\mathrm{B}}T \ll \delta \quad (低温極限)$$

$$C_{\mathrm{Sch}} = k_{\mathrm{B}}Ng_0g_1(g_0+g_1)^{-2}\left(\frac{\delta}{k_{\mathrm{B}}T}\right)^2 \qquad k_{\mathrm{B}}T \gg \delta \quad (高温極限)$$

となる．核スピンのエネルギー準位のように，分裂幅がミリ波レベルのエネルギーに相当するくらい小さい場合，1K付近でこの高温極限（高温側のすそ）に相当するT^{-2}の温度変化が現れる．また，分子性物質では，分子の運動やプロトンのトンネルに関連した低エネルギー励起が熱力学的な性質に寄与してくることもしばしばある．EtMe$_3$Sb[Pd(dmit)$_2$]$_2$の場合には，構成するEtMe$_3$Sb$^+$カチオンにあるメチル基の回転運動がわずかに分裂したトンネル準位を作り同様のショットキー熱容量を与える．熱容量測定は，このようなショットキー熱容量も含めて，すべての効果の足し合せで与えられる．そのため電子スピンの情報を詳細に低エネルギーまで調べるためには熱伝導度の測定が有効である．熱伝導測定では，電子スピンが運ぶエントロピーの流れをみることができる[30,31]．熱の伝導は熱勾配を付けた方向に生じ，熱伝導度κは

$$\kappa = \frac{1}{3}C_{\mathrm{s}}vl$$

として与えられる．ここでC_{s}は試料の熱容量，vは熱を伝播する準粒子の速度，

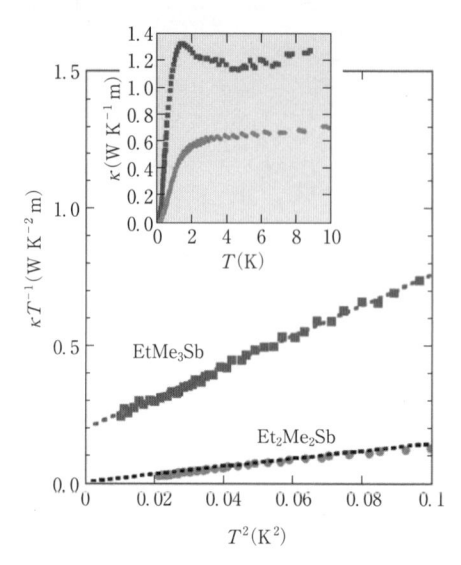

図 3.10 EtMe$_3$Sb[Pd(dmit)$_2$]$_2$の低温熱伝導度の温度依存性を κT^{-1} vs T^2 で示したもの．挿入図はより高温領域までの熱伝導度[5,31]．

lはその平均自由行程である．低温で熱容量に比例するため極低温状態での κT^{-1} vs T^2 のプロットの切片は熱容量の γ と同様に状態密度に相当することになる．

図 3.10 に示すのは，EtMe$_3$Sb[Pd(dmit)$_2$]$_2$ の熱伝導の温度依存性である．EtMe$_3$Sb[Pd(dmit)$_2$]$_2$ では熱容量と同様にスピンの自由度による顕著な熱の流れが検出されており，挿入図に示したようにその値は参照物質と比して非常に大きい．また，本図から状態密度を反映した連続励起の寄与が明確に存在し絶縁体であるにもかかわらず大きな熱伝導の寄与があることかわかる．ゆらいでいるスピンの自由度がエントロピーの流れに寄与していることを示している．この低温での熱伝導の値は，絶縁体物質では通常考えられないほどの良導体の値になっており，量子的にゆらいだスピンの自由度が熱を運んでいることが示唆される．一方，κ-(BEDT-TTF)$_2$Cu$_2$(CN)$_3$ の試料の熱伝導率のデータも，同様の傾向を示し，秩序化しないスピンの自由度が量子的にゆらぎながら熱を運んでいることを示しているが，極低温の 0.5 K 以下で減少している．非常に小さいギャップが形成されている可能性も示唆されている．前者と比べて，この物質には電荷の自由度に伴う不均一性が入る可能性もあり，ギャップの有無をめぐって現在でも議論になっている．J の値から考えると非常に低エネルギーでギャップが開いている可能性も示唆されている[30]．

■ 3.9 誘電率と熱容量・熱膨張率の異常 ■

分子性の三角格子化合物では，スピンを持っているのは平面的な分子が向きあって得られたダイマーのユニットである．そのため現実には正三角形からの歪みが存在しており，3.4 節でもふれたとおり数%程度の理想性からのずれは存

在している．フラストレーションの程度を評価するパラメーターは κ-(BEDT-TTF)$_2$Cu$_2$(CN)$_3$ では $t'/t=1.06$, EtMe$_3$Sb[Pd(dmit)$_2$]$_2$ では $t'/t=0.92$ とともに 1.0 からわずかにずれている．それにもかかわらず，これらの物質では秩序形成やグラス化を起こさず液体的になることはスピンの自由度だけでなく他の自由度が協奏的にかかわり液体を形成している可能性が考えられる．分子性のダイマーモット系物質の電子状態を考えるうえでの最大の特徴は，電子が nm サイズの広がりを持ったユニット上に非局在化して存在することにある．その結果，相互作用に多少の理想性からのずれがあってもそれが別の状態に変化するほど大きくは作用していないように考えられる．一方で，このような広がりを持つスピンは 250 K を超える強い相互作用によって結ばれているため，量子的なゆらぎによって長距離的な相関は大きく抑制されることも重要な要素である．さらに第2章でも記述されているように，ダイマー内での電荷のゆらぎの問題も現れてくる．本来ならば金属になるべき電子状態が電子相関によって絶縁体になっているため，絶縁体といえども電子の移動の効果がわずかに生じ，金属間化合物のような完全に原子サイトに局在したスピン系と状況が大きく違っている．その点も，分子性の三角格子物質での特徴である．もしそのような電子状態を特徴とするのであれば，無機金属間化合物などとは異なり分子軌道の変化，分子構造の歪み，分子間で働くクーロン相互作用などもスピンの物性と絡んでくる．この点を明確に示しているのは誘電率等の電気的な測定のデータである[32]．κ-(BEDT-TTF)$_2$Cu$_2$(CN)$_3$ に対する面間方向での誘電率の温度依存性を図 3.11 に示す．スピンの性質だけでなく，大きな誘電異常が約 40 K 付近に現れ，周波数を低下させると低温側にシフトする様子がわかる．図 3.11(c) に示すように，κ 相のような二量体性が強くスピンがその二量体内に局在している場合には，二量体を作る分子間で働くクーロン相互作用（オンサイト相互作用 U とサイト間相互作用 V）によってダイマー内に電荷の不均一を生じる．その結果，ダイマー内にダイポールが生じそれが秩序化せずゆらいでおり，これが大きな誘電応答につながる．分子性電荷移動塩では，このサイト間のクーロン反発が大きく効く結果，θ 型，α 型などで電荷の分離が劇的な相転移とともに現れる物質が多く存在する．このような実験事実から，電荷のゆらぎまで取り入れた理論モデルが提案されている[33,34]．このようなゆらぎは比較的高温領域に存在しているが，低温になるとフォノンによる格子の自由度にも影響が現れている．熱容量の測定では，最低温の連続励起とともに 6 K 程度に磁場に依存しないブロードな構造があることが指摘されて

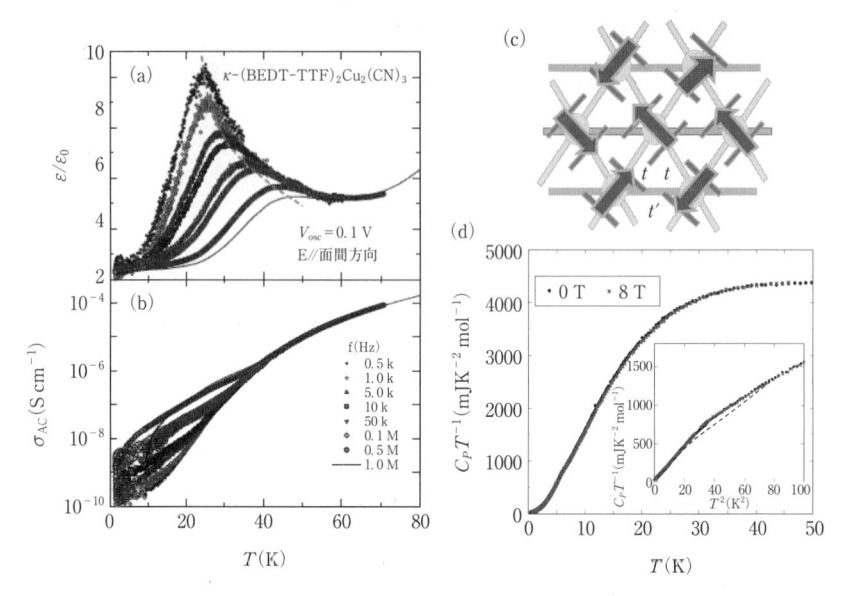

図3.11 (a)(b) 2次元面間の誘電率と交流電気伝導度の温度依存性[32], (c) ダイマー内でのダイポール発生のモデルと (d) 熱容量の6Kでの異常[25]

おり，熱膨張率でもまったく同じ温度で格子定数の変化が出現する[25,35]．同様にNMRのスピン格子緩和時間（T_1）にもディップ構造ができること，磁化率の温度変化が一定値になる温度とも大まかに対応しているため，スピン液体基底状態へクロスオーバーしていく温度であると考えられる．

同様の誘電異常，格子の変化は$EtMe_3Sb[Pd(dmit)_2]_2$でも期待できる．しかしながら，こちらの系の場合にはκ-typeのBEDT-TTF塩と比べてダイマー間の移動積分が大きくなるため電荷の不均衡はダイマー内だけでなくダイマー間でも起こってくる．そのため，ダイポールの出現という明瞭なかたちでは現れないが，同種のカチオンからなり電荷秩序状態，反強磁性状態を作る塩と比較すると低温での格子熱容量を示すβT^3項のβの値がスピン液体物質では1.5〜2.0倍程度大きくなっている．これは，スピン液体物質に共通の性質であり，スピンの自由度に電荷，格子などの自由度が補助的な役割を担っていることを示唆している．

3.10 スピン液体状態と周辺相の関係

スピン液体という特異な量子状態と，その周辺の秩序化した相との関係を調べることはスピン液体形成の起源を探るうえでも重要である．磁気秩序を示す相やスピンギャップ相と液体相状態の間に何らかの量子的な転移があるかを知ることは理論的にも興味深い．そのためには，図3.12にあるようなフラストレーションの程度を物質の構造的な制御で変化させ，基底状態を調べることが必要になる．X[Pd(dmit)$_2$]$_2$系の化合物は，アクセプター分子層の分子配列はカウンター層を形成するカチオンのサイズによって影響を受ける．Katoらは，各種のカチオンの違いによってダイマー三角格子のフラストレーションを示すt'/tパラメーターが連続的に変化させることが可能であることを見いだした．カチオンの中心原子をSb, As, Pと変化させ，さらにメチル基とエチル基の数をコントロールして化学圧力の系統的な制御を行い相図としてまとめた．その概略図を図3.12に示した[5]．反強磁性になる相はt'/tが小さい方に，電荷秩序が生じて非磁性となる相は大きい側に位置しておりスピン液体状態はその中間に位置している．理論的にはスピン液体状態は量子臨界点と考え磁性相とスピンギャップ相の間の特異点として考えられ，パラメーターがそこから少しでもずれていくと，たとえ極低温であっても秩序相が形成されると考えられる．ところが，この分子性スピン液体の場合にはカチオンの固溶による混晶化や，カチオンサイトを重水素化するなどをする実験から，明らかに両者の中間領域に明確な相として液体領域が存在している．

κ-(BEDT-TTF)$_2$Cu$_2$(CN)$_3$では，Pd(dmit)$_2$系のようなカウンターイオンの置換による構造制御は困難であるが，静水圧性の高い

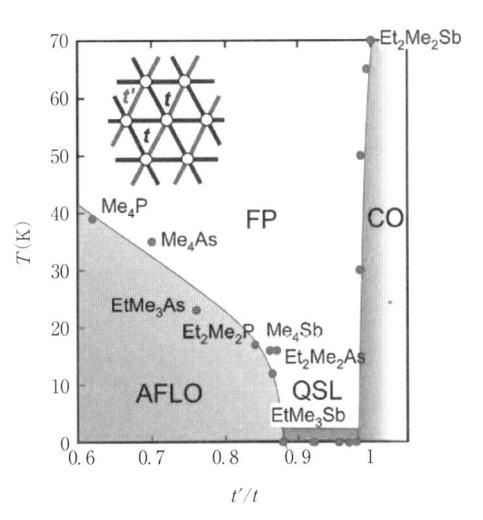

図3.12 Pd(dmit)$_2$系の状態図
横軸はフラストレーションの程度を表すパラメーター（図3.5）参照．AFLO（反強磁性長距離秩序），CO（電荷秩序），QSL（量子スピン液体），FP（フラストレート常磁性）の各相が配置している[5]．

ヘリウムガスの圧力を使った精密加圧による電子相図の研究が，Kurosaki らによって行われている[36]．スピン液体基底状態は圧力印加によっても維持され約 0.35 GPa で超伝導状態へと変化する．κ-(BEDT-TTF)$_2$Cu[N(CN)$_2$]Cl など三角格子から四角格子に近くなった系で反強磁性絶縁相と超伝導相が隣接して存在しているのと同様に，κ-(BEDT-TTF)$_2$Cu(CN)$_3$ の場合にはスピン液体相が 1 次転移を介して超伝導相と隣接している．静水圧下のデータなので，フラストレーションパラメーターとの関係の詳細はわかっていないが，ここでもスピン液体が広がりを持って存在していることが示唆される．

EtMe$_3$Sb[Pd(dmit)$_2$]$_2$ ではカチオンの重水素化によっても物質パラメーターを変化させていくことができる．この物質の場合，カチオン相での変化が，アクセプター分子の積層面に直接乱れを引き起こさず化学的な圧力として効いているため，このような置換は物性制御に非常に有効である．興味深いのは重水素化した試料では，電子熱容量係数の γ の値が約 2 倍近くまで増大され，また，スピンによる電子熱容量に $C_{el}T^{-1}$ のかたちで上昇していく傾向が約 2 K 以下でみられるようになっている[26]．反強磁性相とスピン液体の境界付近に臨界性を示す現象が見いだされている点はフェルミ液体などの伝導電子系との比較という意味でも凝縮系物性の今後の大きな課題である．スピンだけでなく，電荷や格子の自由度が協奏的に低温基底状態にかかわっている可能性を含めた議論が必要である．分子の持つ多様な自由度の複合系としてスピン液体の問題を考える必要がある．

3.11 スピン液体の理論的な興味

以上みてきたようにスピン液体は現実に存在し，また実験的にはかなり広いパラメーター領域にわたって存在するように見える．これに対する理論的なアプローチについて紹介しよう[37,38]．

3.2 節で説明したように，スピンシングレット対が 2 次元平面内に敷き詰められた状態がスピン液体の候補である．ただしスピン液体状態ではスピンギャップが生じてしまうと一般的には考えられている．このようなシングレット対によるスピン液体状態を表す一つの代表的な状態として RVB（resonating valence bond）状態というものがある．これは銅酸化物高温超伝導体に関して 1987 年に P. W. アンダーソンによって提唱された状態で，スピン液体を表現する一つの有力な候補である[39]．

3.11 スピン液体の理論的な興味

まず出発点として超伝導の BCS 状態を持ってくる．BCS 状態は，スピンシングレット対であるクーパー対による量子力学的な重ね合せの状態で表されている．このような状態は確かにスピン液体の状態に近いといえる．しかし，スピン系はもちろん絶縁体であり，超伝導はもとより金属でもない．この難点を克服するためにアンダーソンは 2 重占有を排除するという演算子を用いた．つまり，電子の数と格子点の数が同じであり，さらに各格子点上には電子が一つしかこれないとする．これが電子の 2 重占有の排除ということである．そうすると電子は格子点上にキチキチに詰まっていることになり，絶縁体状態が実現する．さらに各格子点には↑スピンの電子か↓スピンの電子かどちらかしか存在しないので，まさにスピン系の状態になる（たとえば図 3.3 を参照）．具体的には

$$|\psi\rangle = P_G |\Phi_{BCS}\rangle$$

という波動関数を考えればよい．ここで $|\Phi_{BCS}\rangle$ の部分は通常の BCS 波動関数を表し，P_G というのは電子の 2 重占有を各格子点上で排除する演算子である．実際，少し数学的変形をほどこすと，スピンシングレット対が各格子点上に敷き詰められたスピン液体状態を表していることがわかる．反強磁性長距離秩序は存在していない．

この RVB 状態が実験で見られているスピン液体状態を再現するかどうかが理論と実験との比較の焦点となる．ただしここで再びスピンギャップの問題がある．BCS 理論では s 波超伝導状態が一つの典型的なものである．これはよく知られているように，フェルミ面上に（超伝導）ギャップが一様に開いている状態である．2 重占有を排除したあとの RVB 状態においても，同様であることが期待されるので，s 波超伝導 BCS 状態を出発点とした RVB 状態にはスピンギャップが大きく開いていることになる．これでは分子性物質の実験とは一致しない．

次に考えられるものは，銅酸化物高温超伝導体と同じように，d 波超伝導状態から出発した RVB 状態である[38,40]．実際，この状態は 2 次元正方格子でもかなり低いエネルギーを与えることが知られている（ただ，真の基底状態は反強磁性長距離秩序を持つ）．d 波超伝導状態は，フェルミ面上で（超伝導）ギャップが 0 となる箇所がある．再び 2 重占有を排除したあとの RVB 状態においても，同様になると期待されるので，スピンギャップが開かない可能性がある．ただし，フェルミ面上でほとんどの部分ではギャップが開いているので，単純なギャップ 0 の状態とはいいがたい．

しかし，分子性物質でのスピン液体は，ほぼ三角格子に近い物質で実現してい

るので，三角格子の対称性に合致したBCS状態を持ってくる必要がある．実は，三角格子の対称性に合致した状態は$d_{x^2-y^2}+id_{xy}$という複素数の超伝導秩序変数を持った状態であることが知られている[41]．詳しいことは省略するが，この状態だと再びフェルミ面上で（超伝導）ギャップが開いてしまう．いずれにせよ，単純なRVB状態を考える限りでは，ギャップが0であるようなスピン液体状態を理解することに成功していない．

この実験との矛盾を解決し，どのような状態が実現しているかを示すことが理論に求められており，現在もさまざまな研究模索がなされている．

一つには，長距離のスピンシングレット対を大量に導入することにより，トリプレット励起のエネルギーを限りなく0に近づけようというものである．特に電子相関がそれほど強くないとして，最近接のハイゼンベルグ型の交換相互作用だけではなく，長距離の交換相互作用を加えたり，またはリング交換相互作用と呼ばれるような4スピン，5スピンが一斉に場所を入れ替えるような高次の相互作用を加えることによって，新しいギャップ0のRVB的な状態が実現しないかという検討がなされている．

また，超伝導ギャップがスピンギャップの原因であるから，出発点の状態をBCS状態ではなく，超伝導ギャップが0のフェルミ縮退の状態から出発すればよいという考え方もある．この場合は波動関数として

$$|\psi\rangle = P_G |\Phi_{FS}\rangle$$

というものを考えることになる．ここで後半の$|\Phi_{FS}\rangle$というのはフェルミ面を持った自由電子の基底状態である．この状態を仮定すれば，スピン励起（スピノンと呼ばれる）にはフェルミ面があることと同じになり，フェルミ液体と同様に低エネルギーの励起状態が多数可能で，その結果実験と合うようなギャップ0の状態が記述できるとするのである．ただし，これは現象論的にこの状態が実現すると仮定しての話である．実際にこの状態がエネルギー的に安定化するようなモデルハミルトニアンやパラメーター領域が見つかっているわけではない．また，フェルミ液体も低温になると秩序を持った状態（特に超伝導）に転移することが知られているので，同じように上記状態もギャップを持ったRVB状態に転移する可能性も高いのではないかと考えられる．

また，もっと新しいタイプのスピン液体状態はないだろうか？という観点から，カゴメ格子などの強いフラストレーションのあるスピン系を調べることも精力的に行われている．特にカゴメ格子はスピン系として異常な振舞いをすること

が知られている．特に，$S=0$ の励起が基底状態近傍に異常に集中していることが数値計算によって知られている．現在でも，トリプレットの励起にスピンギャップがあるかないか？ $S=0$ の励起が基底状態近傍に集中しているのはスピン液体（RVB 状態）の証拠であるかどうか？ 巨大な単位格子を持つこれまでにない長距離秩序状態が実現しているのではないか？ などの研究が進行している．

分子性物質におけるスピン液体が，実験的にスピノンのフェルミ面という考え方で十分説明できるかどうかが興味深い点であるといえる．結局，分子性物質における三角格子に近いスピン系でどのような状態が実現するかという問題である．スピノンのフェルミ面がある場合には，理論的には比熱が $1/T^{1/3}$ に比例し，熱伝導度が $\kappa \sim T^{1/3}$ に比例するという結果になっている[42]．これは実験とは合わないので，スピノンのフェルミ面から出発して，実験と一致するような状態が作られるかどうか？ RVB 的な状態であるが長距離スピンシングレット対が大量にあって，限りなく 0 に近いギャップを持つ系であるのか？ モデルとして最近接のハイゼンベルグモデルだけで十分かどうか？ もっと長距離の相互作用やリング交換相互作用が必要ではないか？ または，ダイマー内の電荷の自由度を考慮する必要があるのかなど，いろいろな側面からの研究課題が残されている．

■ 3.12　今後の課題と展望 ■

分子性のダイマー型塩で量子力学的な基底状態としてスピン液体が出現していることが明らかになってきた．このスピン液体状態は，極低温になっても長距離秩序やグラス化などによる内部磁場の発生はなく，また，少なくとも熱力学的にはギャップをもたず基底状態からフェルミ縮退したバンド電子のような連続励起を与える．熱容量や静帯磁率の比であるウィルソン比は，異なる物質間でも近い値になり励起を与える準粒子の状態密度が関係していることがわかる．一方で，スピン液体は電子相図の中である程度の広がりを持った領域に相として存在し，フラストレーションパラメーターの少しの変化でも比較的安定である．理論的には，磁性相とスピンギャップ相の間の特異点として考えられる液体領域をどのようにとらえるかは今後の重要な課題である．分子性化合物の特徴である，多様な自由度と比較的柔らかい格子，さらには電子やホールが分子ダイマーに分子軌道として広がって存在することが何らかのかたちで寄与していると思われる．このような多自由度の協奏はスピン液体の物理にさらなる展開を拓き，理論的にも実

験的にも強相関フラストレート系の物理のさらなる展開の可能性を感じる．また理論先行で進んできたスピン液体の物理が，現実の物質の中でパラメーターを変化させながら調べていけるという点でも，新しい展開を予見させる．

　また，このスピン液体相は，すぐ近くに金属相，超伝導相などが存在していることも興味深い．RVB 理論は，酸化物超伝導体等で新奇な超伝導出現のためのモデルとして広く関心を集めている．κ-(BEDT-TTF)$_2$Cu$_2$(CN)$_3$ では加圧下で超伝導相が現れることが知られており，EtMe$_3$Sb[Pd(dmit)$_2$]$_2$ の関連物質である EtMe$_3$P[Pd(dmit)$_2$]$_2$ でも加圧下で超伝導になることが見いだされている．分子性電荷移動塩三角格子は，P. W. アンダーソンの指摘した超伝導との関連を，追及できる舞台としても重要である．圧力下でのスピン，電荷を含めた電子状態の変化が特に興味が持たれる．　　　　　　〔中澤康浩・小形正男〕

文　　献

1) C. Lacroix et al. eds.: Introduction to Frustrated Magnetism, Springer (2010).
2) 川村　光ほか：フラストレーションがつくる新しい物性．パリティ特集連載，No. 3–No. 6 (2010)．
3) L. Balents: Nature **464** (2010) 199.
4) P. A. Lee: Science **321** (2008) 1306.
5) K. Kanoda and R. Kato: Ann. Rev. Condens. Matter Phys. **2** (2011) 167.
6) Y. Kitaoka et al.: J. Phys. Soc. Jpn. **67** (1998) 3703.
7) M. D. Nunez-Regueiro et al.: Eur. Phys. J. B **16** (2000) 37.
8) R. Coldea, D. A. Tennant and Z. Tylczynski: Phys. Rev. B **68** (2003) 134424.
9) M. Kajnakova et al.: Phys. Rev. B **71** (2005) 014435.
10) S. Nakatsuji et al.: Science **309** (2005) 1697.
11) A. Ramirez, B. Hessen and M. Winklemann: Phys. Rev. Lett. **84** (2000) 2957.
12) Z. Hiroi et al.: J. Phys. Soc. Jpn. **70** (2001) 3377.
13) Y. Okamoto et al.: J. Phys. Soc. Jpn. **78** (2009) 033701.
14) Y. Okamoto, H. Yoshida and Z. Hiroi: J. Phys. Soc. Jpn. **78** (2009) 033701.
15) Y. Okamoto et al.: Phys. Rev. Lett. **99**, 137207 (2007).
16) A. Ramirez et al.: Nature **399** (1999) 333.
17) Y. Tokiwa, et al.: Nat. Mater. **13** (2014) 356.
18) K. Ishida et al.: Phys. Rev. Lett. **79** (1997) 3451.
19) Y. Shimizu et al.: Phys. Rev. Lett. **91** (2003) 1007001.
20) M. Tamura and R. Kato: J. Phys., Condens. Matter. **7** (2002) L729.
21) T. Isono et al.: Nat. Commun. **4** (2013) 1344.
22) T. Itou et al.: Phys. Rev. B **77** (2008) 104413.

23) S. Ohira et al.: J. Low. Temp. Phys. **142** (2006) 153.
24) F. L. Pratt et al.: Nature **471** (2011) 612.
25) S. Yamashita et al.: Nature Phys. **4** (2008) 459.
26) S. Yamashita et al.: Nature Commun. **2** (2011) 275.
27) M. Sorai et al.: Chem. Rev. **113** (2013) PR41.
28) D. Watanabe et al.: Nature Commun. **3** (2012) 1090.
29) T. Isono et al.: Phys. Rev. Lett. **112** (2014) 177201.
30) M. Yamashita et al.: Nature Phys. **5** (2009) 44.
31) M. Yamashita et al.: Science **328** (2010) 1246.
32) M. Abdel-Jawad et al.: Phys. Rev. B **82** (2010) 125119.
33) C. Hotta: Phys. Rev. B **82** (2010) 241104(R).
34) K. Watanabe et al.: J. Phys. Soc. Jpn **83** (2014) 034714.
35) R. S. Manna et al.: Phys. Rev. Lett. **104** (2010) 016403.
36) Y. Kurosaki et al.: Phys. Rev. Lett. **95** (2005) 177001.
37) C. Lhuillier and G. Misguich: Lecture note of Cargese summer school on "Trends in high magnetic field science" (2001).
38) M. Ogata and H. Fukuyama: Rep. Prog. Phys. **71** (2008) 036501.
39) P. W. Anderson: Science **235** (1987) 1196.
40) H. Yokoyama and M. Ogata: J. Phys. Soc. Jpn. **65** (1996) 3615; ibid **82** (2013) 024707.
41) M. Ogata: J. Phys. Soc. Jpn. **72** (2003) 1839; T. Watanabe et al.: ibid **73** (2004) 3404.
42) S.-S. Lee, P. A. Lee and A. Sentthil: Phys. Rev. Lett. **98** (2007) 067006.

4. 磁場誘起超伝導

■ 4.1 有機超伝導体と磁場効果 ■

　近年の有機合成技術の進歩に伴い，有機合成化学者によりいままでにはない多くの有機伝導体が合成されてきている[1]．我々の周りのほとんどの有機物は絶縁体であるが，いまでは通常の金属並みに高い電気伝導度を持ち，さらには低温で超伝導を示すものも多い．現在，有機伝導体の中で，最も高い超伝導転移温度（T_c）は14 K程度ではあるが，その転移温度は徐々に上昇している．

　現在までに合成されてきた有機伝導体の多くは，電荷移動型錯体と呼ばれる一連の物質群で見つかっている．電荷移動型錯体は，平板状の有機分子が積層した有機分子層とイオン層（多くの場合は無機物の負イオン層）が交互に積み重なった構造をなしている．有機分子層から負イオン層に電荷（電子）が移動した後，負イオン層の構成元素の電子軌道は閉殻構造となるため，この層は電気を流さない絶縁層と見なしてよい．一方，電荷移動後の有機分子層では，最高被占分子軌道（HOMO）が形成され（ホールが供給され），隣り合う有機分子のHOMOがお互いに重なり合うことで，伝導層を形成する．この積層構造により，電荷移動型の有機伝導体の電子系は，有機分子層できわめて電気伝導度が高く，その垂直な方向で伝導度が低いという2次元電子系を形成している場合が多い．

　現在までに，有機伝導体を構成する有機分子はすでに100種類を超えており，その数は増加している．また，有機分子にホールを供給する負イオンにも多くの種類があることから，有機分子と負イオンの組合せは（少なくとも紙の上では）数限りなくある．このことからも有機伝導体の多様性が想像できよう．特に，負イオン層に大きな磁性イオンを導入することで，有機物に高い伝導性のみならず，大きな磁性を持たせ，新規の物性・特性を発現させようとする試みが精力的に行

われており[2-4]，これらは一般に磁性有機伝導体と呼ばれている．

現在までに数多くの有機伝導体が合成されてきたが，それらすべては第二種の超伝導体である．第二種の超伝導体は二つの臨界磁場 H_{c1}, H_{c2} を持つ．H_{c1} 以上の磁場では，試料に磁束が侵入し渦糸（ボルテックス）を形成する．さらに磁場を上げると磁場超伝導は完全に壊れ金属状態に戻ってしまう[5]．この臨界磁場を H_{c2} と記す．磁場による超伝導不安定化の原因は，二つの効果，①ゼーマン効果，②軌道効果とに分けられる．電子スピンは，磁場方向にそろう方がエネルギー的に安定であるため，磁場は超伝導状態を作っているクーパーペア（上向きスピンと下向きスピンの電子対）を壊す働きを持つ．これがゼーマン効果である．ゼーマン効果でクーパーペアを壊しスピンを分極すると，そのエネルギー利得（スピン分極のエネルギー）は $\chi_{\text{Pauli}} H^2/2$ である．χ_{Pauli} はパウリ常磁性帯磁率（超伝導状態が壊れた状態での値）であり，$\chi_{\text{Pauli}} = 2\mu_B^2 N(E_F)$ と書ける（g 値 $g=2$, スピン $s=1/2$ とした）．ここで $N(E_F)$ はフェルミレベルでの状態密度である．一方，超伝導ギャップ Δ を形成すると，そのエネルギー利得（凝縮エネルギー）は，$N(E_F)\Delta^2/2$ となる．この両者のエネルギーが等しくなったときの磁場，$H_{\text{Pauli}} = \Delta/(\sqrt{2}\mu_B)$ がゼーマン効果による超伝導臨界磁場，いわゆるパウリ常磁性極限（または単にパウリ極限）であり，BCS弱結合超伝導を仮定すると $H_{\text{Pauli}} = 1.84 T_c$ [T/K] となる．

一方，超伝導体に磁場が侵入すると，ボルテックスが形成される（図4.1）．このボルテックスの中心位置では超伝導状態が破壊されているため，ボルテックスの中心でクーパーペアのボーズ凝縮のエネルギー利得を失っている．ボルテックスには超伝導電流が渦電流として流れているため，この超伝導渦電流の運動エネルギーの分だけ超伝導は不安定になる．磁場が増加するとその分だけボルテックスの数が増えるため，超伝導がだんだんと不安定になり，ついには超伝導が壊れる．この効果は，

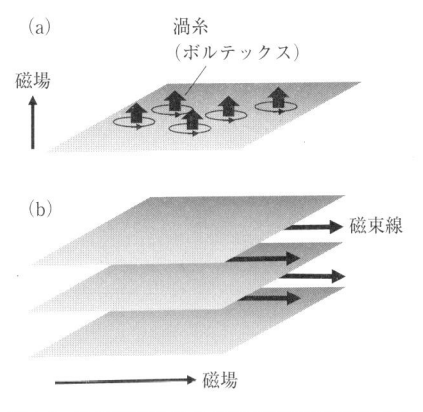

図4.1 外部磁場下での2次元超伝導体の磁束の様子
(a) 磁場が伝導面に垂直なときは，磁束は超伝導面に侵入し渦糸（ボルテックス）を形成する．ボルテックスを形成する磁束は量子化された値（磁束量子）を持つ．磁場のこの軌道効果により，超伝導は不安定となる．(b) 伝導面に平行な外部磁場の場合，磁束線は超伝導面に侵入しないため，軌道効果は働かず超伝導は不安定化しない．

磁場の作るベクトルポテンシャルが電子の運動エネルギー（軌道運動）に与える効果であり，軌道効果と呼ばれ，電子スピンには依存しない．この軌道効果で決まる臨界磁場を軌道臨界磁場と呼び，H_{c2}^*と記す．軌道臨界磁場は軌道効果のみ存在するとしたときの臨界磁場である．

　層状構造を持つ2次元超伝導体であっても，伝導電子のg因子が等方的である限り，ゼーマン効果はどの磁場方位でも同じように超伝導を不安定化する．ところが，2次元超伝導体では軌道効果，すなわちH_{c2}^*はきわめて異方的である．超伝導面に垂直な方位に磁場をかけたときは，ボルテックスが超伝導面で形成されるため，超伝導は不安定化する．しかし，超伝導面に平行な方位に磁場をかけたとき，磁束は超伝導面には侵入せずに，超伝導層間にのみ侵入する（図4.1）．したがって，この状況では軌道効果が働かない．これが2次元超伝導体では臨界磁場に大きな異方性が現れる原因であり，超伝導面に平行な磁場方位では垂直な方位よりも超伝導臨界磁場が大きくなる理由である．

■ 4.2　ジャッカリーノ-ピーター効果 ■

　先に述べてきたように，超伝導は磁場により不安定化する．ところが，特殊な場合には，超伝導が磁場によって誘起される現象が起こる．この現象は磁場誘起超伝導と呼ばれ，ジャッカリーノ-ピーター（J-P）効果で説明されている[6]．

　まず，軌道臨界磁場H_{c2}^*が十分に大きいと仮定する．もしゼーマン効果が働かなければ，その超伝導相図は図4.2(b)の点線のように与えられる．次に，伝導電子とは別に，局在した常磁性モーメントが存在し，両者に負の交換相互作用Jが働いていると仮定する．外部磁場をかけると，局在した常磁性モーメントは，外部磁場の方向を常に向くが，Jが負であるために，伝導電子スピンにとっては外部磁場Hとは逆向きの内部磁場（H_{int}）を作ることになる．ゼロ磁場付近では，局在した常磁性モーメントはほとんどそろっていないので，内部磁場は小さく，超伝導状態は安定に存在しうる（低磁場超伝導相，図4.2(b)）．しかし試料に大きな磁場がかかると，その方向に常磁性磁気モーメントがそろい，大きな内部磁場を伝導電子スピンが感じるために（ゼーマン効果により）超伝導は容易に壊される．もっと磁場を上げていくと，外部磁場と内部磁場が拮抗し，伝導電子スピンの感じる磁場は小さくなるので（ゼーマン効果が抑制され），超伝導が磁場で誘起されることになる．この局在磁気モーメントの作る内部磁場の効果を

J-P効果と呼ぶ．特に，十分に内部磁場が強いと，低磁場超伝導相と離れて高磁場超伝導相が現れることになる（図4.2(b)）．外部磁場と内部磁場とが完全にキャンセルするところ（$H=H_\text{int}$）で伝導電子スピンの感じる磁場が0となっており（ゼーマン効果の消失），そこで高磁場超伝導相での超伝導転移温度が最大となっている．ここで注意したいのは，この内部磁場はあくまでも伝導電子のスピンが感じる磁場であって，電子の軌道には影響を与えない，つまり軌道効果とは別物である．高磁場超伝導相では，外部磁場がH_intからずれた分だけゼーマン効果が働くので，H_intを中心にH_Pauliの範囲で超伝導が出現することになる．内部磁場が小さくなると，高磁場超伝導相は低磁場側にシフトするので，低磁場超伝導相と高磁場超伝導相が重なってしまう（図4.2(c)）．

フィッシャーは，J-P効果を取り入れて，2次元超伝導体の場合に磁場が伝導面に平行なときの臨界磁場（H_{c2}），転移温度（T_c）を定式化した[7]．

$$\ln\frac{1}{t} = \left(\frac{1}{2}+\frac{i\lambda_\text{so}}{4\gamma}\right)\psi\left(\frac{1}{2}+\frac{h^2+i\lambda_\text{so}/2+i\gamma}{2t}\right) \\ + \left(\frac{1}{2}-\frac{i\lambda_\text{so}}{4\gamma}\right)\psi\left(\frac{1}{2}+\frac{h^2+i\lambda_\text{so}/2-i\gamma}{2t}\right) \\ -\psi\left(\frac{1}{2}\right)$$

ここで

$$\gamma = \{\alpha^2(h+h_\text{J})^2 - \lambda_\text{so}^2/4\}^{1/2}$$

であり，規格化した（無次元）パラメーター，$t=T/T_c$，$h=0.53H_{c2}/H_{c2}^*$，$h_\text{J}=0.53H_\text{J}/H_{c2}^*$を用いている．$\Psi$はダイガンマ関数である．$H_{c2}^*$は軌道臨界磁場（軌道効果のみ存在するとしたときの臨界磁

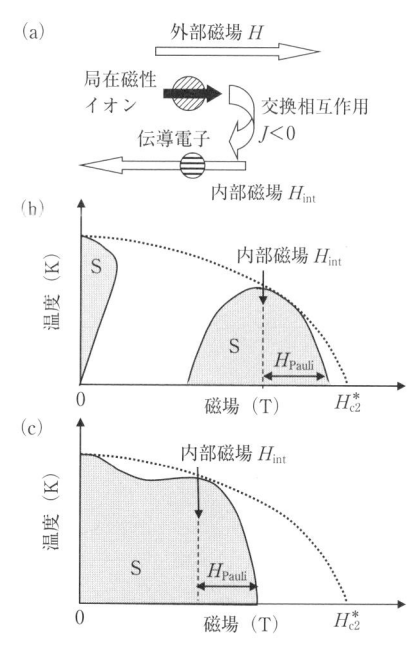

図4.2 (a) ジャッカリーノ-ピーター（J-P）効果の模式図と(b)(c) J-P効果による磁場誘起超伝導相の模式図
(a) 試料中に伝導電子と局在した常磁性モーメントが存在し，両者に負の交換相互作用Jが働いていると，伝導電子スピンは外部磁場Hとは逆向きの内部磁場（H_int）をみる．
(b) 点線は，ゼーマン効果が働かない場合の超伝導（S）相図を示す．H_intが十分に大きいと低磁場超伝導相と離れて高磁場超伝導相が現れる．外部磁場が内部磁場とキャンセルするところ（$H=H_\text{int}$）で伝導電子スピンの感じる磁場が0となり（ゼーマン効果の消失），そこでT_cは極大を示す．H_intを中心としてH_Pauliの範囲で超伝導が出現する．
(c) H_intが小さいと高磁場超伝導相は低磁場側にシフトし，低磁場超伝導相と重なる．

場),$H_\mathrm{J}=JS/g\mu_\mathrm{B}$ は交換磁場(交換相互作用から見積もった形式的な磁場)で,伝導電子が実際にみる内部磁場(H_int)とは必ずしも一致しないため,区別しなければならない.$\lambda_\mathrm{so}=2\hbar/(3\pi kT_c\tau_\mathrm{so})$ は無次元パラメーターで,τ_so はスピン-軌道相互作用による散乱時間を表す.$\alpha=\sqrt{2}H_{c2}^*/H_\mathrm{Pauli}$ はマキパラメーターと呼ばれる量で,軌道効果に対するゼーマン効果の相対的強さを表す.

4.3 λ-(BETS)$_2$FeCl$_4$ の結晶構造

磁性有機伝導体 λ-(BETS)$_2$FeCl$_4$ では磁場誘起超伝導が出現する.BETS 分子の構造と本物質の結晶構造の模式図を図 4.3(a)(b) にそれぞれ示した[7].BETS 分子は C, S, Se, H の元素で構成される平面分子であり,単位格子に四つの BETS 分子を含む.FeCl$_4$ 分子は 1 価の負イオンなので,BETS 分子は平均 0.5 価の正イオンとなっていて,この分子上に HOMO が形成されることになる.2 次元 BETS 分子層と FeCl$_4$ 分子層は交互に積み重なっており,BETS 分子の HOMO が a 軸,c 軸方向に隣り合う BETS 分子の HOMO と重なり合って伝導帯を作っている.一般に有機伝導体では,同じ有機分子でもさまざまな積層構造をとるので,化学式の前にギリシャ文字を付けてその積層構造を区別している.この物質では,積層構造が λ 型と呼ばれるものとなっている.FeCl$_4$ 分子層は基本的に絶縁層と考えてよく,そのため b 軸方向の伝導は a 軸,c 軸方向と比較して 1/100 から 1/1000 程度ときわめて悪い(強い 2 次元性を持つ).結晶の ac 面が伝導面となる 2 次元電

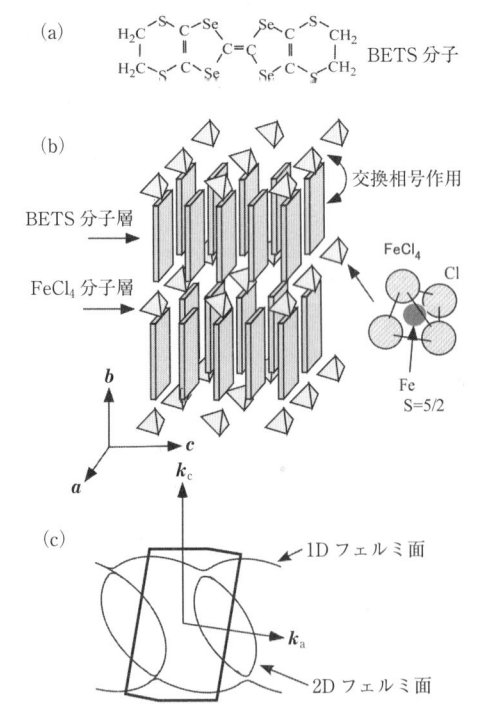

図 4.3 (a) BETS 分子の構造,(b) λ-(BETS)$_2$FeCl$_4$S の結晶構造の模式図と (c) バンド計算で求められた 1 次元 (1D) および 2 次元 (2D) フェルミ面
太線は伝導面の第一ブリルアンゾーンを示す.

子系が形成されていることになる.

エネルギーバンドは強結合近似で計算されており（有機伝導体では強結合近似はきわめてよい近似となっていることが知られている），そのフェルミ面構造が求められている[8]．図4.3(c)にはk_a-k_c面での第一ブリルアンゾーンと計算されたフェルミ面を示している．k_b方向にも実際にはエネルギー分散があるが，それはk_a-k_c面内のと比較してかなり小さい．このバンド計算結果から，一つの2次元フェルミ面（k_b方向に伸びたシリンダー型）と二つの1次元フェルミ面（シート状）が存在していることがわかる．実際に実験的にも2次元フェルミ面の存在が確かめられており，バンド計算との一致もよい．

この物質の温度を下げると，約8Kで金属状態から絶縁体状態へと転移する．金属状態では，$FeCl_4$分子のFeイオンは3価でスピン5/2を持つ常磁性状態にあることが磁化測定からわかっている[9]．絶縁体に転移すると同時に，このFeスピンは反強磁性秩序を起こす．この絶縁体転移と反強磁性転移が同時に起こるという現象はそれ自体大変興味深く，実験的理論的な研究も多いが，詳細は文献に譲る[10-13]．約10Tの磁場を印加すると，反強磁性絶縁体は壊され，常磁性金属へ戻ってくる．このときの転移磁場は，磁場の方向にあまりよらない．

■ 4.4　磁場誘起超伝導 ■

λ-(BETS)$_2$FeCl$_4$の伝導面内（ac面）方向に強磁場を加えると，超伝導が出現する．図4.4(a)には抵抗の磁場変化を示してある[14-16]．電流と磁場の方位はc軸に平行である．磁場が10.5T付近で反強磁性絶縁体状態から常磁性金属状態へと転移した後（この転移での抵抗変化は示されていない），20T付近で抵抗が急激に減少し超伝導状態へと転移する様子がわかる．さらに強磁場の42T程度でようやく常磁性金属状態へと戻ってくる．この磁場誘起超伝導転移は温度の上昇とともに抑制され，図4.5に示すような磁場-温度相図が得られている．この例は磁場中でのみ超伝導が発現するというきわめて珍しい現象である．

λ-(BETS)$_2$FeCl$_4$の金属相では，Feスピンは常磁性状態となっており，Feスピンと伝導電子との有限な交換相互作用があるため，この物質の磁場誘起超伝導はJ-P効果で説明できる．この磁場誘起超伝導は磁場方位にとても敏感で，20Tの磁場中では，磁場方位がc軸から伝導面に垂直な方向に1°程度ずれただけでも，超伝導は観測されなくなる．つまりこの超伝導状態は伝導面に垂直方向の磁場

84　　　　　　　　　　4. 磁場誘起超伝導

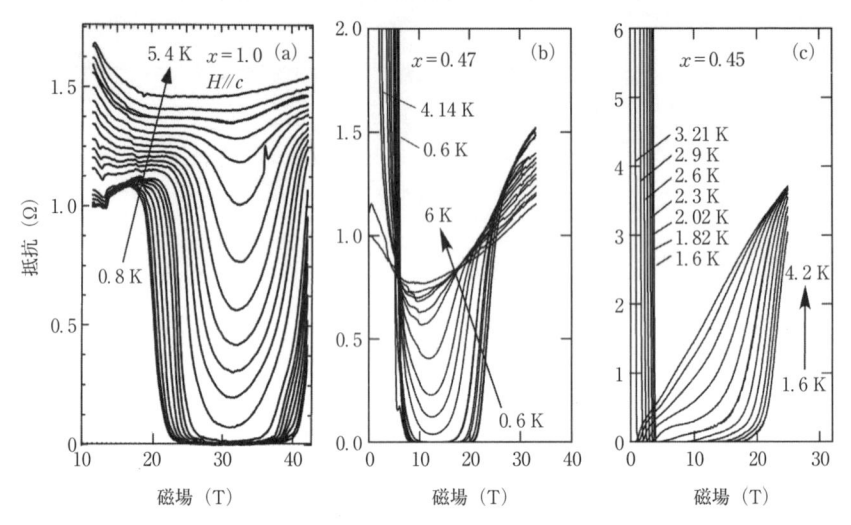

図 4.4　磁場が伝導面内 c 軸方向での λ-(BETS)$_2$Fe$_x$Ga$_{1-x}$Cl$_4$ の抵抗の磁場依存性. (a) $x=1.0$, (b) $x=0.47$, (c) $x=0.45$. (a) は面内抵抗, (b), (c) は面間抵抗結果.

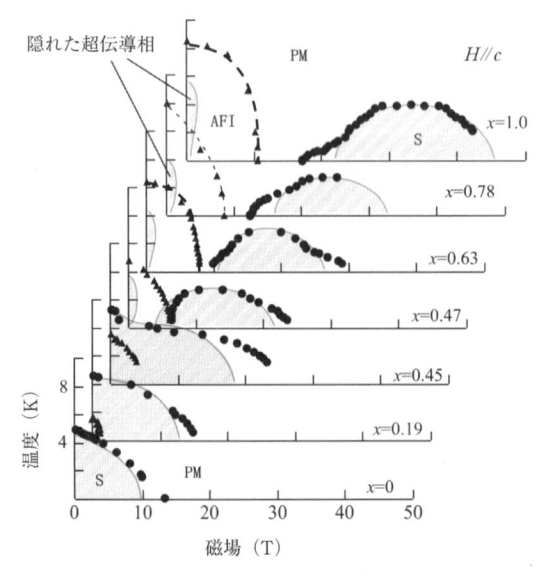

図 4.5　λ-(BETS)$_2$Fe$_x$Ga$_{1-x}$Cl$_4$ の温度-磁場相図.
AFI：反強磁性絶縁相, PM：常磁性金属相, S：超伝導相.
網かけ部分は, フィッシャーモデルによる超伝導相を示す.
低磁場領域では隠れた超伝導相が理論上は存在する.

成分(軌道効果)で容易に壊される.

　同じ構造を保ったまま, $\lambda\text{-}(BETS)_2FeCl_4$ の Fe イオンを非磁性の Ga イオンで置換していくことができる[17]. イオンの価数は同じ+3価であるため, BETS 分子上のキャリアの数は変化しない. $\lambda\text{-}(BETS)_2Fe_xGa_{1-x}Cl_4$ において, 抵抗の磁場依存性 $x=0.47$ と $x=0.45$ の結果を図4.4(b)(c)にそれぞれ示した[16]. $x=0.47$ では, 抵抗の磁場変化は, $x=1.0$ の結果を全体的に低磁場へシフトしたような形となっている. $x=0.45$ では抵抗の振舞いは大きく変化することがわかる. 3.2 K より高温では, ゼロ磁場から超伝導相が安定し高磁場で超伝導は壊されるが, 3.2 K 以下では, 低磁場で絶縁相が安定し, それが超伝導相へと転移した後, さらに高磁場で金属相へと転移する. $\lambda\text{-}(BETS)_2Fe_xGa_{1-x}Cl_4$ のさまざまな Fe 濃度 x の試料について決定された温度–磁場相図を図4.5にまとめて示した.

　$x=1.0$ では約 32 T で超伝導温度 T_c が最大となり, ほぼ左右対称の磁場誘起超伝導相図がみられるが, x の減少とともに超伝導相図は低磁場にシフトし, $x=0.47$ では絶縁相が超伝導相とほぼ接する. $x=0.45$ では超伝導相はさらに低磁場にシフトし, 絶縁相を囲い込む形で存在するようになる. 完全に非磁性イオンで置換された $\lambda\text{-}(BETS)_2GaCl_4$ では, 通常の超伝導体でよくみられる温度–磁場相図となる. どの組成でも, 最大の超伝導転移温度はほぼ 5 K となっており, Ga 置換の効果は, 基本的には高磁場超伝導相図を低磁場にシフトすることである. また, この結果は, $\lambda\text{-}(BETS)_2FeCl_4$ で観測できる磁場誘起超伝導相が連続的に $\lambda\text{-}(BETS)_2GaCl_4$ の超伝導相とつながっていることを示している. つまり, 超伝導メカニズムは両者で同じであると判断できる.

4.5　フィッシャー理論による解析

　$\lambda\text{-}(BETS)_2Fe_xGa_{1-x}Cl_4$ の一連の超伝導相図(図4.5)には, 4.2節で議論したフィッシャー理論により再現できる. 簡単のため BCS 弱結合超伝導 $H_{Pauli}=1.84T_c[\text{T/K}]$ を仮定すれば, フィッティングに使うパラメーターは T_c, λ_{so}, H_J, H_{c2}^* の四つとなる. T_c は $H=0$ での転移温度である. H_{int} は相図で転移温度の極大を与える. 超伝導層間の結合による補正が入るため, H_{int} は H_J よりも若干小さくなる[17](完全な2次元超伝導であれば H_{c2}^* は無限大となり, $H_{int}=H_J$ となる). λ_{so} と H_{c2}^* は, 超伝導相の広がりやその形を決める.

　図4.5の相図に示してある網かけ部分は, この理論で再現された超伝導相で,

この計算で使われた各パラメーターは表4.1に示されている．実験結果はほぼ再現されていることがわかる．図4.2(b)(c)は図4.5の$x=1.0, 0.45$の結果にそれぞれ相当することがわかる．

H_Jを計算するために，FeスピンSを統計平均$\langle S \rangle$で置き換え，$H_J = J\langle S \rangle / (g\mu_B)$とし，さらに$\langle S \rangle$を孤立スピンとして扱いブリルアン関数で与える．表4.1にはその飽和量H_J^*を記してある．$x=1.0$のとき，$\mu_0 H_J^* = 36$[T]である．これは$S=5/2$として$J=19$[K]となる．分子軌道計算からもJの値が評価されており，実験結果とよい一致を示している[18]．

Fe濃度xが減少するにつれて，交換磁場H_J^*が減少する．これはFeイオンが非磁性Gaイオンで置換されていくために，伝導電子が感じる内部磁場が実効的に減少するためである．非常にミクロに眺めれば，伝導電子はFeイオンの近くでは大きな内部磁場，Gaイオンの近くでは小さな内部磁場を感じることになるため，混晶系であるλ-(BETS)$_2$Fe$_x$Ga$_{1-x}$Cl$_4$では，その超伝導相が幅広い磁場領域に広がってしまうと予想してしまいそうであるが，実際にはそうはならない．超伝導面内のコヒーレンス長は$10 \sim 20$ nm程度であるが，これはFeイオン間の距離0.5 nmよりもずっと長い．このコヒーレントな領域には百個程度のFeイオンやGaイオンがあるため，超伝導はそれらの作る内部磁場の平均化したものしか見えないということなる．

計算上は$x=1.0 \sim 0.47$の濃度領域では，図にみられるように，低磁場領域にも超伝導が出現するはずである（隠れた超伝導相）．ところが実際には，反強磁性絶縁相が低磁場超伝導相より広い温度・磁場範囲で安定化してしまうので，実際に観測することはできない．また，H_{c2}^*はxが減少するにつれて，小さくなる傾向にある．これは，そのまま単純に解釈すれば，xが減少するとより超伝導の3次元性がより強くなる（超伝導層間のジョセフソン結合が大きくなる）という

表4.1 超伝導パラメーター

物質名	x	T_c(K)	λ_{so}	$\mu_0 H_J^*$(T)	$\mu_0 H_{c2}^*$(T)
λ-(BETS)$_2$Fe$_x$Ga$_{1-x}$Cl$_4$	1.0	5.5	4.3	36	55
	0.78	3.7	4.2	25	40
	0.63	4.1	3.6	20	30
	0.47	3.7	4.8	15	24
	0.45	5.2	3.8	13	20
	0.19	4.5	3.8	2	20
	0	4.7	3.6	0	16
κ-(BETS)$_2$FeBr$_4$	—	1.4	1.7	13.5	18.4

ことである．Fe^{3+}の電子配置は$(3d)^5$であり，すべての 3d 軌道が一つの電子で占められているため，超伝導層間をトンネルするクーパーペアは，3d 軌道を通れず，その上の 4s 軌道を使わなければならない．一方，Ga^{3+}の電子配置は$(3d)^{10}$となっているが，Fe^{3+}よりエネルギーの低い 4s 軌道を使えるので，その分だけ Ga イオンの方が，クーパーペアはトンネルしやすいと理解できる．これがH_{c2}^*の減少の起源であろう．

4.6 その他の磁場誘起超伝導

磁場誘起超伝導は，外部磁場と反対向きの大きな内部磁場を持ち（ゼーマン効果の抑制），2 次元性が強い物質では，面内方向の磁場中（軌道効果の抑制）で観測される一般的な現象のはずである．実際，$\kappa\text{-}(BETS)_2FeBr_4$ でも磁場誘起超伝導が見つかっている．$\kappa\text{-}(BETS)_2FeBr_4$ は $\lambda\text{-}(BETS)_2FeCl_4$ と似た組成を持つが，BETS 分子配列がやや異なっている（κ 型積層構造）．この物質は，一連の有機伝導体の中で，局在 Fe スピンが反強磁性秩序を保った状態で超伝導が出現する，初めての反強磁性超伝導体である[19]．約 2.5 K で Fe イオンのスピンは反強磁性転移を示す．この系ではこの温度では金属状態のままで，さらに低温（約 1.4 K）で超伝導を示す．この状態で，伝導面に平行に磁場を印加すると，約 3 T で低磁場の超伝導が破壊された後，10 T 以上で超伝導が出現することが発見されている（図 4.6(a)）[20]．この系でも，フィッシャー理論で磁場誘起超伝導相を再現できる（図 4.6(b)）．図中の計算（超伝導相）に用いたパラメーターは表 4.1 に示してある．低磁場領域では，実際の超伝導相は計算結果よりずっと高磁場（3 T）まで

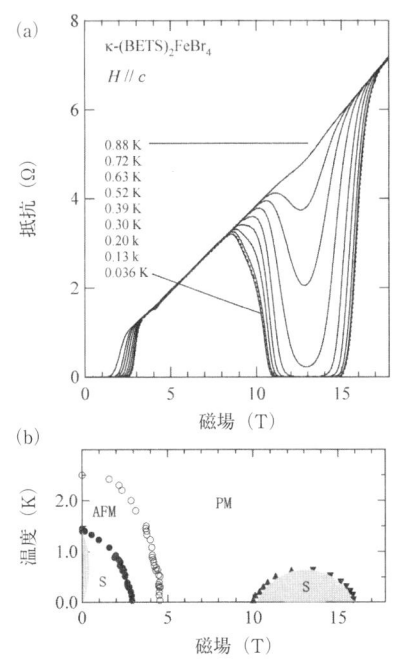

図 4.6 磁場が伝導面内 c 軸方向での (a) $\kappa\text{-}(BETS)_2FeBr_4$ の面間抵抗の磁場依存性と (b) 温度-磁場相
AFM：反強磁性金属相．網かけ部分は，フィッシャーモデルによる超伝導相を示す．

安定化している．これは，Feイオンのスピンが4.5T程度まで反強磁性秩序を維持するために，Feスピンがなかなか磁場方位を向かず，そのため内部磁場があまり大きくならないからである．フィッシャー理論での計算は，内部磁場の外場依存性はブリルアン関数で近似しているため（局在スピン間には相互作用がなく孤立スピンとして近似している），反強磁性秩序の効果を取り入れていない．そのため，計算上は内部磁場は実際の値よりずっと大きくなり，低磁場領域の超伝導はすぐに壊れてしまう結果となってしまう．

以上，ゼーマン効果はJ-P効果で抑制され，強い2次元性のために（磁場が面内方位では）軌道効果が抑制されることで，$H_{\rm int}$近くの強磁場で超伝導が出現するというストーリーである．ただし，このBETS系超伝導体の超伝導メカニズム，すなわちクーパーペアの引力が電子-格子相互作用であるのか，反強磁性相互作用であるのかなど，超伝導メカニズムの詳細はわかっていない．

■ 4.7 新奇超伝導：FFLO超伝導 ■

ここでもう一度ゼーマン効果による超伝導の不安定化を考えよう．通常の超伝導，BCS超伝導ではクーパーペアは波数k，上向きスピン↑の状態（k, ↑）の電子と状態（$-k$, ↓）の電子とでスピンシングレット状態を作ることになる．フェルミ面構造の反転対称性があるために，状態（k, ↑）が存在すれば，必ず状態（$-k$, ↓）が存在するので，この場合にはフェルミ面上のすべての電子がクーパーペアを形成できる．この状態に磁場をかけると，↑スピンと↓スピンはゼーマン分裂するために，（k, ↑）の電子と（$-k$, ↓）の電子でスピンシングレット状態を作れなくなり不安定化する．この章の最初に議論したように，この効果は臨界磁場の上限となるパウリ極限$H_{\rm Pauli} = \Delta/\sqrt{2}\mu_{\rm B}$を与える．

この臨界磁場には軌道効果による超伝導の不安定化の効果は含まれていない．軌道効果が働く場合には（現実の物質では多かれ少なかれ軌道効果が働くが），臨界磁場はこの値より小さくなることになる．以上の議論では，超伝導はパウリ極限を超えて，安定化し得ないということになってしまうが，現実はそう単純ではない．パウリ極限を超えても超伝導が安定化するしくみがある．これがこれから述べる新奇超伝導である[21, 22]．

いま，層状超伝導体（2次元超伝導体）を仮定する．磁場中で↑スピンと↓スピンの状態がゼーマン分裂し，図4.7のように楕円形の断面を持つ2次元フェル

4.7 新奇超伝導：FFLO 超伝導

ミ面を考える．紙面に垂直な方向が層間方向であり，この方向にはエネルギー分散がないと仮定する．フェルミ面を形成している場合を考える．ここで，ゼーマン分裂したままスピンシングレットを形成するとなると，$(k+q,↑)$ と $(-k,↓)$ の状態間，または $(-k,↑)$ と $(k-q,↓)$ の状態間でスピンシングレット（クーパーペア）を作れる．この q ベクトルで，フェルミ面のほぼ平らな部分すべてでクーパーペアを作れることになる．このクーパーペアは Fulde と Ferrell[21]，さらに Larkin と Ovchinnikov[22] により初めて理論的に予測されたので，FFLO 状態と呼ばれる．

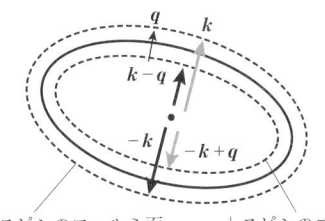

図4.7 2次元フェルミ面の模式図（実線）点線は磁場中で分裂した↑スピンと↓スピンのフェルミ面を示す．BCS 超伝導では波数 k，上向きスピン↑の状態 $(k,↑)$ と状態 $(-k,↓)$ の電子とでクーパーペア（スピンシングレット状態）を形成するが，磁場中では $(k,↑)$ と $(-k+q,↓)$ の状態間，および $(-k,↑)$ と $(k-q,↓)$ の状態間でクーパーペアを作る方が安定となる場合がある．これが FFLO 超伝導である．図のように，q ベクトルがフェルミ面の平らな部分に垂直なとき，最も多くのクーパーペアを作れることになる．

このクーパーペアの安定性は，スピン密度波転移で議論されるフェルミ面のネスティング不安定性の問題と関連している．単一の q ベクトルで，↑スピンと↓スピンのフェルミ面がネスティングしやすいとき，その q ベクトルで最も多くのクーパーペアを作れる．そのため FFLO 状態を形成するには，単一の q ベクトルで完全にネスティングできるシート状の1次元フェルミが有利のように思えるかもしれない．ところが，その場合には超伝導が発現する前に，スピン密度波転移が起こり絶縁化してしまうだろうと考えられている．

図 4.7 で明らかなように，q ベクトルで，↑スピンと↓スピンのフェルミ面が重ならない領域ではクーパーペアが形成できない．すなわちその部分では超伝導ギャップは開かず，準粒子が常に存在することになる．また FFLO 状態は，クーパーペアは重心の運動量 q を持つことになるので，この運動エネルギーの分だけ $q=0$ の状態よりエネルギーを損している．しかし，フェルミ面の一部分でもクーパーペアが形成できれば，それで超伝導凝縮エネルギーの利得があるので，このしくみで，何とか H_{Pauli} を超えても超伝導が安定化できる．この有限の q は，超伝導ギャップ関数に $\Delta = \Delta_0 \cos(q \cdot r)$ という形の修正を及ぼす．つまり超伝導ギャップが実空間で周期的に振動することになる（実空間でギャップが周期的に 0 となる）．上記の場合は一つの q ベクトル（実際には $+q, -q$ の二つ）を仮定

している．等方的な2次元フェルミ面（断面積が円のシリンダー型フェルミ面）では，温度，磁場の範囲によっては，複数の q を持つ方がエネルギー的に安定であることが示されている[23]．ただ，現実の物質では等方的ということはまずないので，実際には最も FFLO 超伝導を安定化する一つの q が存在するであろう．

H_{Pauli} を超えて FFLO 状態が安定化するには，二つの条件，①軌道効果が十分に抑制されていること，②超伝導がクリーンリミットにあること，が必要である．もともと FFLO 状態は軌道効果が十分に小さいと仮定している．軌道効果が強く，軌道効果のために臨界磁場が H_{Pauli} よりも低くなっていれば FFLO 状態は存在する理由がない．一方，q ベクトルで結び付けられないフェルミ面上ではギャップが0であり，そこではフェルミレベルで有限な状態が残っている．そのため，不純物などの散乱を受けて壊れたクーパーペアは，準粒子となってその状態に遷移できる．つまり，FFLO 超伝導は，すべての k 方向でギャップが開いた超伝導よりも散乱に弱いことになる．これが，超伝導がクリーンリミットにないと FFLO 超伝導は出現しづらいことの定性的な理解である．では，FFLO 状態は H_{Pauli} を超えてどこまで安定化できるのであろうか？ 軌道効果がまったく働かず，等方的な2次元系の場合には $1.4H_{Pauli}$ 程度まで大きくなることが理論的に計算されている[23-26]．もちろん，この値は，フェルミ面の形状によって大きく異なることが予想される．また，FFLO 状態の転移温度は $0.56T_c$ を超えない[23,26]．

2次元有機超伝導体では，量子振動（ランダウ量子化により抵抗や磁化の磁場変化に生じる振動現象）がたかだか数 T〜10 T の磁場領域で容易に観測できる場合が多い．量子振動の観測には，電子は不純物や格子欠陥などに散乱されずに，サイクロトロン運動できる必要がある．数 T の磁場でのサイクロトロン半径は 100 nm 程度であることから，電子の平均自由行程 l はそれよりかなり長いことになる．2次元有機超伝導体の伝導面内での超伝導コヒーレンス長 $\xi_{//}$ はせいぜい 20 nm 程度であるから，この超伝導はクリーンリミット（$l \gg \xi_{//}$）にある．さらに2次元有機超伝導体は2次元性がきわめて高く，面内磁場であれば軌道効果は強く抑制されている．このように，FFLO 状態の必要条件を二つともクリアーできるため，2次元有機超伝導体は FFLO 状態を研究する理想的な系の一つとなっている．

FFLO 相の大きな特徴は，言うまでもなく超伝導秩序変数が実空間で周期構造を持つ点である．この周期構造を直接測定できれば，FFLO 状態の確実な証拠と

なるはずである．いままで，Ce を含む強相関電子系などで FFLO 状態の研究がなされてきた．超伝導相内部の FFLO 相境界[26,27]，反強磁性秩序との共存[28]，ボルテックス相転移など興味深い発見[29]がある．

有機超伝導体においても FFLO 状態の研究では盛んに行われてきたが[30-38]，これまでは，超伝導相の内部に相境界が存在するということを示したものであって，FFLO 相の直接的な証拠とはなっていない．以下にみる λ-(BETS)$_2$FeCl$_4$ の例では，ボルテックスのダイナミクスを観測することで秩序変数の実空間での変調周期の情報を得ることに成功している[32]．

4.8 超伝導秩序変数の空間変化

いままでみてきたように，λ-(BETS)$_2$FeCl$_4$ では，伝導面に平行な磁場（$H = H_{int} = 32$ T）で伝導電子スピンの感じる磁場が 0 となり，ゼーマン効果が消失しており，そこで T_c は極大を示す．したがって，外部磁場が 32 T から小さくなっても大きくなっても，ゼーマン効果が同様に働くようになる．低温強磁場領域では，Fe スピンは完全に外部磁場の方向を向いているので，内部磁場 $H_{int} = 32$ T は外部磁場によらず一定と見なしてよい．外部磁場が 32 T から小さくなると（または大きくなると），ゼーマン効果により超伝導は壊れるはずである．32 T での $T_c \approx 4K$ から，$H_{Pauli} = 1.84T_c \approx 7$ T であるので，$H \approx 25$ または 39 T で FFLO 相境界があってもよいはずである．

λ-(BETS)$_2$FeCl$_4$ で伝導面に平行な c 軸方向の磁場中で，伝導面内に電流を流したときの抵抗（面内抵抗）は図 4.4(a) のようになっていた．ところが，面間方向に電流を流して抵抗（面間抵抗）を測定すると，図 4.8(a) に示すように 17 T

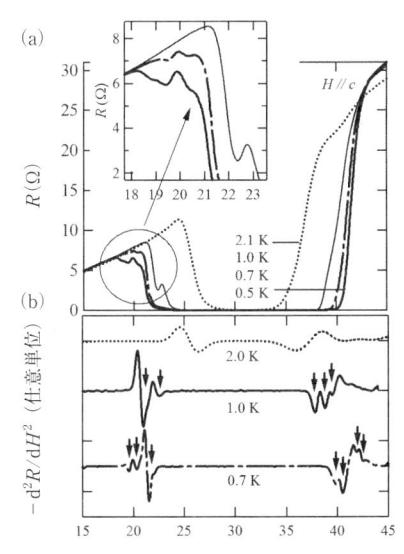

図 4.8 (a) 面間抵抗の磁場依存性（磁場は伝導面内 c 軸方向）と (b) 面間抵抗の 2 次微分曲線
(a) 挿入図は低磁場領域の拡大図．18.5 T から 23.5 T の範囲で抵抗がいくつかのディップを示す．(b) 矢印は抵抗のディップの位置を示す．

から24T程度までの範囲で,抵抗がいくつかのへこみ(ディップ)を示すことがわかる[32].このディップを示す磁場H_{dip}は,温度によらずほぼ一定である.a軸方向の磁場中でも超伝導は誘起されるが,抵抗にディップはみられない.一般に,超伝導状態で有限の抵抗が観測される場合,その原因は「超伝導ゆらぎ」か「ボルテックスのダイナミクス」かのどちらかであるが,超伝導ゆらぎでは,このような特徴的な磁場依存性は考えづらいため,この現象にはボルテックスダイナミクスが直接関与していると考えられる.図4.8(a)からは明確には判別できないが,図4.8(b)に示すように磁場依存性の2回微分カーブをとるとそれが振動していることから,高磁場側の40T付近でも層間抵抗に特徴的なうねりがあることがわかる.結局,磁場誘起超伝導相の両側(低磁場と高磁場領域)に,特徴的なボルテックスダイナミクスが起こっていると解釈できる.

図4.9(a)は面間抵抗の磁場方位依存性をプロットしたものである[32].電流が小さい場合には,磁場が伝導面平行(c軸)で抵抗が0となることがわかる.これは,この方位で確かに超伝導状態が実現していることを意味している.磁場を伝導面内から垂直な方向に傾けていくと,超伝導は壊れ抵抗が単調に増加する.ところが,電流を上げて測定すると,磁場が伝導面に平行なときに大きな抵抗のピークが生じる.磁場が面内に正確に平行な場合,磁束は超伝導層間の絶縁層(この場合には$FeCl_4$層)に侵入しそこにボルテックスを形成することになる(図4.10).絶縁層は超伝導秩序変数がもともと小さくなっているため,超伝導層よりも絶縁層にボルテックスを形成することで,よりエネルギー的に安定できるからである.超伝導は絶縁層を挟み弱く結合している(ジョセフソン結合している)ため,このボルテックスを囲むように絶縁

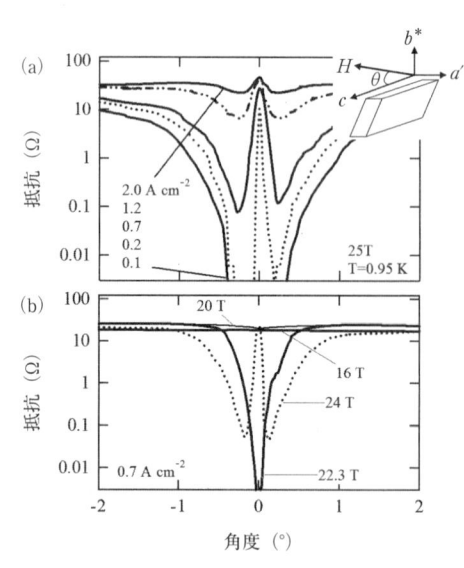

図4.9 (a) さまざまな電流値での層間抵抗の磁場方位依存性と (b) さまざまな磁場での層間抵抗の磁場方位依存性
これらの特徴的な磁場方位依存性は,絶縁層を貫くジョセフソンボルテックスのダイナミクスによるものである.

4.8 超伝導秩序変数の空間変化

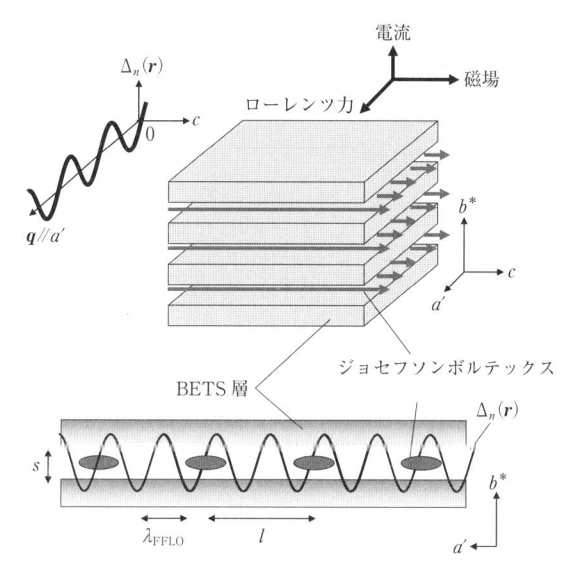

図 4.10 FFLO 状態における秩序変数の空間変化とジョセフソンボルテックス格子の模式図
q ベクトルは a' 軸方向と仮定し, 磁場はその垂直な方位 c 軸にかけている. 秩序変数の波長 $\lambda_{\text{FFLO}} = 2\pi/q$ とボルテックス格子間隔 l との比が簡単な整数になるとき ($l/\lambda_{\text{FFLO}} = m$), ボルテックス格子は強くピン止めされる.

層間にジョセフソン電流が流れる. このようなボルテックスはジョセフソンボルテックスと呼ばれる. 伝導面内磁場中で層間電流 j を流すと, ジョセフソンボルテックスにはローレンツ力 $F = j\Phi_0$ が働く. Φ_0 は磁束量子で $\Phi_0 = h/2e = 2.07 \times 10^{-7}\,\text{G cm}^2$ である. 磁場が大きくなればなるほど, ボルテックスの数は増える. 試料の不均一性（欠陥が不純物など）でジョセフソンボルテックスがピン止めされており, 層内を動けない場合には, エネルギー散逸は起きない（有限な抵抗は生じない）. ところが, 十分に層間電流が大きいと, ジョセフソンボルテックスのピン止めが外れて動き出す. この速度を v と置くと, 電流と同じ向きに電場 $E = \Phi_0 v$ が生じる. これは有限な抵抗が生じたことと同じである. 磁場を面内方向から垂直方向に傾けていくと, 磁束は超伝導層内に侵入し始め（伝導層内でもボルテックスが形成され), そこで大きなピン止めを受けるために, ボルテックスは動きづらくなり, 抵抗は小さくなる. さらに磁場を傾けると, 超伝導が壊れるので抵抗は再び大きくなる. これが, 図 4.9(a) のデータの解釈である.

さまざまな磁場で同様の測定を行うと，図4.9(b)のように面内磁場（$\theta=0^0$）での抵抗ピークの大きさが変化することがわかる．たとえば22.3 Tの磁場では層間抵抗は$\theta=0^0$でほぼ0であるのに対して，24 Tの磁場では，層間抵抗は金属状態（超伝導が完全に壊れた状態）の抵抗とほぼ等しくなるほどの値を持つことがわかる．本来，この磁場誘起超伝導は32 Tで最も超伝導は安定化する．すなわち超伝導秩序変数は32 Tで最大となるため，その磁場に近づくにつれてジョセフソンボルテックスは強くピン止めされるように思える．しかしながら，22.3 Tより24 Tのときの方が，はるかに層間抵抗が大きい（ジョセフソンボルテックスが激しく動いている）ことは不思議である．図4.8(a)の抵抗の磁場変化（ディップ構造）は，ジョセフソンボルテックスのピン止めが強くなる磁場（ディップが現れる磁場）とピン止めが弱くなる磁場が交互に現れるということを示していることになる．

上記の結果は次のようなモデルで説明されている[32]（図4.10）．いま，超伝導状態がFFLO状態にあるとし，そのqベクトルがa'軸方向を向いているとする．この系の2次元フェルミ面は，長細い楕円形をしているため，このフェルミ面でFFLO超伝導を形成しようとすると，ほぼa'軸方向にqベクトルが向いた方が有利である．これにより，多くのクーパーペアが一つ重心運動量（qベクトル）で形成できることになるからである．

FFLO状態にあるn番目の層の秩序変数は一般的には$\Delta_n(\boldsymbol{r})=\Delta_0\cos(\boldsymbol{r}\cdot\boldsymbol{q}+\alpha_n)$と書ける[39]．ここで$\alpha_n$は位相因子である．FFLO状態の秩序変数の波長は$\lambda_{\mathrm{FFLO}}=2\pi/q$となる．超伝導相の十分内部（32 T近傍）では，超伝導状態は（秩序変数は）一様であるはずである．したがって，そこでは$q\to 0$（$\lambda_{\mathrm{FFLO}}\to\infty$）であるが，磁場が32 Tより減少しFFLO状態に入ると$q>0$となる．このとき，不連続的にqが有限になるのか，連続的な変化か（この相転移が1次か2次か）は実験的にははっきりしていない．磁場が減少すると，FFLO状態はより常磁性エネルギーを利得するために，多くのノード（秩序変数が0となる領域）を増やす，すなわちqは大きくなる（λ_{FFLO}は短くなる）．そうして，λ_{FFLO}が超伝導の面内コヒーレンス長$\xi_\parallel$と同程度になると，超伝導は完全に破壊され，常伝導に戻ると考えられる．上記のqの振舞いは，磁場が32 Tより増加していく場合でも定性的に同じである．

一方，絶縁層を貫くジョセフソンボルテックス間には斥力が働くために，十分低温であればボルテックスは格子を組んでほぼ等間隔に配列するであろう．絶縁

相に入る配列周期 l は $l = \Phi_0/Hs$ となる．ここで，s は絶縁層の厚さで $s = 0.5$ nm 程度である．この磁束は外部磁場 H によって形成されるものであり，内部磁場の影響は受けない．したがって，l は外部磁場とともに単調に減少することになる．

ボルテックスは秩序変数がなるべく小さくなったところに入り安定化したい．ところが，格子の周期 l と λ_{FFLO} がうまく整合しないと，格子は歪んでしまうことになり，そのような配置はエネルギー的に不安定でボルテックスはふらふらしやすいだろう．つまりボルテックス格子のピン止めは弱いはずである．一方，l と λ_{FFLO} との比が簡単な整数になるとき，$l/\lambda_{\text{FFLO}} = m$（$m = 1, 2, 3, \cdots$）ボルテックスは格子を組んだまま歪むことなしに秩序変数の小さくなったところだけに入れるため，その配置は安定である．つまり λ_{FFLO} は l と整合すると，ボルテックス格子は強くピン止めされる．l と λ_{FFLO} は，磁場とともに変化するので，ある磁場では，$l/\lambda_{\text{FFLO}} = m$ となりボルテックスの配置は安定化し，それ以外の磁場では（λ_{FFLO} と l は非整合となり），不安定化するということが交互に起こることになる．つまり，抵抗の磁場変化（図 4.8）で，抵抗がディップを持つ磁場では m が簡単な整数になっていると予想できる[32]．上記の整合-非整合効果は，伝導面に平行な a 軸方向の磁場では出現しないはずである．実際に，その磁場方位では抵抗にディップはみられない．また，図 4.4(a) で示されているように，面内抵抗では c 軸方向の磁場でもこのようなディップはみられない．

結局，c 軸方向の磁場では，層間抵抗にディップが生じる磁場領域が FFLO 状態であると予想できる．実験では 23.5 T まではディップが観測できるので，少なくともその磁場までは FFLO 状態が安定していると考えられる．ここで以下の合理的な仮定をすることで，実際に λ_{FFLO} を求められる．① $l/\lambda_{\text{FFLO}} = m$ で m は簡単な整数であり，32 T から磁場が減少（または増加）に伴い m は小さくなる．② 超伝導が完全に壊れる H_{c2} 付近では，λ_{FFLO} は面内のコヒーレンス長 $\xi_{\parallel} = 20$ nm と同程度になる．この仮定で，λ_{FFLO} はおよそ数十 nm の範囲（$m = 2 \sim 5$）にあることが計算できる[32]．磁場が 32 T に近付くと，λ_{FFLO} が発散的に増加する傾向がみられる．λ_{FFLO} が無限大になった磁場が，FFLO 状態から均一な超伝導状態への転移と見なせるが，この実験では，相境界は明確ではない．この相境界を調べるには，下記で述べる磁気トルク実験が有力である．

■ 4.9 磁気トルク ■

磁気トルクは $\tau = \mu M \times H$ で定義される．ここで μ, M は，それぞれ透磁率，磁化である．2次元超伝導体において，十分に強い磁場 H を伝導面に平行（x 軸）から垂直な方向（z 軸）に傾けていくことを考える．このときトルクは

$$\tau_y = \mu M \times H = \mu(M_z H_x - M_x H_z) = \mu H_x H_z \left(\frac{M_z}{H_z} - \frac{M_x}{H_x} \right)$$

となる．磁場はほぼ伝導面に平行で（$H_z \ll H_x$），H_x が x 軸方向の下部臨界磁場 H_{c1} より十大きいと仮定する．2次元超伝導体では，伝導面に平行な磁場はほとんど排除できないので，x 軸方向の反磁性は z 軸方向よりずっと小さい．すなわち $|M_z/H_z| \gg |M_x/H_x|$ である．したがって上式は $\tau_y \sim \mu M_z H_x$ と近似できるので，磁気トルクを測定することは，伝導面に垂直な方向の反磁性 $M_z(H_z)$ を直接観測することに対応する．

図 4.11(a) の挿入図は，磁場を b^*c 面で回転したときの典型的なトルク測定結果を示している[37]．この系は Fe イオンの 3d 電子が大きな磁気モーメントを持つので，このトルク信号が反磁性磁気トルクに重なって観測される．ただし，3d スピンによる磁気トルクは単純な $\sin(2\theta)$ 依存性（図中の細い実線）を示すので，この効果を比較的簡単に取り除くことができる．

いま，磁場が c 軸に平行な方向（$\theta = 0^0$）では，磁束は絶縁層を平行に貫くため（$M/\!/H$），トルクは働かない．磁場が少し傾くと，超伝導面にも磁束は侵入しようとするが，実際には試料のエッジで強くピン止めされるので，試料内部にはなかなか侵入できない．そのため，試料内部ではほぼ $B/\!/c$ であるため，$B = H + 4\pi M$ より M は伝導面にほぼ垂直な方向となり（大きな M_z 成分を持つため），大きな反磁性磁気トルク $-\mu M_z H_x$ が働く．磁束が試料エッジで強くピン止めされている限り，ほぼ $M_z \propto -H_z$ であるため，磁場方位 θ とともにトルク $|\tau_y|$ は大きくなる．さらに磁場を傾けていくと，エッジでのピン止めがはずれ，多くの磁束は試料内部に侵入し始めることになる．すなわち反磁性は小さくなり，トルクは急速に小さくなる．さらに磁場を傾けると，z 軸方向の大きな磁場で超伝導は完全に破壊されることになり，反磁性トルクは消失する．試料内部でも強い磁束のピン止めがあるため，トルクカーブには大きなヒステリシスが現れる．

図 4.11(a) は 3d スピンによる磁気トルクを除いた，反磁性トルク成分だけを

プロットしたものである[37]．磁場が大きくなるにつれて，反磁性トルクが大きくなる様子がわかる．ここで，$\theta \approx 0^0$ では $M_z \propto -H_z$ であるから，$\theta \approx 0^0$ でのトルクカーブの傾きは反磁性帯磁率 dM_z/dH_z を与える．図 4.11(b) はこの反磁性帯磁率の磁場依存性をプロットしている．どの温度でも約 25 T 以上ではほぼ一定である．これは試料全体にわたって，超伝導がコヒーレントな状態になっており，超伝導面が磁束をほぼ完全に排除していることを意味している．25 T 以下では反磁性は急速に小さくなる様子がわかる．FFLO 状態では，超伝導面内で周期 λ_{FFLO} でギャップが 0（ノーダルライン）となっている．そのため，磁束はこのノー

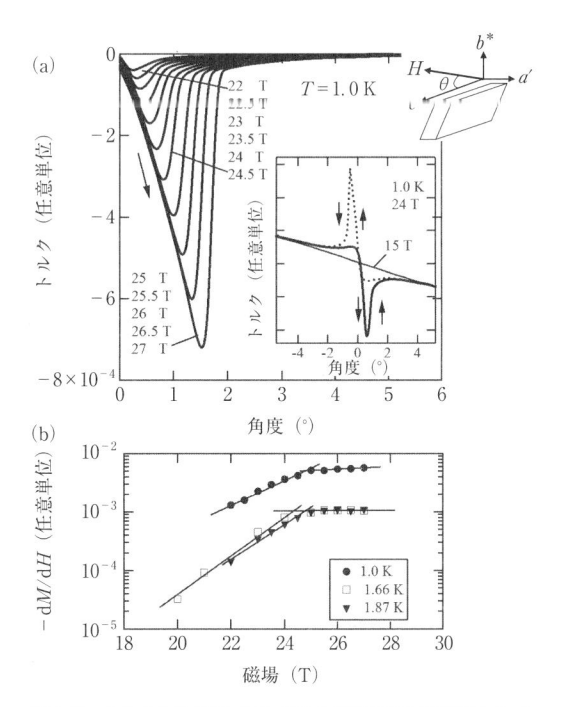

図 4.11 (a) 1.0 K でのさまざまな磁場中での磁気トルクカーブと (b) 磁気トルクカーブから得られる反磁性帯磁率 $-dM_z/dH_z$ の磁場依存性
(a) 磁気トルクカーブは局在 3d スピンの寄与を差し引きずみ．磁場は角度の負から正の方向に回転している．挿入図は 24 T での磁気トルクカーブ．磁束のピン止めのため，磁場の回転方向の違いでヒステリシスが観測できる．点線は 15 T の磁気トルクカーブ．この磁場では超伝導を示さないため，局在 3d スピンの磁気トルクの寄与のみが観測される．(b) 約 25 T 以下での $-dM_z/dH_z$ の急激な減少は，そこで均一な超伝導状態から FFLO 状態への転移を示している．

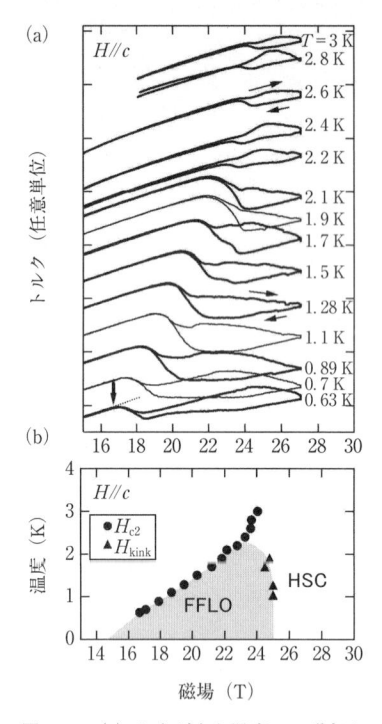

(a) のグラフ: $H/\!/c$、トルク（任意単位）、$T = 3$ K, 2.8 K, 2.6 K, 2.4 K, 2.2 K, 2.1 K, 1.9 K, 1.7 K, 1.5 K, 1.28 K, 1.1 K, 0.89 K, 0.7 K, 0.63 K

(b) のグラフ: $H/\!/c$、H_{c2}、H_{kink}、FFLO、HSC

図 4.12 (a) さまざまな温度での磁気トルクの磁場依存性と (b) 磁気トルク実験から得られた超伝導相図 (a) 磁場はほぼ c 軸に平行．常磁性金属状態では，磁気トルクは直線的な磁場変化を示す．この直線的な依存性（点線）からのずれが，超伝導臨界磁場 H_{c2}（矢印）と定義できる．(b) 網かけ部分は FFLO 相を示す．H_{kink} は図 4.11(b) で決められた FFLO 相転移磁場を示す（HSC：均一な超伝導相）．

ダルライン上で試料の内部に出入りしやすいはずである．このことは，FFLO 状態では均一な超伝導状態よりも反磁性帯磁率がずっと小さくなってよいことを意味しており，25 T 以下での反磁性の急速な減少は FFLO 状態の形成のためであると解釈できる．これで，FFLO 状態の相境界が決められたことになる．

一方，磁場を c 軸からわずかに傾けてトルクカーブを測定すると，図 4.12(a) のようになる．低磁場では常磁性金属状態であり，トルクは局在した Fe の 3d スピンの磁化からの寄与が支配的となっている．この磁場領域では 3d スピン磁化は十分に飽和しているため磁化は磁場によらず一定である．したがって，$\tau = \mu M \times H \propto H$ となり，トルクは磁場に比例する．超伝導状態に転移すると反磁性が現れるために，この依存性からずれる．図 4.12(a) の 0.63 K のトルク曲線で矢印は，$\tau \propto H$ からずれ始めるところを示しており，ここを臨界磁場 H_{c2} と定義できる．この結果から，低磁場領域で相図は図 4.12(b) のようになる．このようにして，FFLO 状態が H_{c2} と 25 T までの幅広い領域で発現していると結論づけられる．

4.10 FFLO 状態の磁場方位依存性

すでに述べたように，FFLO 状態は軌道効果に大変弱い（軌道効果が働くと，H_{c2} は H_{Pauli} よりも小さくなるために，FFLO 状態は出現しない）．以下に，FFLO 状態はどの程度軌道効果により抑制されるのかをみていくことにする．軌道効果が 0 でない場合には，超伝導秩序変数の一般解は，量子数 N で特徴づけ

られるランダウレベル関数で記述される[40]．

　金属状態から超伝導へと相転移するとき，その相境界が $N=0$ であれば，均一な超伝導相への転移，$N>0$ であれば，FFLO 状態への転移である．この系のもっともらしいパラメーターを用いて計算された超伝導相図を図4.13(a)に示した[41]．軌道効果がない場合は（磁場方位が $\theta=0^0$ に対応），図の点線で示すように相境界は滑らかな曲線となる．FFLO 相への転移は約 2.2 K 以下で現れ，そこでは $N\to\infty$ となっている．この計算はあくまで相境界を決めるものであり，超伝導相内部での FFLO 状態から均一な超伝導状態への相境界は議論できない．ここに軌道効果をわずかに入れる，すなわち磁場を伝導面から少し傾けると（$\theta=1^0$），超伝導相は全体的に縮み，2 K 以上では均一な超伝導状態への転移（$N=0$），それ以下では FFLO 状態への転移（$N=1, 2, 3, \cdots$）が現れる．特徴的なことは，軌道効果が入ると，N が増えるごとに相境界に折れ曲がりが生じることである．こ

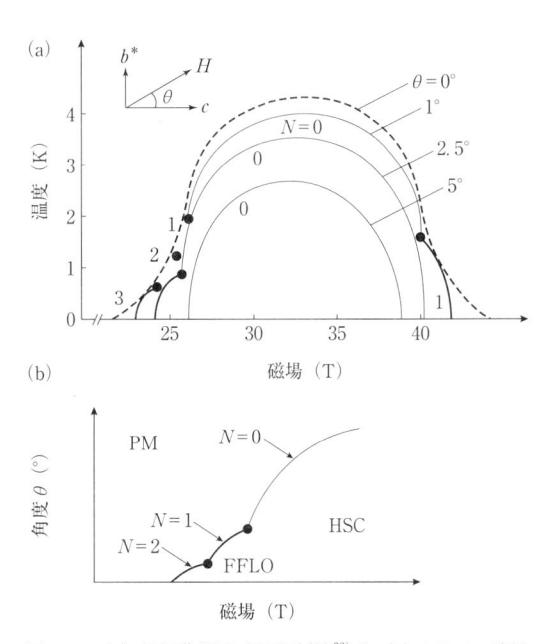

図 4.13　(a) 超伝導相図（理論計算）[32] と (b) 1 K での臨界磁場の磁場方位依存性の模式図（理論予測）
(a) の点線は軌道効果が効いていないとしたとき（磁場方位が $\theta=0^0$ に対応）の臨界磁場．細線，太線は，常伝導状態から均一な超伝導（$N=0$），FFLO 状態（$N>0$）への転移磁場をそれぞれ示す．

れは実験的にはどのように確かめられるであろうか？ 十分低温で臨界磁場をさまざまな磁場方位で測定したとしよう. $\theta \approx 0^0$ では最も臨界磁場は低く，そこは$N>0$（FFLO 状態）の相境界である．磁場を傾けていくにしたがい，臨界磁場は上昇し，N は一つずつ下がっていき，最後は $N=0$ となる（均一な超伝導状態へ転移する）．N が変化するところでは，図4.13(b) に示すように臨界磁場の磁場方位依存性は折れ曲りを示すことになるであろう．

図 4.14(a) には，いくつかの磁場方位での 1.05 K での磁気トルクの磁場依存性を示してある[37]．4.9 節で述べたように，トルクが直線的な磁場変化からずれる磁場を H_{c2} と定義できる．超伝導体内部での磁束のピン止め効果により，H_{c2} のすぐ上から，トルクカーブはヒステリシスを持つ．H_{c2} は磁場が傾くにつれて，急速に上昇する様子がわかる．この実験で得られた臨界磁場の磁場方位依存性を，図 4.14(b) に示してある．比較のため 2.9 K での結果も示してある．2.9 K では，すべて全角度範囲で臨界磁場はなだらかに変化することがわかる．2.9 K では，FFLO 状態は出現しないので，この臨界磁場の磁場方位依存性は，均一な超伝導状態へ転移するときのものである．それに対して 1.05 K では，$\theta=0^0$ での臨界磁場（18 T）は $\theta \approx 1^0$ 程度で 21 T まで急激に増加し，その後なだらかに変化する．この折れ曲りが FFLO 状態から均一な超伝導状態への転移（$N=1 \to N=0$）と判断できる．より低温で詳細な測定を行えば，より高次の相転移，$N=2 \to N=1$ などの転移も観測できるかもしれない．この 3 重臨界点の観測（$N=1 \to N=0$ への転移）は，FFLO 状態の軌道効果不安定性の重要な証拠となっている．

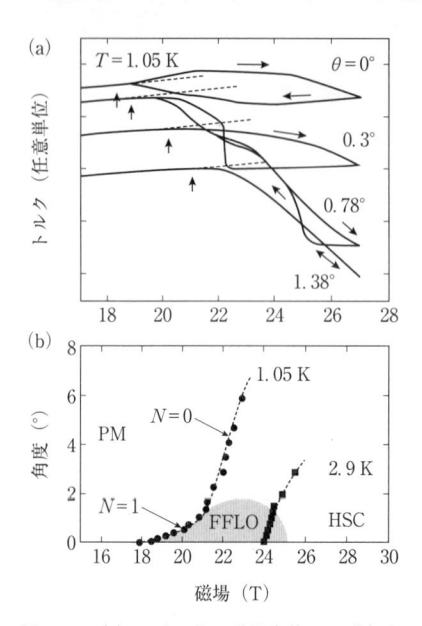

〔宇治進也〕

図 4.14 (a) いくつかの磁場方位での磁気トルクの磁場依存性と (b) 磁気トルク測定から決定された H_{c2} の磁場方位依存性

(a) 矢印は H_{c2} を示す．(b) 1.05 K のとき，$\theta \approx 1^0$ の H_{c2} の折れ曲がりは，FFLO 状態から均一な超伝導状態への転移（$N=1 \to N=0$）を示す．網かけの部分は FFLO 状態の予想される範囲．2.9 K では，FFLO 状態は出現せず，H_{c2} の磁場方位依存性はゆるやかな変化を示す．

文　献

1) T. Ishiguro, K. Yamaji and G. Saito：Organic Superconductors, Springer, Berlin (1998).
2) H. Kobayashi and H. Cui：Chem. Rev. **104** (2004) 5265.
3) E. Coronado and P. Day：Chem. Rev. **104** (2004) 5419.
4) T. Enoki and A. Miyazaki：Chem. Rev. **104** (2004) 5449.
5) M. Tinkham：Introduction to Superconductivity, Dover Publications, New York (1996)
6) V. Jaccarino and M. Peter：Phys. Rev. Lett. **9** (1962) 290.
7) O. Fisher：Helv. Phys. Acta **45** (1972) 331.
8) H. Kobayashi et al.：J. Am. Chem. Soc. **118** (1996) 368.
9) L. Brossard et al.：Eur. Phys. J. B**1** (1998), 439-452.
10) C. Hotta and H. Fukuyama：J. Phys. Soc. Jpn. **60** (2000) 3577.
11) O. Cepas, R. H. McKenzie and J. Merino：Phys. Rev. B **65** (2002) 100502.
12) H. Akiba et al.：J. Phys. Soc. Jpn. **78** (2009) 033601.
13) H. Akiba et al.：J. Phys. Soc. Jpn. **81** (2012) 053601.
14) S. Uji et al.：Nature **410** (2001) 908.
15) L. Balicas et al.：Phys. Rev. Lett. **87** (2001) 067002.
16) S. Uji et al.：J. Phys. Soc. Jpn. **72** (2003) 369.
17) A. Sato et al.：Chem. Lett. **27** (1998) 673.
18) T. Mori and M. Katsuhara：J. Phys. Soc. Jpn. **71** (2002) 826.
19) H. Fujiwara et al.：J. Am. Chem. Soc. **123** (2001) 306.
20) T. Konoike et al.：Phys. Rev. B **70** (2004) 094514.
21) P. Fulde and R. A. Ferrell：Phys. Rev. **135** (1964) A550.
22) A. I. Larkin and Y. N. Ovchinnikov：Sov. Phys. JETP **20** (1965) 762.
23) H. Shimahara：Phys. Rev. B **50** (1994) 12760；J. Phys. Soc. Jpn. **67** (1998) 1872.
24) L. N. Bulaevskii：Sov. Phys. JETP **38** (1974) 634.
25) K. Aoi, W. Dieterich and P. Fulde：Z. Phy. **267** (1974) 223.
26) H. Burkhardt and D. Rainer：Ann. Phys. **3** (1994) 181.
27) H. A. Radovan et al.：Nature (London) **425** (2003) 51.
28) A. Bianchi et al.：Phys. Rev. Lett. **91** (2003) 187004.
29) M. Kenzelmann et al.：Science **321** (2008) 1652.
30) A. D. Bianchi et al.：Science **319** (2008) 178.
31) J. Singleton et al.：J. Phys.：Condens. Matter **12** (2000) L641.
32) M. A. Tanatar et al.：Phys. Rev. B **66** (2002) 134503.
33) S. Uji et al.：Phys. Rev. Lett. **97** (2006) 157001.
34) R. Lortz et al.：Phys. Rev. Lett. **99** (2007) 187002.
35) B. Bergk et al.：Phys. Rev. B **83** (2011) 064506.
36) K. Cho et al.：Phys. Rev. B **79** (2009) 220507.
37) W. A. Coniglio et al.：Phys. Rev. B **83** (2011) 224507.

38) S. Uji et al.: Phys. Rev. B **85** (2012) 174530.
39) S. Uji et al.: J. Phys. Soc. Jpn. **82** (2013) 034715.
40) L. Bulaevskii, A. Buzdin and M. Maley: Phys. Rev. Lett. **90** (2003) 067003.
41) M. Houzet et al.: Phys. Rev. Lett. **88** (2002) 227001.

5. 電界誘起相転移

5.1 フィリング制御型相転移と分子性固体

本章ではバンドフィリングを変化させることによって生じる相転移，特に電界効果トランジスタ（field-effect-transistor：FET）による相制御について述べる．分子性固体は，無機固体に比べると伝導キャリアの運動エネルギーが低いため，化学的ドーピングでは不純物ポテンシャルに注入キャリアがトラップされてしまう傾向があるが，FETによる静電的キャリアドーピングではポテンシャル乱れが一定のままでフィリングだけを変化させることができるため，自在な相転移制御が可能となる．分子性固体を用いて現在実現している相転移FETはモット絶縁体近傍の相制御をゲート電圧で行うものであるが，そもそもFETにおける相転移にはどのようなものがあるのか，少し基礎的なところから紹介を始めたい．

5.2 フィリング制御とアンダーソン転移

電気伝導などの熱平衡に近い状況で起きる低エネルギー励起現象では，フェルミ準位ごく近傍の電子状態が物性を支配することは論を待たない．フェルミ準位の高低は，通常電気的中性条件によって規定されているが，部分元素置換による「化学的ドーピング」や，帯電現象による「物理的ドーピング」によって（母）物質のフェルミ準位およびバンドフィリングを制御することができる．バンドフィリング制御が最も顕著な効果を発揮するのは，それによって相転移を引き起こすような場合であり，典型的には「バンド絶縁体」にキャリアドーピングを行って絶縁体-金属転移させる場合があげられる．この場合，ドープ前にはバンドギャップ内にフェルミ準位があるが，そこにキャリア注入を行うことに

よって伝導バンド内にフェルミ準位がシフトし，バンド絶縁体が金属に転移する（2.4.6項も参照のこと）．欠陥のない理想的な結晶においては，伝導バンドに少しでも電子が入ると金属的伝導が得られるはずであるが，現実には不純物・格子欠陥による局在準位や量子干渉効果による弱局在（アンダーソン局在[1]）によって相転移の様子は大きく影響を受ける．モットによる議論では，このような局在状態はバンドの底と天井に集まる傾向があり，いわゆる端状態（tail state）を形成すると考えられている[2]．物理的あるいは化学的キャリアドーピングによって端状態に蓄積した電子（あるいはホール）は熱エネルギーによって広がった状態（extended state）に励起され，ホッピング伝導を示すようになる（図5.1）．キャリアのドーピングをさらに進めると，フェルミ準位がモビリティエッジ（E_c）を超えたところで，熱励起キャリアだけではなく絶対零度でも伝導性を有するキャリアが生成し，電子系は金属に転移する（アンダーソン転移[3]）．アンダーソン転移の臨界挙動については長らく議論が続いたが，理論的にはいわゆる4人組によるくり込み理論[4]，実験的にはほぼ理想的なドーピング手段である光キャリア注入の実験[5]により，かなり理解が進んだ．また，端状態の存在も当初は疑問視する声があったが，量子ホール効果の発見により，確かにバンドの上端・

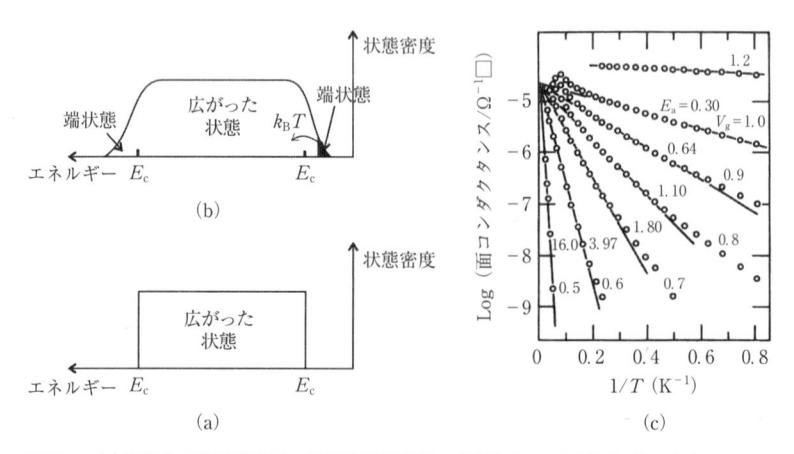

図5.1 (a)理想的2次元電子系の状態密度(DOS)．(b)現実のDOSおよびモビリティエッジの概念図．網かけ部分のtail stateに蓄積したキャリアは，熱エネルギーによってextended stateに励起され，伝導を担う．(c) シリコンMOS-FETのn型反転層にみられる活性化エネルギーのゲート依存性．縦軸の□は単位面を表す．ゲート電圧（V_g）の印加によって活性化エネルギー（E_a）が減少していく．$E_a = E_c - E_F$ (5.7節参照)．$V_g = 1.0$ V までは $\sigma = \sigma_0 \exp(-E_a/kT)$ に従うが，$V_g = 1.2$ V で不連続な変化が現れる[7]．

下端にそのような状態があることもわかってきた[6]．このように現在では，アンダーソン局在とアンダーソン転移の概念自体は確立している．しかしながら，次元性やデバイス構造の違いによりアンダーソン転移が見せる特性はさまざまであり，ばらつく臨界指数の取扱いを中心にいまだに議論の続いている話題でもある．FETによるキャリア注入は，系の乱れ具合を変化させることなくバンドフィリングを変化させることが可能であり，特に2次元系でのフィリング制御型アンダーソン転移を調べるのに有効な手段として使われてきた．しかし一方，絶縁体にはバンド絶縁体・アンダーソン絶縁体だけではなく，モット絶縁体，電荷秩序，電荷密度波，スピンパイエルス状態，近藤絶縁体，トポロジカル絶縁体など，多くのものが知られている．特殊な絶縁体におけるFETバンドフィリング制御はどのような結果をもたらすのであろうか？　本章では，最も興味深い例としてモット絶縁体の相転移における電界効果フィリング制御を取り上げる（もちろん，化学的ドーピングでフィリング制御型相転移を調べる研究も行われているが，元素置換はどうしても不均一性や乱れの発生を伴うため，乱れを一様に保ったままフィリング「だけ」を変化させることが困難である．その点FETでは，ゲート電界で可逆的に帯電量を変化させることができる）．

■ 5.3　フィリング制御とモット転移 ■

　前項での議論は通常のバンド絶縁体における，バンドフィリング制御の結果である．この場合，電子間クーロン反発（電子相関）が十分遮蔽されているケースを想定しているが，実際には電子相関がフィリング制御型相転移に与える効果が無視できないケースも多い．初期の段階では，電子相関の効果を摂動的に取り扱う試みがなされていた[8]．実験的には当初，Si:Pのような不純物半導体においてP+とその周りを回る余剰電子を仮想原子と見立てたモット絶縁体の臨界性が調べられていた．しかしこのような系では結晶化の際に起きる不均一性が無視できず，最終的には補償された半導体，あるいはGe:Gaのような放射線照射による核変換を用いた非常に均一な系において臨界指数を求める実験がなされている[9]．また，EfrosとSchklovskiiは電子相関がある場合のホッピング伝導が

$$\sigma(T) = \sigma_0 \cdot \exp\left[-\left(\frac{T_0}{T}\right)^{\frac{1}{2}}\right] \tag{5.1}$$

ただし，

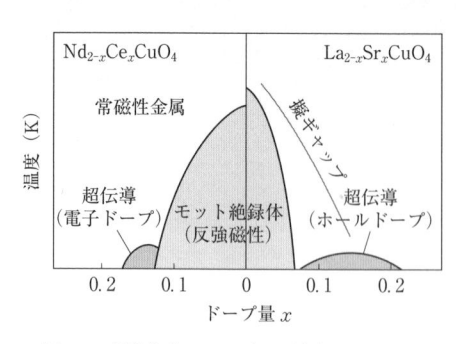

図5.2 銅酸化物のドーピング濃度による相図

$$k_B T_0 \approx \frac{1}{4\pi\varepsilon_0} \frac{2.8e^2}{\varepsilon(N)\xi(N)}$$

(ε と ξ はそれぞれ誘電率と局在長)
(5.2)

という温度依存性を示すことを計算で示したが[10],それ以上の計算は複雑な多体問題であり,理論計算・数値計算ともに電子相関がとても強い系の研究はなかなか困難であるというのが実情であった.

ところが1986年,ドープされた銅酸化物モット絶縁体における高温超伝導(図5.2)が発見されると状況が一変し,強相関電子系であるモット絶縁体とそのフィリング制御型モット転移(絶縁体-金属転移)が一躍多くの研究者の注目を集めることとなった[11].強相関電子系でのドーピングが通常の系と大きく異なる点は,相境界に超伝導があることのほかにいわゆるハバードバンドへのドーピングであるという点や,電子相関によって欠陥や不純物が作る局在が変調されるであろう点,そしてスピン,格子,軌道などの自由度と結合してさまざまなパターン形成(と自由エネルギーの安定化)を引き起こす点などがあげられる.さらに銅酸化物で問題となったのは,上部ハバードバンド(upper Habbard band : UHB)と下部ハバードバンド(lower Habbard band : LHB)の間に酸素の p 軌道が入っており,電子ドーピングとホールドーピングとでドーピングの性格そのものがだいぶ異なるという事情であった(図5.3).これらの問題は,いわゆる擬ギャップの問題などとも関連して,いまだに不明な点が多く,モット絶縁体近傍における乱れが関係した絶縁体-金属転移,という意味合いでモット-アンダーソン転移といった言葉が使われることもある(紛らわしいのは,相関のない系でのアンダーソン転移に関する議論も,モットが主導していた部分が多いため,これをモット-アンダーソン転移と呼んでもまったく違和感がないことである.しかし通例として,モット-アンダーソン転移というと,強相関電子系に乱れがある場合の転移をいう.なお,第2章では,フィリング0.5の強相関金属に「乱れ」のみを入れていった場合の相転移挙動が詳しく述べられている).このような系での特徴は,格子にほとんど乱れがなくても,自発的に相分離やパターン形成をする傾向があり,STMにより明らかとなったストライプパターンや,光学スペクトルにおけるハ

5.3 フィリング制御とモット転移

(a) 状態密度／エネルギー

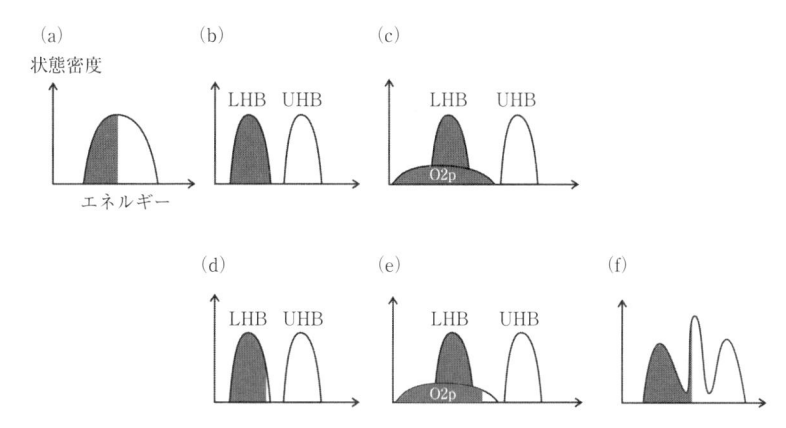

(b) LHB UHB

(c) LHB UHB O2p

(d) LHB UHB

(e) LHB UHB O2p

(f)

図 5.3 (a) 電子相関を考慮しない状態での半占有バンド．(b) ハバードハミルトニアンによって導出される二つのバンド (UHB と LHB)．(c) 銅酸化物超伝導体のバンド構造．UHB と LHB の間に酸素のバンドが挟まっている．(d) 通常の LHB にホールをドープしたときに想定されるバンド模式図．(e) 銅酸化物超伝導体に少量のホールをドープしたときに想定されるバンド模式図．(f) 実際の銅酸化物モット絶縁体にホールをドープした場合に観測されるバンド構造．中央部に DOS の高い（すなわち質量の重い）準粒子が存在する（コヒーレンスピーク）

バードバンドとコヒーレンスピークの混在など，空間的・時間的に複雑な電子状態をとっている．また，反強磁性ゆらぎによってフェルミアーク[12]のような特殊なフェルミ面が出現することも特徴であろう（図 5.2）．

以上のような状況は，理論的にも大きな課題をつきつけた．モット絶縁体状態そのものは，電子系（強束縛近似）にオンサイトクーロン斥力（U）を入れ，グリーン関数を用いてハバードバンドを出すことで説明できる[13]（図 5.3(b)）．しかしその状態がどのように金属状態につながっているのか，という点になると，とたんに課題が山積する．一つの考え方は Brinkman-Rice によって提出され，Gutzwiller の方法を用いて有効質量の電子相関依存性を計算する方法である[14]．これによると，絶縁体に近づくに従って有効質量が発散する様子が記述でき，質量発散（Mass-diverging）型のモット転移と呼ばれる．$La_{1-x}Sr_xTiO_3$ などにみられるモット転移はこの範疇で理解することができる．しかしながら，$La_{1-x}Sr_xTiO_3$ には超伝導発現がみられず，逆に肝心の銅酸化物においては，質量発散型の転移挙動はみられない．銅酸化物では金属側からドープ量を減らして徐々に U を大きくしていくと，キャリア数がどんどん消えてしまうように見えるのである．このようなモット転移をキャリア数消失（Carrier-number-Vanishing）

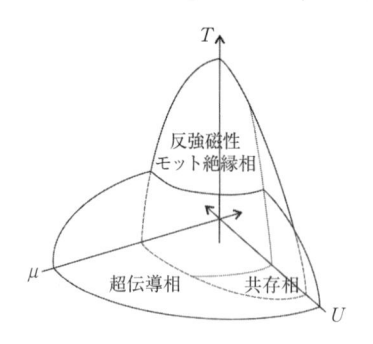

図 5.4 Trembley らによる 3 次元相図 モット絶縁相に対して圧力をかけて実効的電子相関 (U) を弱くしたり，ケミカルポテンシャル (μ) をシフトさせたりすると，低温で超伝導状態が現れる．

型と呼んで区別する．このような転移をきちんと記述する理論はいまだにないが，Kotliar[15]，Imada[16]，Trembley[17] その他多数の理論家による努力によって，徐々にその内容が明らかとなりつつある．特に Trembley らによる DMFT（dynamical mean field theory）計算では，乱れの効果は入っていないものの，図 5.4 に示すようなフィリングと電子相関 (U) そして温度をパラメーターとした 3 次元的な相図が得られており，その検証がこれから重要になってくるであろう．とりわけバンド幅制御のモット転移とバンドフィリング制御のモット転移とで，どのような違いが出てくるのかという点は興味深い．

　以上のような混乱した状況は，実験データの蓄積や，理論の進展に伴って徐々に整理されつつあるが，いまだに統一的な理解には至ってないというのが現状である．とりわけ，超伝導を示すモット絶縁体は銅酸化物と分子性モット絶縁体に限られるが，銅酸化物では Cu と O の間で電荷移動型のドーピングが起きること，分子性モット絶縁体では（一部の例外を除いて）キャリアドーピングができないために圧力で U を制御するしかないことなどが，統一的な理解を妨げてきた．したがって，FET 構造によって分子性モット絶縁体でもキャリアドーピングが物理的にできるようになれば，乱れを最小限に保ったままでフィリング制御のモット転移を観測し，酸化物系とのより詳しい比較ができるようになるはずである．とりわけ，有機物ではバンド構造がシンプルであるため，UHB と LHB に直接キャリア注入ができるという高い対称性が存在する点，格子が柔らかいため，フレキシブル FET を使えばバンド幅制御とフィリング制御を同時に行える点などが大きなメリットである．なお，分子性固体の超伝導転移温度自体は 10 K 程度と低いが，もともとキャリアが持っているフェルミエネルギーでスケールした場合には，銅酸化物とほぼ同様の温度で超伝導転移が起きていると考えて差し支えない（分子性固体ではバンド幅がおよそ 0.5 eV と，銅酸化物の数分の 1 以下である）．その意味で，分子性モット絶縁体のフィリング制御型超伝導転移を理解することは，銅酸化物高温超伝導の発現機構を理解することに直結した問題で

あるといえよう．

5.4 有機 FET

ここで分子性物質を用いた FET についての現状を概観しておこう．まず，有機分子が電子伝導材料として認識されるようになったのは 1950 年代頃からである．ペリレン-臭素による電荷移動錯体が発見されるまで，主なキャリア生成法は光励起であった．Kepler や LeBlanc らは静電圧をかけた透明電極の間に有機結晶（アントラセンなど）を挟み，片方の電極側にのみ光を照射することによって光キャリアを発生させ，TOF（time of flight）法によるキャリア移動度の計測に成功している[18]．当時の測定ですでに多環芳香族のキャリア移動度は 1～5 cm^2 V^{-1} s^{-1} 程度ということが明らかになっていたが，これを界面トラップ準位や電荷注入障壁の少ない FET デバイスとして動作させることは長い間困難であった．たとえば液晶の研究で知られる Heilmeier は銅フタロシアニンを用いて有機 FET を作製したが，その界面のトラップ密度が 10^{13} cm^{-2} 程度存在しており，このトラップを減らすことはできなかった，という論文を 1964 年に発表している[19]．この状況を打開したのが，Ebisawa[19]，Kudo[21]，Koezuka[22] らによる研究である．彼らはそれぞれ独立に 1980 年代初頭，ポリアセチレン，メロシアニン色素，ポリチオフェンを用いて FET 動作を示すことに成功した．この当時のデバイス移動度（コラム参照）は 10^{-5} cm^2 V^{-1} s^{-1} 程度であったが，その後 Horowitz やベル研のグループ（Dodabalapur, Bao ら）らによって順調に改良が進み，2000 年前後からアモルファスシリコンに匹敵・あるいは凌駕する移動度 1～5 cm^2 V^{-1} s^{-1} 程度のデバイスが作られるようになった．このような性能の向上に加えて，製造面で印刷技術の利用・低温プロセス・大面積化などが可能であるという，無機とは違った特徴があることから，近年その実用化が真剣に議論されるようになっている．Hasegawa らによると，印刷で移動度 30 cm^2 V^{-1} s^{-1} を超える有機単結晶 FET も報告されている[23]（各分子の構造式は章末の図 5.17 参照）．

コラム 移動度（モビリティ）について

移動度の求め方にはいくつかの方法がある．TOF 法では，結晶の厚みを通過してくる時間を計測して，その厚みにかかっていた電場をもとに移動度を計算するが，FET では①トランスファー曲線の傾きから求める方法，②飽和領域の伝

導度から求める方法，③ホール効果を測定して，ホール移動度を求める方法，が知られている．①では，ゲート電界で注入されたキャリアの電荷 $Q=CV_g$ がすべて伝導に等しく寄与しているとして，

$$\mu = \frac{1}{C}\frac{d\sigma}{dV_g}$$

という式から移動度を求める．本章の実験紹介で扱う移動度は，このような式から求めた値を用いているが，これはモット FET において実は本質的なキャリアの移動度を意味しない．したがって，あくまでデバイスのスイッチング性能を示す指数として「デバイス移動度」という言葉を使わせていただく（回路用語としてトランスコンダクタンス（dI_{DS}/dV_g）を用いることもできるが，材料性能を表す用語ではないということと，他のデバイスとの比較ができなくなるので，ここでは使わない．なお，通常の FET でも「移動度」の中には接触抵抗やトラップ準位の影響が繰り込まれており，本来のキャリア移動度とは異なる点は指摘しておきたい）．本来のキャリア移動度という意味では，③の方法で求めるホール移動度が正確である．また，②の方法はピンチオフのある FET にのみ有効である．

　有機 FET での伝導機構についてはバンド伝導とする説とホッピング伝導とする説があるが，室温で考えた場合，実際には両者が混在しているとみるのがよさそうである．紛らわしいのは，電気抵抗の温度依存性で正の $d\rho/dT$ がみられる（からバンド伝導）と主張している論文であっても，基板が非常に熱収縮率の高い PDMS（poly(dimethylsiloxane)）を使っていたりして，冷却に伴う「格子の圧縮」→「分子間相互作用の増大」→「移動度の増加」による伝導度の増加を，金属伝導におけるフォノン散乱の減少効果と勘違いしているような議論があることである．筆者の知る限り，中性の分子を使った FET が極低温まで金属的挙動を示した例はなく，基本的にアンダーソン絶縁体の域を出ていないといってよいであろう．したがって，通常の有機 FET ではいまだに電界誘起のアンダーソン転移は実現されていない．なお，竹谷ら，ポゾロフらによると，ホール効果の測定により，チャネル物質の形態の違いによるホッピング伝導とバンド伝導の割合の違いが観測できるとのことである[24]（アモルファスシリコンでみられるような，トラップ・アンド・リリースモデルを仮定）．

　上記のように，中性分子をチャネル材料とした有機 FET には金属的挙動がみ

られず，電子系相転移の報告もない（一方で，結晶-液晶相転移などの加熱による格子系の相転移はいくつかの系で知られているが，本章の主題である電子系の電界誘起相転移とは違う話題である）．しかしながら，有機 FET における研究の進展があったおかげで，次項以降に述べる有機相転移 FET が実現するための技術蓄積がされてきたことも事実である．ルブレンなどの単結晶を基板に貼りつけるだけで FET が作れるといった，新しい考え方が有機 FET の分野からは出てきており，こうした考え方が分子性固体の物性科学に対しても，インパクトを与えつつあるというのが，現在の状況である．

5.5 分子性導体を用いた有機 FET

本書の主題である分子性物質は，多様な電子物性相を発現する物質群であり，熱力学パラメーターを変化させることによってさまざまな相転移を起こすことができる．これまで調べられてきた温度・圧力・磁場に加えて，電子密度（バンドフィリング）をパラメーターとして変化させることができれば，その物性変化はさらに豊かなものとなるであろう．幸い，FET 技術の進展によって，こうした実験が可能となってきた．とりわけ FET 構造では電気的に高速な制御ができるため，基礎物性実験としても，将来の応用研究としても非常に興味深い．このような分子性物質，とりわけ伝導性を持った「分子性導体」における電界効果はどのようにして検証すればよいだろうか．

分子性導体を用いた FET の開発は，1990 年代後半からいくつかの例がみられる．1997 年に工藤らは TCNQ と TMTSF の二段階蒸着を行い，その界面に形成されたアモルファス (TMTSF)(TCNQ) の FET 動作を確認している[25]（伝導度変化をしているのが，TCNQ なのか，(TMTSF)(TCNQ) なのかは不明）．同じグループからはその後，(BEDT-TTF)(TCNQ) をドロップキャストして両極性 FET 動作をさせたという報告も出ている[26]．また，バルクの (TTF)(TCNQ) 単結晶に PMMA（ゲート絶縁体）と Ag（ゲート電極）を載せたデバイスを用いた実験が，Brooks によってなされており，低温の電荷密度波（CDW）相で約 0.3% の電界効果を観測している[27]．同じくバルク結晶を使った例として，(BEDT-TTF)(F_2TCNQ)[28] や (DBTTF)(TCNQ)[29] の結晶に対してパリレン C をゲート絶縁膜として蒸着し，これを FET 動作させた論文が，長谷川らによって報告されている．これらバルク結晶を用いた場合に問題となるのは，通

常1〜2分子層といわれているFET活性層に対してゲート電界の効かないバルク層が10^5層程度，電気的に並列に接続しており，その圧倒的に多いバルク層の伝導度が界面の伝導度変化を隠してしまうという点である（このような現象を電気回路用語では「シャントされる」と表現する）．したがって，たとえゲート電界で界面の伝導度変化が出ていても，実際のデバイスの変化としてはとらえにくい．また，結晶表面に絶縁膜を付ける際に，有機溶剤や真空雰囲気，そして熱いパリレン分子の蒸着など，分子性導体の表面に負担がかかり，トラップ準位を形成しやすいプロセス条件が使われることも問題点としてあげられる（Scanning Tunneling Microscope(STM)の測定結果によると，分子性導体の表面は真空中で再構成が起きるといわれている）．

いずれにせよ，このような測定の中からモット絶縁体である（BEDT-TTF）(TCNQ)および（BEDT-TTF）(F_2TCNQ)の例をみると，いずれも両極性動作をしている点は注目に値する．これはモット絶縁体が電子ドープ・ホールドープに対して基本的に対称であることを示している．また，上述の例では転移挙動そのものは観測されなかったが，理論的にはIBMのグループが（BEDT-TTF）(TCNQ)を例にあげて，モットFETの理論的な計算をしている点も指摘しておこう[30]．Newnsらによると，モット絶縁体をチャネル材料に用いた場合，MOS-FETで起きるようなナノサイズ不均一性の問題が回避でき，非常に小さいサイズのFETを作ることができるとされている．また，界面では電界誘起モット転移が起きるため，非常に高い応答性もあるという計算結果であった．では実際の有機モットFETにおける相転移ががどのような性質を持っているのか次に見ていこう．

■ 5.6 有機モットFET ■

前節ではバルクの結晶を用いたFETが必ずしも最適なデバイス構造ではないことをみてきた．また，ドロップキャストによる方法は，四端子測定などの複雑な測定が難しく，サンプルの結晶性も低くなり，相転移の観測が困難となる．筆者らのグループではこうした問題を回避する方法として，電気分解による薄膜単結晶成長と，その液中貼り付け法を開発した．この方法を用いると，比較的結晶を薄く（30〜500 nm）でき，かつモット絶縁体-ゲート絶縁体界面の形成段階において溶解性の強い溶媒や高温・真空を用いる必要がないため，温和な条件でト

5.6 有機モット FET

ラップ準位の少ないデバイスを作製できる（図5.5）．この手法を用いて作製したデバイスにおいては，界面での電界誘起相転移を観測することができるので，次節以降ではその例を紹介していくこととするが，その前に一つ準備的なことがらとして，熱収縮による歪みの問題を取り上げておこう．

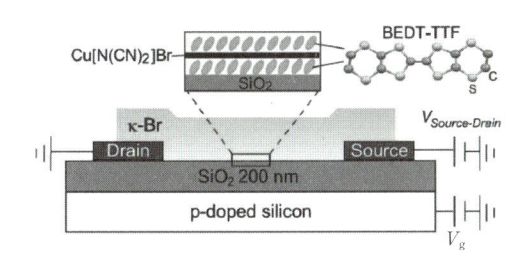

図 5.5 デバイスの断面図
BEDT-TTF 1分子層の厚みは 1.8 nm 程度であり，κ-Br 結晶の典型的厚みは 200 nm 程度であるため，ソース-ドレイン電極間にはおよそ 100 分子層の伝導層が並列に接続している．

κ-(BEDT-TTF)$_2$Cu[N(CN)$_2$]Br（以下，κ-Br）は低温で金属，そしておよそ 12 K で超伝導転移する分子性物質であるが，室温常圧ではモット絶縁体として振る舞うことが知られている．これはおそらく，冷却するとともに格子が圧縮される（熱膨張係数はおよそ 30 ppm K^{-1} [31]）ため，室温から 50 K 付近まで冷却したところでバンド幅がある値を超え，モット絶縁体から金属へのクロスオーバーが起きているためではないかと考えられる．このクロスオーバーは，κ-(BEDT-TTF)$_2$Cu[N(CN)$_2$]Cl（以下，κ-Cl）におけるモット臨界終点（第2章）につながっていると信じられており，その臨界圧・臨界温度以下では1次相転移となっている．κ-Br をデバイスにするために薄膜化してシリコンのような熱収縮率の小さな（室温で 2 ppm K^{-1}）基板に図5.5のように貼り付けると，（κ-Br と基板の間が滑らないという前提においては）冷却するに従って κ-Br は2次元面内で引き延ばされたような形になっていく．これは本来の κ-Br の熱収縮から考えると，引張り歪みを受けていることになり，実際伝導度測定をすると上述の絶縁体-金属クロスオーバーをよぎることなく低温までモット絶縁状態を保つことができる（図5.6）．十分低温では，薄膜中に 100 層ほどある BEDT-TTF 分子層もほとんど伝導性を示さなくなり，結果としてゲート電界によって増大した界面の伝導性だけが検出されることになる．なお，同様の歪み効果は (d7-DMe-DCNQI)$_2$Cu[32] や α-(BEDT-TTF)$_2$I$_3$[33] など，多くの分子性導体で確認されている．また引張り歪みの効果は基板近くで強く，基板から遠ざかるほど弱くなっていくことと，2次元面内で引っ張った場合には，ポワソン効果で逆に面間（面垂直方向）の距離は縮んでいると考えるのが自然であることを指摘しておく．

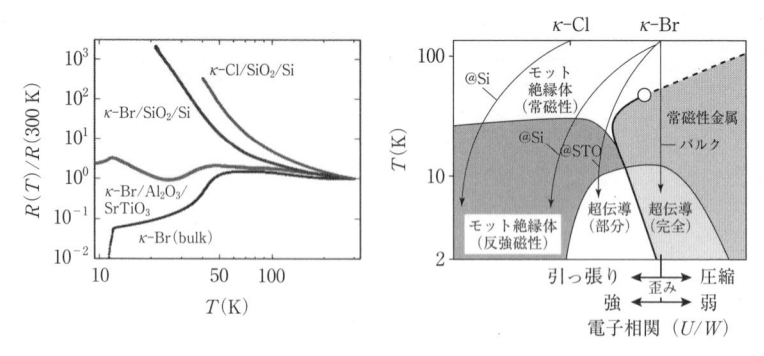

図 5.6 (左) 有機モット絶縁体を基板に貼り付けた場合の電気抵抗の温度依存性と, (右) それぞれに対応する相図上での降温履歴

低温における絶縁相と金属相の境界線（太い実線）は 1 次相転移線で，その先にある小円が臨界終点（臨界温度はおよそ 40 K）．図 2.16 と似ているが，1 次転位線に由来する不均一性を強調して書いてある．

5.7 電界誘起モット転移

κ-Br を酸化被膜付シリコン基板に載せたデバイス（κ-Br/SiO$_2$/Si）に対して，ゲート電圧をかけずに冷却すると，活性化エネルギーがおよそ 25 meV の絶縁体的挙動を示す．低温では十分絶縁性が確保できるので，FET 動作の測定が容易になる．ソース-ドレイン間の IV 曲線を各ゲート電圧で測定したものが図 5.7(a) であるが，正のゲート電圧をかけると急速に電流が立ち上がり，このデバイスが n 型 FET として動作していることがわかる[34]．IV 曲線に飽和領域がみられ

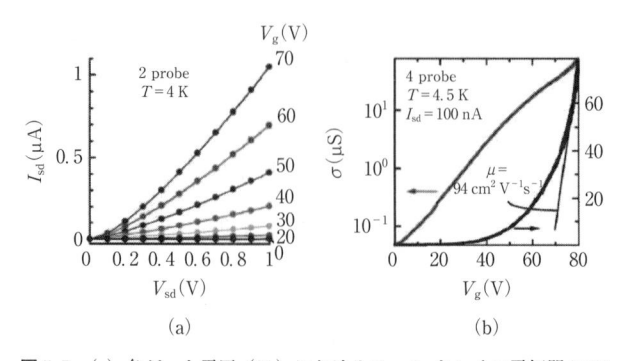

図 5.7 (a) 各ゲート電圧（V_g）におけるソース-ドレイン電極間の IV 特性と (b) 4 端子法によって測定されたトランスファー曲線．この傾きからデバイス移動度を求める

ないのは，一つには熱の効果を避けるためにソース-ドレイン電圧を 1 V 以下に制限しているためであるが，これ以上電圧を上げても飽和はみられないので，モット FET の本質なのかもしれない（飽和領域はピンチオフがないと出ない現象である）．飽和領域がないので，デバイス移動度はトランスファー曲線の傾きから求めることとなる．2 端子測定だと $5\,\mathrm{cm^2\,V^{-1}\,s^{-1}}$，図 5.7(b) に示した 4 端子測定だと $100\,\mathrm{cm^2\,V^{-1}\,s^{-1}}$ 程度の傾きが得られる．$100\,\mathrm{cm^2\,V^{-1}\,s^{-1}}$ というデバイス移動度は，有機 FET としては飛び抜けて大きな値である．また，

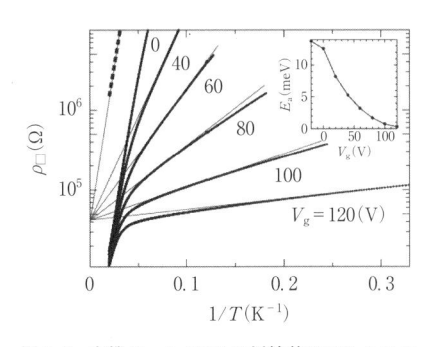

図 5.8 有機モット FET の抵抗値のアレニウスプロット
高温部分でバルクは熱励起キャリアの影響が大きいが，低温部分の抵抗値は，ほぼ界面の抵抗値で決まっているので，これを外挿して界面における注入キャリアの挙動を理解することができる．挿入図は活性化エネルギー E_a のゲート電圧（V_g）依存性．縦軸の□は面を表す．

2 端子測定と 4 端子測定の比較により，低温では接触抵抗の影響もかなり出てくることがわかる（室温ではほとんど影響がないのだが）．

次にゲート電圧による活性化エネルギーの変化をみていこう．図 5.8 にあるようにゲート電圧（V_g）を 0 V から増やしていくと，徐々に活性化エネルギーが減少しており，電荷ギャップが閉じていく様子がわかる（なお，ゲート電圧をマイナスにすると多少は活性化エネルギーが増加するが，大きな変化はない）．界面伝導が支配的な低温側のグラフを伸ばして高温極限 $1/T = 0$ まで外挿すると，ほぼ，1 点で交わることがわかる．$V_g = 0\,\mathrm{V}$ のグラフでは，界面の伝導性とバルク結晶の伝導性とがほとんど一致するため，界面だけの伝導性がわかりにくいが，得られた抵抗率に分子層の数をかけてやった点線のデータをみると，これも他のゲート電圧のデータとほぼ同じ点で交わる．したがって，界面の伝導度は，図 5.1(c) で示した MOS-FET と同じく

$$\sigma = \sigma_0 \exp\left(-\frac{E_a(V_g)}{k_B T}\right) \tag{5.3}$$

と表されることがわかる．では，ゲート電圧によるこの活性化エネルギーの減少はいったい何を意味するのであろうか？ モット FET も MOS-FET と同じくモビリティエッジに支配された伝導挙動を示しているのであろうか？（なお上の式は，一般的な有機 FET において深いトラップ準位が存在し，その挙動が

Meyer-Neldel 則[35]に従うのと対照的で，このデバイス界面が比較的清浄であることも示している）．

そこで伝導度の基本的な式，$\sigma = n \cdot e \cdot \mu$ に立ち返って考えてみよう．ゲート電圧によって変化しうる項として，MOS-FET ではすべてのキャリアの移動度 μ を一定と仮定して，キャリア密度 n を変化させることでゲートによる伝導度変化を説明する．しかし，同じ議論がモット FET でも成立するとは限らない．上の実験で電子をドーピングしているのはモット絶縁体の UHB であるから，そもそも UHB 中の電子が電気伝導性を持っているのか，フィリングが 0.5 からずれても UHB が安定に存在するのか，UHB にも tail state が存在するのか等，自明でない問題が多く存在する．そこで界面のキャリア数 "n" を測定するためのホール（Hall）効果測定が行われた[36]．ホール係数 R_H は $1/nq$（ただし，電子伝導のとき $q = -e$，ホール伝導のとき $q = +e$）と一致するため，ホール係数を測定すると，界面の n を求めることができる．

実際の測定結果から求めたキャリア密度のゲート電圧依存性は図 5.9(a) に示すとおりである．もし界面に蓄積したキャリアをそのまま観測したとすると，正のゲート電圧では界面に電子が蓄積するので，図中太線のように $Q = -C(V_g - V_{th})$ だけの伝導キャリアが観測されるはずである（ただし，V_{th} は閾値電圧）．しかし測定結果では，ゲート電圧を増やすに従って正のキャリア密度が急激に上昇し，ある一定値に近づいていく．この一定値は注入した電子密度よりはるかに高く，$1.6 \times 10^{14}\,\mathrm{cm}^{-2}$ ほどである．κ-Br の伝導面におけるホール密度が $1.8 \times$

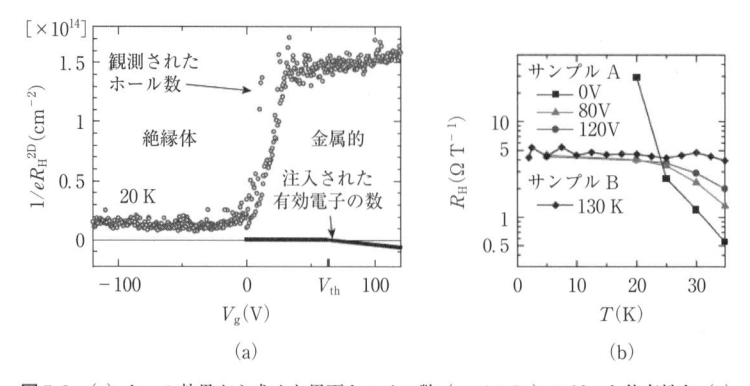

図 5.9 (a) ホール効果から求めた界面キャリア数（$n = 1/eR_H$）のゲート依存性と (b) 各ゲート電圧におけるホール係数の温度依存性．80 V 以上の正のゲート電圧をかけるとキャリア数にギャップがなくなる

$10^{14}\,\mathrm{cm}^{-2}$ であることを併せて考えると，FET 界面では伝導層 1 枚分のホールキャリアが，ゲート操作によって固体から液体に相転移した結果，急に伝導性を持つようになったと考えるのが自然であろう．言い換えると，もともと存在していた多数のホール（この場合，BEDT-TTF の酸化数が +1/2 なので，2 分子当たり 1 個のホール）のバンド充填率が 0.5 から少しだけ小さくなることによって，固まっていたホールが急に溶けて動き出したことになる．図 5.9(b) のように，ゲート電圧を 120〜130 V に保ったまま R_H を測定しても，その値は低温でほとんど変化しないことから，キャリア数にはギャップがない．したがって，もはや二つに分裂した UHB と LHB は存在しないといって差し支えないであろう．温度を変えながら R_H のゲート依存性を測定した結果が図 5.10 に示されているが，この結果も（100 分子層ほどある）バルクの熱励起キャリアと，界面 1 層の融解キャリアとの 2 流体モデルで説明できることがわかっている．すなわち，キャリアのケミカルポテンシャルがモットギャップ内に存在するバルクでは，キャリア数が $\exp[-E_\mathrm{a}/k_\mathrm{B}T]$ で変化するものとし，これに加えてゲート界面では $n_\mathrm{i} = 1.6 \times 10^{14}\,\mathrm{cm}^{-2}$ のキャリアがモビリティ μ_i を急激に変化させたと考えて，

$$R_\mathrm{H} = \frac{\mu_\mathrm{b}^2 n_\mathrm{b} + \mu_\mathrm{i}(V_\mathrm{g})^2 n_\mathrm{i}}{e\{\mu_\mathrm{b} n_\mathrm{b} + \mu_\mathrm{i}(V_\mathrm{g}) n_\mathrm{i}\}^2} \tag{5.4}$$

という式に代入すると，図 5.10 中の実線に示す計算結果が得られ，実験値をよく説明する（ただし，添字の b はバルク，i は界面を示し，界面キャリアのモビリティは $\mu_\mathrm{i}(V_\mathrm{g}) = \sigma(V_\mathrm{g})/n_\mathrm{i}e$ から求めた）．以上のことから，キャリア数 n を制御して動作する通常の MOS-FET とは異なり，モット FET ではモビリティ μ を制御して伝導度のスイッチングを行っているという，重要な知見が明らかとなった．またこの描像は，絶縁体に近づくほどキャリアのモビリティが 0 に近づくことから，ブリンクマン-ライスの質量発散モット転移の描像と一致する．なお，モット転移が起きた後も伝導度の絶縁体的振舞（負の $d\rho/dT$）がみられるのは，転移後の状態が（電子相関によって増強された）乱れの効果によってモット-アンダーソン絶縁体となっているからであろ

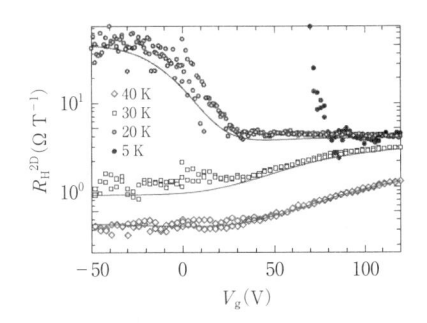

図 5.10　各温度（5 K〜40 K）におけるホール係数（R_H）のゲート電圧（V_g）依存性
実線は (5.4) 式によるフィッティング．

う．こうした状態においては，ソフトギャップと呼ばれる状態密度の谷間があるという理論的考察もあり，今後実験的な検討が必要である．なお最近は，このモット-アンダーソン絶縁体がさらに金属に転移するときの臨界性についても研究が進んでいる．また，この結果は有機トランジスタにおける初めての電界誘起相転移の例であることを追記しておく．

■ 5.8　有機モット FET の両極性動作[36] ■

　ここで再びモット絶縁体付近の相図，図 5.11（図 5.4 を単純化したもの）に戻って考えてみよう．これは図 2.15 と同じものであるが，図から容易に想像されるように，キャリアの移動度はフィリングを 0.5 から増やしたときだけでなく，0.5 から減らしたときにも増大するはずである．言い換えればモット FET は本来，両極性であろう．これは工藤らの（BEDT-TTF)(TCNQ) や長谷川らの（BEDT-TTF)(F$_2$TCNQ) でもすでに示唆されていたことである．実際，κ-Br の類縁物質である κ-Cl においては，図 5.12 に示すような明瞭な両極性動作が確認された[*1]．図 5.12 では，バンドフィリングがちょうど 0.5 となる電気的中性点（$V_G = V_\text{Mott}$）を明確に定義することができるため，モット-ハバード絶縁体からモット-アンダーソン絶縁体への相転移における臨界挙動を解析することができる．$V_G = V_\text{Mott}$ では伝導度 σ は熱励起キャリアに比例するとし，1 分子層当たりの伝導度が，

$$\sigma_\text{b}(T) = \sigma_\text{b0} \cdot \exp\left[-\left(\frac{E_\text{a}}{k_\text{B}T}\right)\right] \tag{5.5}$$

また，$V_G \neq V_\text{Mott}$ では界面の伝導度がエフロス-シュクロフスキー型のホッピング伝導に従うとして

$$\sigma_\text{i}(T, V_G) = \sigma_\text{i0} \cdot \exp\left[-\left(\frac{T_0(V_G)}{T}\right)^{\frac{1}{2}}\right] \tag{5.6}$$

と仮定すると，m 層（$m \approx 100$）からなる薄膜単結晶全体の伝導度は

$$\sigma(T, V_G) = \sigma_\text{i}(T, V_G) + (m-1) \cdot \sigma_\text{b}(T) \tag{5.7}$$

[*1]　κ-Br ではハバードギャップ内にトラップが多いため，片極性（特になぜか n 極性）のサンプルが多いが，κ-Cl では界面が清浄なため，両極性が観測できる．界面のきれいさは AFM 観察でもわかっており，κ-Br はところどころに分子層のステップがみられるが，κ-Cl 表面では分子層ステップすらほとんどみられない．

5.8 有機モット FET の両極性動作

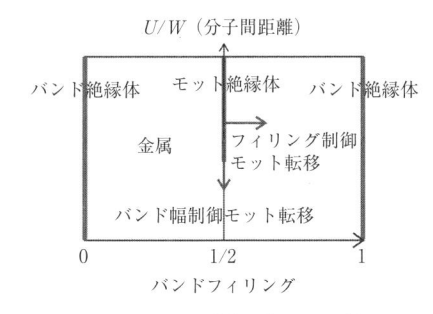

図 5.11 モット絶縁体近傍の電子系相図

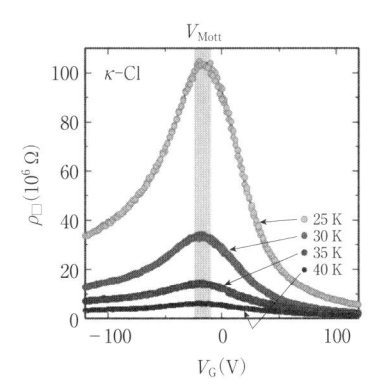

図 5.12 κ-Cl を用いたモット FET の 4 端子抵抗のゲート電圧依存性（25 K〜40 K）．縦軸の □ は単位面を表す

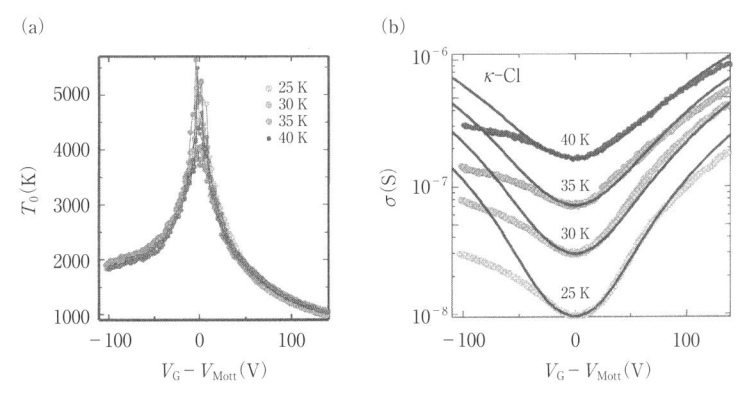

図 5.13 (a) 各温度における T_0 のドーピング濃度依存性と，(b) 伝導度の実験値（点）と式 (5.7) による伝導度の計算結果（実線）との比較
(a) においては，各温度での T_0 のグラフがほぼ同じ曲線に一致している．

と表すことができる．このような式を用いて $T_0(V_G)$ のドーピング量 ($\propto |V_G - V_{Mott}|$) 依存性を示したのが図 5.13(a) となる．$V_G = V_{Mott}$ に近づくに従って，$T_0(V_G)$ が発散していく様子がわかる．では $T_0(V_G)$ が持つ意味は何であろうか？ Efros-Schklovskii によると，近似において T_0 は (5.2) 式に示すような誘電率 ε と局在長 ξ の関数である．したがって，T_0^{-1} 臨界性は，$\varepsilon\xi$ の臨界性を表していることになる．実際に T_0^{-1} のドーピング量依存性をプロットすると，$\Delta\varepsilon \cdot \Delta\xi \propto |V_G - V_{Mott}|^1$ が得られた．また，$V_G = V_{Mott}$ において ξ はおよそ 0.1 nm と

なっている．BEDT-TTF ダイマーのサイズが 0.5×0.5 nm 程度であることと，もともとの近似の精度を考えると，妥当な局在長であるといえるであろう．なお，熱力学の観点からいうと，本当に知りたいのは η の臨界指数なので，今後独立に κ の測定が可能になれば，熱力学的臨界指数 β を求めることが可能ではないかと期待される．

■ 5.9　フレキシブル・モット FET[38]　■

5.2.1 項で述べたように有機モット絶縁体の物性は格子の歪みに大きく影響を受ける．そのためフレキシブルなゲート基板を用いて基板を伸縮させると，FET によるフィリング制御のみならず，歪みによるバンド幅制御も同時に実現できる．図 5.14 にそのような実験のセットアップを示そう．PEN（ポリエチレンナフタレート）を使ったフレキシブル基板に κ-Cl を載せ，基板の裏から丸みのついた棒で押してやると，基板が屈曲するに従って表面の κ-Cl が基板長軸方向（実験では結晶の a 軸に一致するように配置）に伸ばされる．このときの歪み具合は，歪みゲージを使って測定することができる．

無延伸 PEN 基板の熱収縮率は約 80 ppm K^{-1} であるので，κ-Cl を PEN 基板に貼り付けると冷却によって 2 次元圧縮歪みを受けて超伝導になる．この状態で基板を背面から押してやると，κ-Cl は 1 軸引張り歪みを受けて，a 軸方向に伸長する．この歪みを受けたときの抵抗変化が図 5.15 である．5 K では明瞭な超

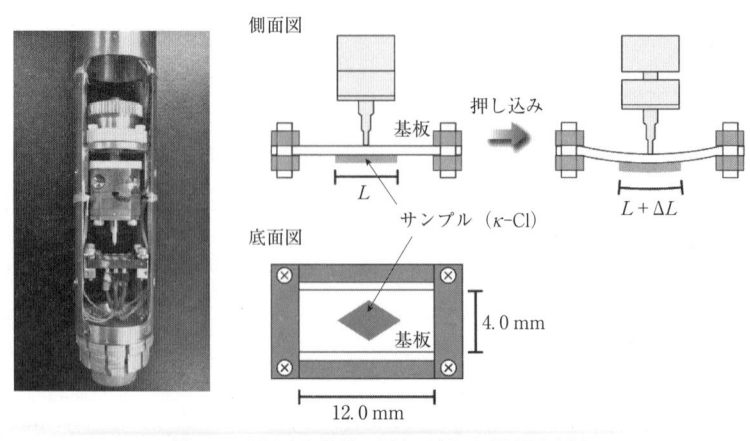

図 5.14　歪み印加装置の写真（左）と模式図（右）

伝導-絶縁体転移がみられ，わずか0.3%の歪みで抵抗値が10桁以上変化する．一方15～35 Kでは1次の金属-絶縁体転移が，40 K以上では金属-絶縁体クロスオーバーがみられており，静水圧での実験にほぼ1:1で現象が対応していることがわかる．したがって，κ-Clではa軸方向の1軸歪みが，静水圧とほぼ同様の役割を果たしているといってよいであろう．

このような歪みによるバンド幅制御を踏まえたうえで，電界効果によるキャリア注入ができるのが，このデバイスの特徴であり，分子性物質を使ったモット物理の利点である．PEN 基板上に金（50 nm）とパリレンC（400 nm）を蒸着しておくと，その上に載せたκ-Clの電界効果を測定できる．引張り歪みを最大限かけて，完全なモット絶縁体状態でゲート掃引すると，トランスファー曲線の傾きからおよそ$5\,\mathrm{cm^2\,V^{-1}\,s^{-1}}$のn型FET特性が得られる．一方で超伝導相とモット絶縁相が共存している領域（いわゆるパーコレート超伝導相）では，$5000\,\mathrm{cm^2\,V^{-1}\,s^{-1}}$を超えるデバイス移動度が得られた．このような大きな電界効果には，超伝導の寄与があると考えられる．すなわち，静電的に注入された電子によってフィリングが0.5からずれ，電子相関が弱くなり，その結果超伝導フラクションが増加したと考えるのが適当であろう．実際，磁場を印加するとこの移動度はどんどん小さくなる．したがって，このデバイスにおける伝導度変化は，モット絶縁体から超伝導体への電場誘起相転移を主な原因としたものであるということができる．

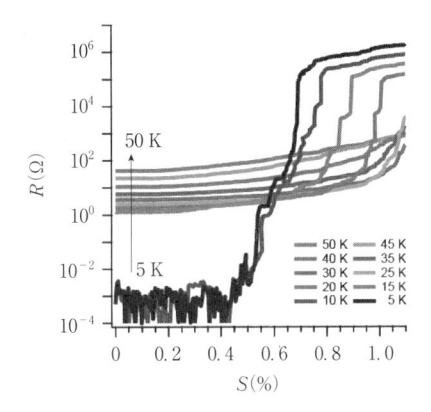

図 5.15 歪み（S）を掃引したときのデバイス抵抗値（R）の変化．温度は5～50 Kまで5 K刻みに測定

■ 5.10　有機超伝導 FET[39] ■

前項で扱ったフレキシブル基板では，パリレンCという誘電率の低い有機高分子がゲート絶縁膜であったため，注入できるキャリアの数が制限されている．一方，無機のゲート絶縁膜であるAl_2O_3やHfO_2を使うことができれば，より大きな電界効果を得ることができるであろう．Nb-doped $SrTiO_3$のような無機物

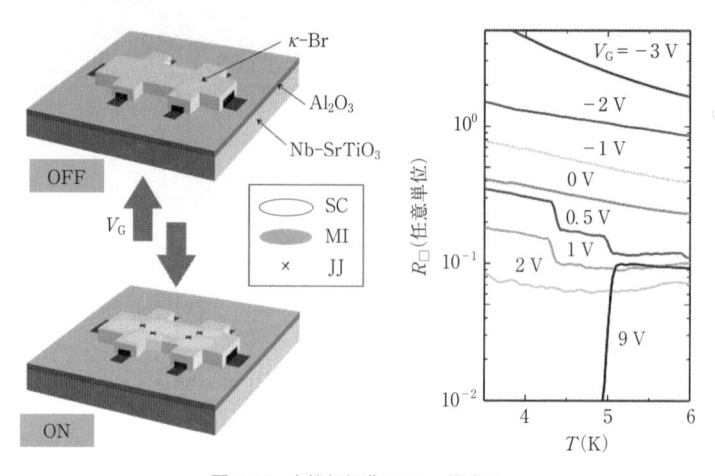

図 5.16　有機超伝導 FET の模式図
OFF 状態では κ-Br は全体的にモット絶縁体状態（MI）にあるが，ゲート電圧を 9 V ほど印加すると，超伝導（SC）が誘起されて ON 状態となり（左），抵抗が急激に減少する（右）．超伝導は不均一に起きていると考えられており，ジョセフソン接合（JJ）で互いに連結していると推測される．右図で縦軸の □ は単位面を表す．

としては比較的熱収縮率の大きな（10 ppm K^{-1}）伝導性基板に対して Al$_2$O$_3$ を被覆し，その上に κ-Br を載せると，わざわざ基板を曲げなくても 1 次転位に起因するパーコレート超伝導相で大きな電界効果によるキャリア注入実験ができる．ゲート電圧をかけない状態では絶縁体として振る舞っていたデバイスが，9 V のゲート電圧を印加することで超伝導転移した例を図 5.16 に示そう．この領域ではパーコレート超伝導相がもともとあるためゲート電圧をかけなくてもサンプルの一部は超伝導になっているが，FET チャネル内はほぼ絶縁体である．ここでゲート電圧をかけてフィリングを 0.5 からずらし，電子相関を弱めてやると，超伝導相の割合が一気に増えて超伝導領域がつながる．このような超伝導領域同士は弱いジョセフソン接合でつながっていると予想され，実際 IV 曲線をとるとジョセフソン接合に特徴的な双安定状態を確認することができる（ちなみにジョセフソン接合が双安定になるかどうかは，McCumber パラメータに依存する）．この系で一つ興味深いのは，磁化率の結果であろう．ゲート電圧をかけると，シールディングフラクションが増えるのだが，その増加は体積の 5% ほどを占める．本来，超伝導は界面で起きているはずなので，電界誘起超伝導では界面 1 層の体積である約 0.2% の変化しか起きないはずであるが，実際にはその 20 倍以

上の体積で超伝導が増加している．これは界面からバルク相に転移が伝搬していることを示唆しており，そのメカニズムは興味深い．もともとこの系は，超伝導状態とモット絶縁体状態が双安定であるので，ちょっとしたことで片方の相からもう一方の相に転移することは容易に想像できるが，そうした背景に加えて，層間の誘電遮蔽[40]（界面に生じたクーパーペアが，第2層以降におけるキャリアのクーロン電場を遮蔽する効果）や，モット絶縁相-超伝導相界面の自由エネルギー増などが，こうした相転移伝搬と関係しているのではないかと考えられる．似たような「双安定状態でのモット転移の伝搬」現象は，VO_2を用いた電気2重層トランジスタ（electric double layer transistor：EDLT）でも報告されており[41]，相転移を使ったデバイス全般に，このような現象がみられる傾向があるのかもしれない（口絵3参照）．

最後に，モット絶縁体近傍の電子相に関して，どのような知見がこのデバイスから得られるか述べておきたい．まだサンプル数が少ないものの，温度とゲート電圧を掃引して相図を作っていくと，バンド幅制御の超伝導相とバンドフィリング制御の超伝導相とがつながった相図が得られている．これはすなわち，有機モット絶縁体周辺で，図5.4に示したような3次元の相図が実現していることを示唆している．今後より詳細な研究が必要であると考えられる．

5.11 この章のまとめ

以上，これまでに報告されている電界誘起相転移の例を概観してきた．このほかにもモット-アンダーソン絶縁体から金属相への転移における臨界挙動を調べた研究や，フォトクロミック分子を組み合わせて超伝導転移を光制御する系などが知られている[42]．また，モット絶縁体以外の物質を使った例としては，α-(BEDT-TTF)$_2$I$_3$の電荷秩序相に電界効果キャリア注入を行った例がある[43]．電荷秩序相の場合は伝導度変化の程度が小さく，現状では相転移の証拠もない．一方で，次章で述べられているように圧力下のα-(BEDT-TTF)$_2$I$_3$におけるゼロギャップ状態に対しては，基板との接触による帯電効果だけでも有意なキャリア注入ができることがわかっている．今後は，EDLTなどの新しい手法も取り入れながら[44]，これまで適用できなかった物質や電子相に対しても，電界誘起相転移の手法が適用されていくのではないかと思われる． 〔山本浩史〕

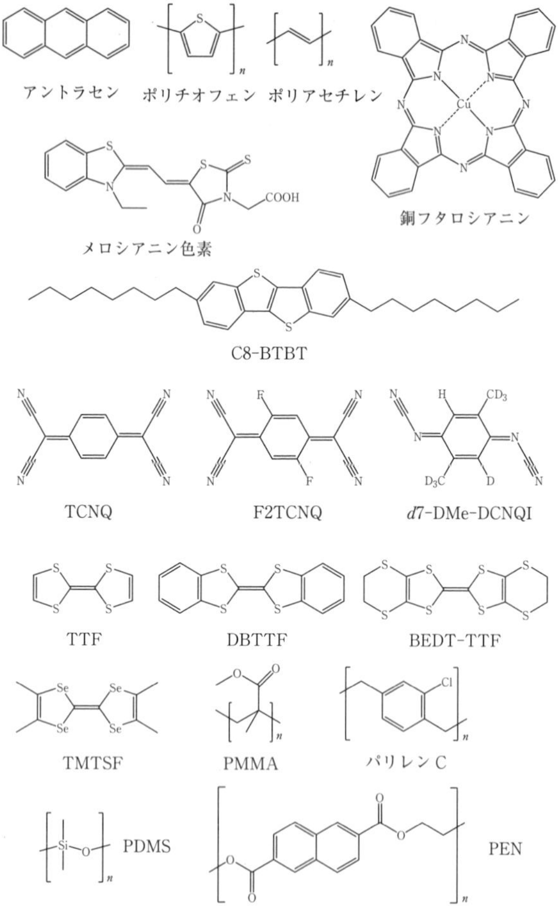

図 5.17 本章で紹介された分子の構造式一覧

文　献

1) P. W. Anderson：Phys. Rev. **109** (1958) 1492.
2) N. F. Mott：Adv. Phys. **16** (1967) 49.
3) A. Lagendijk, B. v. Tiggelen and D. S. Wiersma：Phys. Today **62** (2009) 24.
4) E. Abrahams et al.：Phys. Rev. Lett. **42** (1979) 673.
5) S. Katsumoto et al.：J. Phys. Soc. Jpn. **56** (1987) 2259.
6) K. von Klitzing, G. Dorda and M. Pepper：Phys. Rev. Lett. **45** (1980) 494；S. Kawaji and J. Wakabayashi：Physics in High Magnetic Fields, Springer, Berlin (1981) 284.
7) S. Pollitt, M. Pepper and C. J. Adkins：Surf. Sci. **58** (1976) 79.

8) D. Belitz and T. R. Kirkpatrick: Rev. Mod. Phys. **66** (1994) 261.
9) M. Watanabe et al.: Phys. Rev. B **58** (1998) 9851.
10) A. L. Efros and B. I. Shklovskii: J. Phys. C Solid State Phys. **8** (1975) L49.
11) M. Imada, A. Fujimori and Y. Tokura: Rev. Mod. Phys. **70** (1998) 1039.
12) A. Damascelli, Z. Hussain and Z. -X. Shen: Rev. Mod. Phys. **75** (2003) 473.
13) J. Hubbard: Proc. R. Soc. London, Ser. A **227** (1964) 237.
14) W. F. Brinkman and T. M. Rice: Phys. Rev. B **2** (1970) 4302.
15) G. Kotliar, S. Murthy and M. J. Rozenberg: Phys. Rev. Lett. **89** (2002) 046401; M. C. O. Aguiar et al.: Phys. Rev. Lett. **102** (2009) 156402.
16) T. Misawa and M. Imada: Phys. Rev. B **75** (2007) 115121.
17) G. Sordi et al.: Phys. Rev. Lett. **108** (2012) 216401.
18) R. G. Kepler: Phys. Rev. **119** (1960) 1226; O. H. LeBlanc: J. Chem. Phys. **33** (1960) 626.
19) G. H. Heilmeier and L. A. Zanoni: J. Phys. Chem. Solids **25** (1964) 603.
20) F. Ebisawa, T. Kurokawa and S. Nara: J. Appl. Phys. **54** (1983) 3255.
21) K. Kudo, M. Yamashina and T. Moriizumi: Jpn. J. Appl. Phys. **23** (1984) 130.
22) A. Tsumura, H. Koezuka and T. Ando: Synth. Metals **22** (1987) 63.
23) H. Minemawari et al.: Nature **475** (2011) 364.
24) J. Takeya et al.: Jpn. J. Appl. Phys. **44** (2005) L1393; V. Podzorov et al.: Phys. Rev. Lett. **95** (2005) 226601; M. Yamagishi et al.: Phys. Rev. B **81** (2010) 161306(R); G. Horowitz: Adv. Mater. **10** (1998) 365.
25) T. Sumitomo et al.: Synth. Metals **86** (1997) 2259.
26) M. Sakai et al.: Phys. Rev. B **76** (2007) 045111.
27) J. S. Brooks: Adv. Mater. Opt. Electron. **8** (1998) 269.
28) T. Hasegawa et al.: Phys. Rev. B **69** (2004) 245115.
29) Y. Takahashi et al.: Appl. Phys. Lett. **88** (2006) 073504.
30) C. Zhou et al.: Appl. Phys. Lett. **70** (1997) 598.
31) M. Kund et al.: Synth. Metals **70** (1995) 951.
32) H. M. Yamamoto et al.: Solid State Sci. **10** (2008) 1757.
33) H. M. Yamamoto et al.: J. Low Temp. Phys. **142** (2006) 215.
34) Y. Kawasugi et al.: Appl. Phys. Lett. **92** (2008) 243508.
35) W. Meyer and H. Neldel: Z. Tech. Phys. **18** (1937) 588.
36) Y. Kawasugi et al.: Phys. Rev. Lett. **103** (2009) 116801.
37) H. M. Yamamoto, J. Ueno and R. Kato: Eur. Phys. J. Special Topics **222** (2013) 1057.
38) M. Suda et al.: Adv. Mater. **26** (2014) 3490.
39) H. M. Yamamoto et al.: Nature Commun. **4** (2013) 2379.
40) H. Shinaoka et al.: J. Phys. Soc. Jpn. **81** (2012) 034701.
41) M. Nakano et al.: Nature **487** (2012) 459.
42) M. Suda, R. Kato and H. M. Yamamoto: Science, **347** (2015) 743.
43) H. M. Yamamoto et al.: Physica B Condensed Matter **404** (2008) 413.
44) Y. Kawasugi et al.: submitted.

6. 質量のないディラック電子

■ 6.1 固体中における質量のないディラック電子 ■

固体中において電流を担う電子は言うまでもなく質量を持ち，その速さ（フェルミ速度）は一般に光速の数百分の1程度である．ところが，いくつかの物質中において電子が素粒子ニュートリノに似た「質量のないディラック電子」として振る舞うことが見いだされている．この粒子の運動は相対論的量子力学のディラック方程式において質量を0とした場合に得られるワイル方程式に従う．質量のないディラック電子のエネルギーは運動量に比例し（$E=\pm v|\boldsymbol{P}|$）常に一定の速さv（ただしvは光速でなはくフェルミ速度）で運動するため，静止したり他の粒子に追い抜かれることはない．さらにニュートリノと類似したヘリシティと呼ばれる性質を持つ．ヘリシティとは本来運動量とスピンが常に平行または反平行となる性質だが，固体中における質量のないディラック電子ではスピンの代わりに後述する擬スピンがその性質を担う．このような特別な粒子が現れている状態は「ゼロギャップ状態」と呼ばれ，従来の絶縁体・半導体・金属という基本的分類に属さない第四の状態である．

質量のないディラック電子を持つ代表的な物質は炭素原子による単原子薄膜のグラフェン[1]とα-(BEDT-TTF)$_2$I$_3$[2]に代表される分子性導体の一群[3]である．α-(BEDT-TTF)$_2$I$_3$が奇妙な物性を示すことはKajitaら[4]により発見されたが，そのメカニズムは長い間の謎であった．今世紀に入り質量のないディラック電子が理論的に見いだされた[5]ことを契機として，その物性の理解が進んだ．
これまでにグラフェンと共通する質量のないディラック電子としての普遍的な物性が観測されている．さらに分子性導体の特性を反映した新奇な物性が見いだされ，実験と理論の緊密な連携によりそのメカニズムの解明が進められている．質

量のないディラック電子の研究は3次元トポロジカル絶縁体の表面状態，ビスマス合金（質量有限のディラック電子），ワイル半金属など広範な分野に展開しているが，本書では分子性導体における質量のないディラック電子を題材に，その基本的な電子状態と物性を具体的に理解することを目指す．

6.2 分子性ディラック電子系のバンド構造

分子性導体 α-(BEDT-TTF)$_2$I$_3$ は図 6.1 に示すように陽イオン（BEDT-TTF$^{+1/2}$）の並んだ面と陰イオン（I$_3^{-1}$）の並んだ面が交互に積層したサンドイッチ状の結晶である[2]．先頭の記号 α は分子配置を表している（詳しくは第1章を参照）．BEDT-TTF$^{+1/2}$ 面は電気伝導など興味ある物性の舞台であり，閉殻の I$_3^{-1}$ 平面は伝導電子を2次元面内に閉じ込めている．この2次元電子系を舞台として「ゼロギャップ状態」が実現している．

ゼロギャップ状態の特徴はさまざまな物理量に現れる．低温極限では電気伝導を担うフェルミエネルギー近傍の電子の密度 n が限りなく0に近づく．するとホール係数 $R_H(\propto 1/n)$ は増大するので半導体のように見える．もしこれが半導

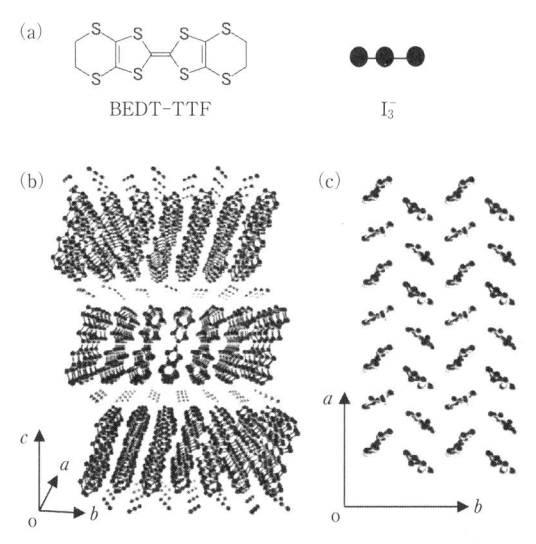

図 6.1 (a) BEDT-TTF 分子と I$_3^-$ アニオン．(b) a 軸からみた α-(BEDT-TTF)$_2$I$_3$ の結晶構造（口絵4参照）．(c) c 軸からみた BEDT-TTF 分子の配列

128   6. 質量のないディラック電子

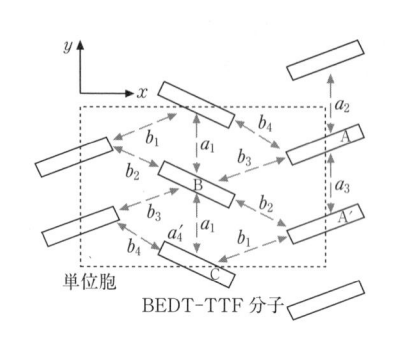

図 6.2 図 6.1(c) に対応する強束縛模型の例. 単位胞は四つの BEDT-TTF 分子（A, A′, B, C）からなり，7 種の最近接移動積分（t_{b1}, $\cdots$, t_{a3}）を用いて記述される．

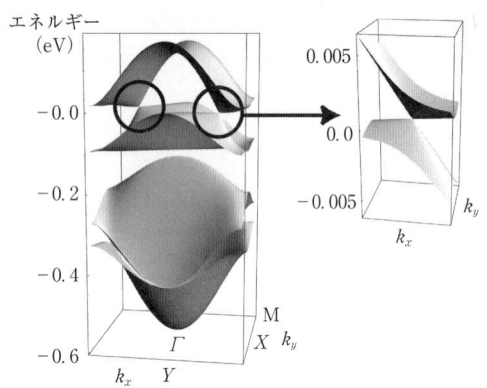

図 6.3 $P_a = 4\,\mathrm{kbar}$ の a 軸圧力下における α-(BEDT-TTF)$_2$I$_3$ のバンド構造[5]（ディラック点近接を拡大したのが右図である．口絵 4 参照）

体ならば n が減少しているのだから電気抵抗も増大するはずである．ところが，BEDT-TTF$^{+1/2}$ 面内の電気抵抗は量子抵抗と呼ばれる一定の小さな値 h/e^2 を示す良伝導体なのである．半導体でも金属でもないとすれば，いったい何が起きているのであろうか？ 前節で述べたように，ゼロギャップ状態の電子は素粒子ニュートリノに類似した振舞いを示す「質量のないディラック電子」（massless Dirac electron）であり，上述の量子抵抗やホール係数のほかにも特異な量子ホール効果などの特徴的な物性を生み出している[3]．なぜこのような状態が実現したかを理解するため，この物質のバンド構造を具体的にみていこう．

α-(BEDT-TTF)$_2$I$_3$ の単位胞には四つの BEDT-TTF 分子が含まれる．どれも同じ分子だが結晶中の位置と向きにより区別され，A, A′, B, C サイトと呼ばれる（図 6.2）．ここで結晶の反転対称性のため A と A′ は区別できない等価なサイトとなっている．四つの BEDT-TTF 分子の HOMO 軌道は互いに重なり合い，四つのバンドを形成する（図 6.3）[*1]．

HOMO 軌道は本来電子により完全に占有されているが，BEDT-TTF$^{+1/2}$ では 1/4 の電子が引き抜かれ空席が存在する（3/4 充填）．そのおかげで HOMO 軌道の電子は結晶中を動き回ることができる．ここで注目すべきは 1 番上と 2 番目のバンドである．これらのバンドに重なりはなく，3/4 充填のため 1 番上のバンド

[*1] 結晶中を運動する電子のエネルギーと運動量の関係はバンド分散と呼ばれ，電子が 2 次元的に運動する分子性導体では，運動量 (k_x, k_y) とエネルギー E の 3 次元空間の中で一つの曲面として表される．

はすべて空席，2番目以降のバンドにはぎっしりと電子が詰まっている．また，これらのバンドは運動量空間（第1ブリルアンゾーン）中の2点$\pm k_0$において接している．ここでは第1バンドの下端と第2バンドの上端が1点で同じエネルギーを持つ．二つの異なる状態が同じエネルギーを持つので縮退しているこの点は「ディラック点」と呼ばれる．フェルミエネルギーはディラック点のエネルギーに一致する．ディラック点近傍のバンド構造は線形分散（ディラック点から測ったエネルギーが運動量に比例）を示し，「ディラックコーン」（ディラックの円錐）と呼ばれる特徴的な構造をとる．金属と半導体の中間に位置するこの状態がゼロギャップ状態である．

このような状態は偶然成り立つことはあっても安定に存在しないのではと読者は思われるかもしれない．しかしα-(BEDT-TTF)$_2$I$_3$のゼロギャップ状態は，圧力などの外部パラメーターによって容易に壊されることのない頑丈な（robust）状態なのである．なぜなら，圧力により結晶構造が変形するとバンド構造も変形しk_0の値が変わるが，二つの縮退点$\pm k_0$は時間反転対称点（Γ点など）で出会わない限り必ずどこかに存在し続けるからである[*2]．また1番上と2番目のバンドが重なれば縮退点以外の場所でフェルミ面が出現し半金属となるが，そうなるためにはバンドを大きく変形させなければならない．よってゼロギャップ状態はいくつかの要因により出現する特殊な状態だが，ひとたび実現すれば安定に存在し続けるのである．

6.3 ディラック電子系のハミルトニアン

この節ではディラック電子系を記述するハミルトニアンの導出を行う．この節を飛ばして読んでも物理現象の理解に差支えはない．

6.3.1 強束縛近似

電子の運動エネルギーを表すハミルトニアン演算子Hは次式で与えられる．

$$H = \sum_{i,j}\sum_{\alpha,\beta} t_{i\alpha:j\beta} c^\dagger_{i\alpha} c_{j\beta} \tag{6.1}$$

ここで(1.3)式とは定義が異なることに注意されたい．$c^\dagger_{i\alpha}$, $c_{j\beta}$は電子の生成消滅

[*2] 電荷秩序などにより反転対称性が破られると例外的な場合を除いて縮退は解け，二つのバンドの間にギャップが開く．またスピン軌道相互作用も一般にギャップを開く働きをするが，BEDT-TTFでは無視できるほど小さい．

演算子,整数 i, j は単位胞(座標 $\boldsymbol{R}_i, \boldsymbol{R}_j$), α, β は単位胞の中に含まれる四つのサイト(A, A', B, C)を表す. $t_{i\alpha:j\beta}$ は電子が状態 (j, β) から状態 (i, α) へ飛び移る移動積分である.簡単のためスピンは省略している.このハミルトニアンのようにサイトに局在した波動関数を基底として運動エネルギーを表現することを強束縛模型(tight-binding model)と呼ぶ.サイト基底で表現するのでサイト表示とも呼ぶ.

結晶中では並進対称性があるので波数表示にフーリエ変換して考えると都合がよい.まず生成消滅演算子をフーリエ変換する.

$$c_{i\alpha}^\dagger = \frac{1}{N_L}\sum_{k} c_{k\alpha}^\dagger e^{i\boldsymbol{k}\boldsymbol{R}_i} \tag{6.2}$$

$$c_{i\alpha} = \frac{1}{N_L}\sum_{k} c_{k\alpha} e^{-i\boldsymbol{k}\boldsymbol{R}_i} \tag{6.3}$$

ここで N_L は格子点の数である.これを H に代入し, $\boldsymbol{R}_i = \boldsymbol{R}_j + \delta$ と置き換えて j についての和をとると,並進対称性より

$$H = \sum_{k,\alpha,\beta} E_{\alpha\beta}(\boldsymbol{k}) c_{k\alpha}^\dagger c_{k\beta} \tag{6.4}$$

$$H_{\alpha\beta}(\boldsymbol{k}) = \frac{1}{N_L}\sum_\delta t_{i\alpha:j\beta} e^{i\boldsymbol{k}\cdot\delta} \tag{6.5}$$

となる.ハミルトニアン演算子 H を $H_{\alpha\beta}(\boldsymbol{k})$ を行列要素とする行列 $\hat{H}(\boldsymbol{k})$ で表す.ハニカム格子のグラフェンでは単位胞にサイトが二つ(A, B)あるので

$$H = \sum_{k} (c_{k\mathrm{A}}^\dagger \ c_{k\mathrm{B}}^\dagger) \begin{pmatrix} 0 & z_k^* \\ z_k & 0 \end{pmatrix} \begin{pmatrix} c_{k\mathrm{A}} \\ c_{k\mathrm{B}} \end{pmatrix} \tag{6.6}$$

$$z_k = t\{1 + 2\cos(k_x a/2) e^{-i\sqrt{3}k_y a/2}\} \tag{6.7}$$

ここで格子定数を a, 最近接移動積分を t とした.ディラック点のある波数 $\boldsymbol{k} = \boldsymbol{K}_\mathrm{R} \equiv (2\pi/3, 2\pi/\sqrt{3})$ [K_R 点] あるいは $\boldsymbol{k} = \boldsymbol{K}_\mathrm{L} \equiv (-2\pi/3, 2\pi/\sqrt{3})$ [K_L 点] のまわりで z_k を線形近似すれば,ディラック点近傍の電子状態を表す有効ハミルトニアンを得る.

$$z_{\boldsymbol{K}_\mathrm{S}+\boldsymbol{k}} \simeq \frac{\sqrt{3}at}{2}(sk_x + ik_y) \tag{6.8}$$

ここで $s=1(-1)$ は $\boldsymbol{K}_\mathrm{S} = \boldsymbol{K}_\mathrm{R}(\boldsymbol{K}_\mathrm{L})$ に対応する. (k_x, k_y) は K_R または K_L から測った波数ベクトルである.

波数 $\boldsymbol{k}$ を持つ状態のエネルギー固有値 $E_\gamma(\boldsymbol{k})$ は $\hat{H}(\boldsymbol{k})$ の固有値方程式を解くことで求められる.

6.3 ディラック電子系のハミルトニアン

$$\sum_\beta H_{\alpha\beta}(\boldsymbol{k}) d_{\beta\gamma}(\boldsymbol{k}) = E_\gamma(\boldsymbol{k}) d_{\alpha\gamma}(\boldsymbol{k}) \tag{6.9}$$

$d_{\alpha\gamma}(\boldsymbol{k})$ はバンド γ の波数 $\boldsymbol{k}$ における固有ベクトルの成分である．グラフェンでは等方的なディラックコーンのエネルギー分散関係 $E = \pm (\sqrt{3}/2) at|\boldsymbol{k}|$ を得る．

$d_{\alpha\gamma}(\boldsymbol{k})$ を用いると α サイトの電子数 $\langle n_\alpha \rangle$ を次式で求めることができる．

$$\langle n_\alpha \rangle = 2 \sum_\gamma d^*_{\alpha\gamma}(\boldsymbol{k}) d_{\alpha\gamma}(\boldsymbol{k}) \frac{1}{\exp[(E_\gamma(\boldsymbol{k})-\mu)/k_\mathrm{B}T]+1} \tag{6.10}$$

ここで T は温度，μ は化学ポテンシャルである．また $E_\gamma(\boldsymbol{k})$ はスピンによらないものとし，スピン縮重度2をかけてある．また状態密度 $D(\omega)$ は次式で与えられ，

$$D(\omega) = \frac{1}{N_\mathrm{L}} \sum_{\boldsymbol{k},\gamma} \delta(\omega - E_\gamma(\boldsymbol{k}) - \mu) \propto |\omega| \tag{6.11}$$

線形分散のため $T=0$ ではディラック点近傍の状態密度はフェルミエネルギーから測ったエネルギー ω の絶対値に比例する．

単位胞に4サイトある α-(BEDT-TTF)$_2$I$_3$ の場合もハミルトニアンは最近接移動積分を用いて

$$H = \sum_{\boldsymbol{k}} (c^\dagger_{\boldsymbol{k}\mathrm{A}} \ c^\dagger_{\boldsymbol{k}\mathrm{A}'} \ c^\dagger_{\boldsymbol{k}\mathrm{B}} \ c^\dagger_{\boldsymbol{k}\mathrm{C}}) \hat{H}(\boldsymbol{k}) \begin{pmatrix} c_{\boldsymbol{k}\mathrm{A}} \\ c_{\boldsymbol{k}\mathrm{A}'} \\ c_{\boldsymbol{k}\mathrm{B}} \\ c_{\boldsymbol{k}\mathrm{C}} \end{pmatrix} \tag{6.12}$$

$$\hat{H}(\boldsymbol{k}) = \begin{pmatrix} 0 & t_{a3} + t_{a2}e^{ik_y} & t_{b3} + t_{b2}e^{ik_x} & t_{b4}e^{ik_y} + t_{b1}e^{ik_x+ik_y} \\ t_{a3} + t_{a2}e^{-ik_y} & 0 & t_{b2} + t_{b3}e^{ik_x} & t_{b1} + t_{b4}e^{ik_x} \\ t_{b3} + t_{b2}e^{-ik_x} & t_{b2} + t_{b3}e^{-ik_x} & 0 & t_{a1} + t_{a1}e^{ik_y} \\ t_{b4}e^{-ik_y} + t_{b1}e^{-ik_x-ik_y} & t_{b1} + t_{b4}e^{-ik_x} & t_{a1} + t_{a1}e^{-ik_y} & 0 \end{pmatrix} \tag{6.13}$$

と表される（図6.3）．α-(BEDT-TTF)$_2$I$_3$ では一番上のバンドと2番目のバンドがディラック点 $\pm \boldsymbol{k}_0$ において縮退している．一般にバンドが三つ以上ある場合，線形近似だけでディラック点近傍の有効ハミルトニアンを求めることはできない．

6.3.2 ディラック点近傍の有効ハミルトニアン

2サイト系ではディラック点近傍でサイト表示のハミルトニアンを線形近似するとディラック点近傍の有効ハミルトニアンを得ることができる．すなわち $\boldsymbol{k}_0$ から測った波数を $\tilde{\boldsymbol{k}} = \boldsymbol{k} - \boldsymbol{k}_0$ として

$$H_{\alpha\beta}(\boldsymbol{k}) \cong H_{\alpha\beta}(\boldsymbol{k}_0) + \nabla_{\boldsymbol{k}} H_{\alpha\beta}(\boldsymbol{k})|_{\boldsymbol{k}=\boldsymbol{k}_0} \cdot \tilde{\boldsymbol{k}} \tag{6.14}$$

しかし一般に n サイト ($n \geq 3$) の系において，二つのバンドが偶然縮退（時間反転対称点でない波数における縮退）を持つとき，そのディラック点近傍の有効ハミルトニアンを得るためには，n 個のバンドの中から着目するディラックコーンを持つ二つのバンドを取り出す必要がある．そのためバンド表示を経由する．

サイト表示のハミルトニアン行列 $\hat{H}(\boldsymbol{k})$ は $d_{\alpha\gamma}(\boldsymbol{k})$ を成分とするユニタリー行列 $\hat{U}(\boldsymbol{k})$ を用いてあらゆる波数 $\boldsymbol{k}$ において対角化され，対角要素に各バンドのエネルギー固有値が入る．

$$\{\hat{U}^\dagger(\boldsymbol{k})\hat{H}(\boldsymbol{k})\hat{U}(\boldsymbol{k})\}_{\gamma\gamma'} = \sum_{\alpha\beta} d^*_{\alpha\gamma}(\boldsymbol{k}) H_{\alpha\beta}(\boldsymbol{k}) d_{\beta\gamma'}(\boldsymbol{k}) = H^{\text{band}}_{\gamma\gamma'}(\boldsymbol{k}) \tag{6.15}$$

$$H^{\text{band}}_{\gamma\gamma'}(\boldsymbol{k}) = E_\gamma(\boldsymbol{k}) \delta_{\gamma\gamma'} \tag{6.16}$$

これをバンド表示と呼ぶ．これでブリルアンゾーン全体のバンド構造が表されているのだが，ディラック点近傍の有効ハミルトニアンを導出するためラッティンジャー–コーン（Luttinger-Kohn, LK）表示が登場する．この表示では上記のユニタリー行列 $\hat{U}(\boldsymbol{k})$ を任意の波数 $\boldsymbol{k}_0$ で固定する．すなわち

$$\{\hat{U}^\dagger(\boldsymbol{k}_0)\hat{H}(\boldsymbol{k})\hat{U}(\boldsymbol{k}_0)\}_{\gamma\gamma'} = \sum_{\alpha\beta} d^*_{\alpha\gamma}(\boldsymbol{k}_0) H_{\alpha\beta}(\boldsymbol{k}_0) d_{\beta\gamma'}(\boldsymbol{k}_0) = H^{\text{LK}}_{\gamma\gamma'}(\boldsymbol{k}) \tag{6.17}$$

固有ベクトル $d_{\alpha\gamma}(\boldsymbol{k})$ はどの波数 $\boldsymbol{k}$ についても完全系をなしているため，LK表示もバンド表示と同様に厳密なハミルトニアンの記述法である．しかし $\hat{H}^{\text{LK}}(\boldsymbol{k})$ は $\boldsymbol{k}=\boldsymbol{k}_0$ を除いて一般に対角化されず，非対角行列要素が残る．このようなLK表示を用いた有効ハミルトニアンをわざわざ求める理由は磁場のベクトルポテンシャルを入れたときの応答（軌道反磁性，ホール伝導率など）を正しく取り扱えること，および有効ハミルトニアンにディラック点近傍における波動関数の位相の特徴を反映できることである．

$n \times n$ 行列である $H^{\text{LK}}_{\gamma\gamma'}(\boldsymbol{k})$ だが，ディラック点 $\boldsymbol{k}_0$ において縮退している二つのバンドのブロックだけを抜き出した 2×2 行列を $H^{\text{LK}}_{\nu,\nu'}(\boldsymbol{k})$，ここで $\nu,\nu'=1,2$ とする．さらにディラック点近傍の波数に関して線形近似を行うと，一般に偶然縮退によるディラック電子系の有効ハミルトニアン $H^{\text{eff}}_{\nu,\nu'}(\boldsymbol{k})$（$2\times2$ 行列）は次式で表される．

$$H^{\text{eff}}_{\nu,\nu'}(\boldsymbol{k}) = \sum_{\alpha\beta} d^*_{\alpha\nu}(\boldsymbol{k}_0) \{\nabla_{\boldsymbol{k}} H_{\alpha\beta}(\boldsymbol{k})|_{\boldsymbol{k}=\boldsymbol{k}_0} \cdot \tilde{\boldsymbol{k}}\} d_{\beta\nu'}(\boldsymbol{k}_0) = \hbar \sum_{\rho=0}^{3} \boldsymbol{V}_\rho \cdot \tilde{\boldsymbol{k}} \sigma_\rho^{\nu\nu'} \tag{6.18}$$

ここで σ_0 単位行列，$\sigma_1, \sigma_2, \sigma_3$ はパウリ行列

$$\sigma_1 = \begin{pmatrix} 0 & 1 \\ 1 & 0 \end{pmatrix}, \quad \sigma_2 = \begin{pmatrix} 0 & -i \\ i & 0 \end{pmatrix}, \quad \sigma_3 = \begin{pmatrix} 1 & 0 \\ 0 & -1 \end{pmatrix} \tag{6.19}$$

である．V_ρ は各行列の係数の速度ベクトルである．$\rho=1,2,3$ は円錐の断面の形状が円か楕円かを決めるのに対し，V_0 は円錐構造全体を傾ける．これは傾斜ワイルハミルトニアン（もしくは一般化ワイルハミルトニアン）と呼ばれ，単位胞に3サイト以上含まれる多サイト系において偶然縮退によるディラック点を記述するのに有用である．

分子性導体の質量のないディラック電子ではグラフェン同様，時間反転対称点（Γ 点など）からみて対称な2点 $s\bm{k}_0$ ($s=\pm1$) にディラック点は存在する．しかしディラックコーンの形状はグラフェンと異なる特徴を持っていた．ディラックコーンは向かい合せの円錐で表されるが，この円錐構造が互いに逆方向に大きく傾いていたのである（図6.3）．傾斜方向を x 軸とすれば，有効ハミルトニアンは近似的に次式のように表される．

$$H_{\text{eff}} = \hbar \begin{pmatrix} sv_0 k_x & svk_x - ivk_y \\ svk_x + ivk_y & sv_0 k_x \end{pmatrix} \tag{6.20}$$

$$= \hbar sv_0 k_x \sigma_0 + \hbar svk_x \sigma_1 + \hbar vk_y \sigma_2 \tag{6.21}$$

ここで簡単のため波数 $\bm{k}$ はディラック点を原点に取り直した．有効ハミルトニアンの固有値方程式

$$H_{\text{eff}} \chi_{s\eta}(\bm{k}) = E_{s\eta}(\bm{k}) \chi_{s\eta}(\bm{k}) \tag{6.22}$$

より，エネルギー固有値は $E_{s\eta}(\bm{k}) = sv_0 k_x + \eta \hbar v \sqrt{k_x^2 + k_y^2}$（$\eta = \pm1$）となる．バンド計算によれば v はグラフェンより1桁程度小さい．そして v に対する傾斜速度 v_0 の比は $v_0/v \cong 0.8$ に達する．一つのディラック点に着目すると，電子の速さはその xy 面内の進行方向によって大きく変化し，最大値と最小値は約10倍も異なる．これをニュートリノに当てはめてみると，ある方向に進む場合とその逆方向に進む場合では光速が10倍違うという大変奇妙な状況が起こっていることになる．これは α-(BEDT-TTF)$_2$I$_3$ の結晶の対称性の低さ（並進・空間反転対称のみ）に由来する．この傾斜効果はホール係数におけるバンド磁場効果や層間磁気抵抗の磁場角度依存性において実際に検証されている[6,7]．

質量のないディラック電子の波動関数 $\chi_{s\eta}(\bm{k})$ は傾斜速度 v_0 によらず，$s=+1$ のとき

$$\chi_{+,\eta}(\bm{k}) = \frac{1}{\sqrt{2}} \begin{pmatrix} 1 \\ \eta e^{i\theta_k} \end{pmatrix} \tag{6.23}$$

ここで $e^{i\theta_k} = (k_x + ik_y)/\sqrt{k_x^2 + k_y^2}$ である．$\chi_{+,\eta}$ を $S=1/2$ スピンの波動関数と見なすと θ_k はスピンの xy 面内の方向に対応する．すなわち上のバンド（$\eta=1$）で

は波数ベクトル k とスピンは平行であり，下のバンド（$\eta = -1$）では反並行である．この性質はヘリシティと呼ばれ，ニュートリノと同様質量のないフェルミ粒子の持つ特性である．ただし固体中のディラック電子では $\chi_{s\eta}(k)$ の基底はスピンではなく波動関数の成分（サイトあるいは LK 基底）である．スピン同様に振る舞うことから擬スピンと呼ばれる．ヘリシティは不純物散乱における後方散乱の消失の原因である．したがって質量のないディラック電子系ではアンダーソン局在が起きず，電気伝導率は量子伝導を示す[8]．これはグラフェンと分子性導体に共通する重要な物性の一つである．

■ 6.4 ディラック電子のランダウ状態 ■

磁場中に置かれた荷電粒子の運動を古典論で考えるとローレンツ力により磁場に垂直な面内で円運動する．量子論では波動関数に周期境界条件が課せられるため離散的なエネルギー固有状態の出現が期待される．電子ガスの場合，ハミルトニアンの中の運動量をベクトルポテンシャル $A(r)$ を含む磁場中の正準運動量で置き換えることで磁場の効果を正しく取り扱うことができる．

$$H = \frac{\Pi^2}{2m} \tag{6.24}$$

$$\Pi = p + eA(r) \tag{6.25}$$

ここで磁場密度 $B(r) = \nabla \times A(r)$ である．

ハミルトニアンを対角化するため新たな演算子 $\hat{a}^\dagger, \hat{a}$ を導入する．

$$\hat{a} = \frac{l_\mathrm{b}}{\sqrt{2\hbar}} (\Pi_x - i\Pi_y)$$
$$\hat{a}^\dagger = \frac{l_\mathrm{b}}{\sqrt{2\hbar}} (\Pi_x + i\Pi_y) \tag{6.26}$$

$l_B = \sqrt{\hbar/eB} \cong 260[\text{Å}]/\sqrt{B[\text{T}]}$ は磁気長あるいはラーモア半径と呼ばれる磁場中の軌道運動の基準となる長さスケールである．交換関係 $[x, p_x] = i\hbar$ などに注意すると，これらの演算子は $[\hat{a}^\dagger, \hat{a}] = 1$ を満たすことがわかる．$\hat{a}^\dagger, \hat{a}$ を用いてハミルトニアンを書き表すと，

$$H = \hbar\omega_\mathrm{c} \left(\hat{a}^\dagger \hat{a} + \frac{1}{2}\right) \tag{6.27}$$

$\omega_\mathrm{c} = eB/m$ はサイクロトロン振動数である．

$\hat{a}^\dagger$, $\hat{a}$ は調和振動子の昇降演算子と同様に

$$\hat{a}^\dagger|N\rangle = \sqrt{N+1}\,|N+1\rangle \tag{6.28}$$

$$\hat{a}|N\rangle = \sqrt{N}\,|N-1\rangle \tag{6.29}$$

$(N>0)$ を満たし，$\hat{a}|N\rangle=0$ であることから

$$\hat{a}^\dagger \hat{a}|N\rangle = N|N\rangle \tag{6.30}$$

$N=0, 1, 2, \cdots$ と固有値 N は負でない整数となる．よってハミルトニアンの固有方程式は

$$H|N\rangle = \hbar\omega_c\left(N+\frac{1}{2}\right)|N\rangle \tag{6.31}$$

となり，エネルギー固有値の離散化が示される．これはランダウ準位と呼ばれる．$1/2$ は不確定性に由来する零点振動項である．

固体の周期ポテンシャル中を運動するブロッホ電子に対しベクトルポテンシャルを導入するときには注意が必要である．1バンド系なら電子ガスと同様に取り扱えるが，多バンド系の場合，ブロッホ波動関数で対角化されたエネルギー固有値において $\boldsymbol{\Pi} = \boldsymbol{p} + e\boldsymbol{A}(\boldsymbol{r})$ の置き換えをすることはできない．なぜならベクトルポテンシャルは座標演算子を含むので，ハミルトニアンにおいてバンド間遷移項を作るはずであるが，ベクトルポテンシャルを入れる前にハミルトニアンを対角化するとこのバンド間遷移項をすべて落としてしまうからである．このベクトルポテンシャルによりバンド間遷移の効果は「バンド間磁場効果」と呼ばれ，一般に磁場中の多バンド系を取り扱ううえで無視できないものである．バンド間磁場効果を厳密かつ容易に取り扱う手法は Fukuyama により示された[9,10]．ハミルトニアンを LK 表示し，その上で $\boldsymbol{\Pi} = \boldsymbol{p} + e\boldsymbol{A}(\boldsymbol{r})$ の置き換えを行えばバンド間磁場効果を厳密に取り入れることができる．LK 表示ではブロッホ波動関数の周期関数部分の波数を定数 $\boldsymbol{k}_0$ で止めているので，ここにベクトルポテンシャルが入らず，したがって平面波の場合（電子ガス）と同様に上記の置換が可能となるのである．

ディラック電子系の有効ハミルトニアンは LK 表示に基づいているので多バンドであるが $\boldsymbol{\Pi} = \boldsymbol{p} + e\boldsymbol{A}(\boldsymbol{r})$ の置き換えが許される[11]（グラフェンの有効ハミルトニアンも LK 表示をあらわに使っていないが同様の取り扱いが可能である）．

簡単のため傾斜項を無視し，等方的な場合のベクトルポテンシャルの効果を計算する．

$$H = v(\Pi_x\sigma_1 + \Pi_y\sigma_2) \tag{6.32}$$

行列の成分を (6.26) 式と同じ演算子 $\hat{a}^\dagger, \hat{a}$ で表せば

$$H = \hbar\omega_0 \begin{pmatrix} 0 & \hat{a} \\ \hat{a}^\dagger & 0 \end{pmatrix} \tag{6.33}$$

$$\omega_0 = \frac{\sqrt{2}v}{l_B} \tag{6.34}$$

エネルギー固有方程式

$$H\chi_N = E_N \chi_N \tag{6.35}$$

の左から H を作用させると

$$H^2 = (\hbar\omega_0)^2 \begin{pmatrix} \hat{a}\hat{a}^\dagger & 0 \\ 0 & \hat{a}^\dagger\hat{a} \end{pmatrix} = \begin{pmatrix} \hat{a}^\dagger\hat{a}+1 & 0 \\ 0 & \hat{a}^\dagger\hat{a} \end{pmatrix} \tag{6.36}$$

$H^2 \chi_N = E_N^2 \chi_N$ より $n > 0$ のときの波動関数は

$$\chi_N = \frac{1}{\sqrt{2}} \begin{pmatrix} |N-1\rangle \\ |N\rangle \end{pmatrix} \tag{6.37}$$

$N = 0$ のときは

$$\chi_0 = \begin{pmatrix} 0 \\ |0\rangle \end{pmatrix} \tag{6.38}$$

$E_N^2 = (\hbar\omega_0)^2 N$ よりエネルギー固有値は

$$E_N = \pm \frac{\sqrt{2}\hbar v_F}{l_B} \sqrt{N} \tag{6.39}$$

これは相対論的ランダウ準位と呼ばれる．電子ガスの場合と異なり零点振動項は現れず，ゼロモード $E_0 = 0$ が出現する．すなわちフェルミエネルギーの状態密度は磁場のないときには 0 であったが，磁場を印加するとゼロモードの巨大な状態密度がフェルミエネルギーに出現するのである．したがって質量のないディラック電子系は磁場に対して非常に敏感であり，特徴的な応答を示すことが期待される．

6.5 ディラック電子系物質の物理現象

この節では質量のないディラック電子による物理現象例をいくつかみていこう．

6.5.1 輸送現象

質量0のディラック電子が主役となる物質は通常の半導体や金属とは異なる顕著な輸送特性を示す．最初にキャリア濃度の温度依存性からみていこう．フェルミ準位がディラック点の位置にある2次元ディラック電子系では，キャリア濃度 n は式（6.11）から得た状態密度

$$D(E) = 2|E|/(\pi\hbar^2 \bar{v}_F^2) \tag{6.40}$$

を使って，

$$n = \int D(E) f_0(E) \, dE = \frac{\pi^2}{6C} \frac{k_B^2}{\hbar^2 \bar{v}_F^2} T^2 \tag{6.41}$$

と導かれる．ここで $C = 1.75$ nm は層方向の格子定数である．通常の半導体や金属と異なり，キャリア密度は温度の2乗に比例する．$v_F(\phi)$ に異方性がある場合には，その周回平均 $\bar{v}_F$ は

$$\int_0^{2\pi} d\phi / v_F(\phi)^2 = 2\pi / \bar{v}_F^2$$

のように定義される．図6.4に示すように，α-(BEDT-TTF)$_2$I$_3$で調べられたホール係数（R_H）から見積もられたキャリア密度（$n_{\text{eff}} = 1/R_H e$）は確かに温度の2乗に比例する．キャリア密度の温度依存性の傾きから $\bar{v}_F$ は約 10^5 m/s と得られている[3,12]．

一方，キャリアの移動度は次のように理解できる．キャリアが弾性散乱を受けている場合，モットなどによれば，キャリアの平均自由行程 l はその波長 λ より短くなれない[13]．散乱体濃度が十分高い場合は，$l(E) \sim \lambda(l(E)k \sim 1)$ となる．温度が低下して，キャリアのエネルギーが下がると波長が長くなるので，平均自由行程も長くなる．結果として，移動度が温度低下とともに増大することになる．2次元伝導体の場合，移動度が温度の2乗に逆比例するのである．その結果，1層当たりの電気伝導度は物質にも温度にも依存しない，いわゆる量子化伝導度（e^2/h）で表される[3,12]．この結果は，以下のようにボルツマン方程式から導き出せる．

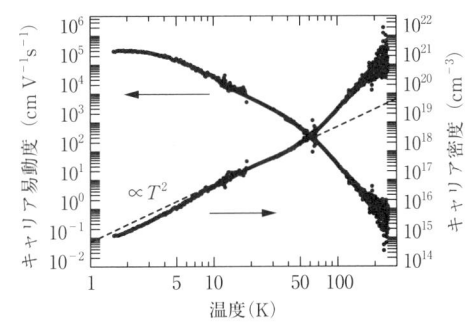

図 6.4 α-(BEDT-TTF)$_2$I$_3$のキャリア易動度とキャリア密度の温度依存性[3,12]

$$\sigma_{xx} = 8e^2 \int_0^\infty v_x^2 \tau(E) \left(-\frac{\partial f_0}{\partial E}\right) dk = \frac{2e^2}{h} \quad (6.42)$$

ここで, v_x は x 方向の速度, $\tau(E)$ は散乱時間, f_0 はフェルミ分布関数である. 一方, いくつかの理論はディラック点では温度, 磁場, 散乱によらない普遍電気伝導度 $4e^2/\pi h$ となることを説明する[14,15]. ディラック点で状態密度がほとんど 0 であるのに, e^2/h のオーダーの電気伝導度を示すのは大変面白い.

6.5.2　電子比熱と核磁気共鳴

3次元結晶のディラック電子系物質が実現し, グラフェンではこれまで測定が困難であった比熱や核磁気共鳴測定からディラック電子の性質を調べる研究が可能となった. ここでは, 電子比熱と核磁気共鳴実験から得られるディラック電子の性質 (物理現象) を簡単に紹介しよう.

ディラックコーン型のエネルギー分散を示す物質の電子比熱 C_e はフェルミ準位が常にディラック点に位置しているとき

$$C_e \simeq \int d\omega \left(\frac{\omega/2T}{\cosh(\omega/2T)}\right)^2 D(\omega) \propto T^2 \quad (6.43)$$

と導かれ, 通常金属の電子比熱 ($C_e \propto T$) とは異なる温度変化を示す. この比熱の温度変化は Konoike らによる高圧力下 α-$(BEDT\text{-}TTF)_2I_3$ の比熱測定から実証された[16] (図 6.5).

一方, 核磁気共鳴実験から得られるスピン-格子緩和時間 T_1 も顕著な温度変化を示す. 片山らによる理論計算[18] によると,

$$1/T_1 = \pi T \int_{-\infty}^\infty dE (D(E))^2 \left(-\frac{\partial f}{\partial E}\right) \propto T^3 \quad (6.44)$$

で表されるが, Miyagawa らが θ-$(BEDT\text{-}TTF)_2I_3$ の圧力下で行った実験結果はよく再現する[17].

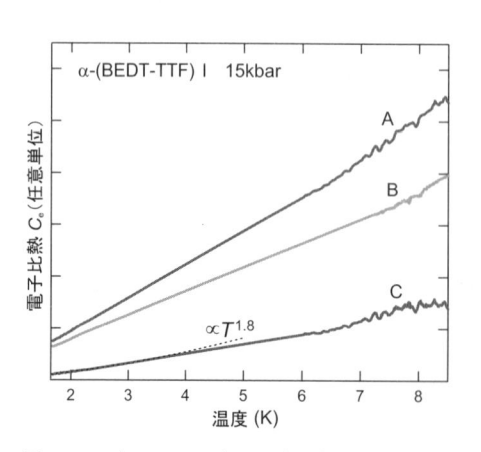

図 6.5　α-$(BEDT\text{-}TTF)_2I_3$ の高圧力下比熱の温度依存性[16]
圧力下で比熱測定は非常に困難である. 鴻池らは, 試料以外の効果を取り除くために, 一つの単結晶の比熱 (A) からその半分にした結晶の比熱 (B) を差し引くことからディラック電子系の比熱 (C = A − B) を調べた.

6.6 磁場下のディラック電子

ディラック電子の顕著な物理現象は磁場下でよくみられる．前に述べたように，磁場下で通常の電子とは異なるランダウ準位構造をとる．この章では，式 (6.39) および図 6.6 で表されるランダウ準位に起因した特徴的な現象を紹介しよう．

6.6.1 ゼロモードランダウ準位

波数空間上でディラック点を囲む任意の経路に沿って k を周回させると，擬スピンは $\pm 2\pi$ 回転し，電子状態には $\pm \pi$ だけのベリー位相が付加される．このベリー位相 $+\pi$ を反映して，ディラック点の位置に必ず $N=0$ のランダウ準位が形成されることが著しい特徴である．この $N=0$ のランダウ準位をゼロモードと呼ぶ．磁場下では，この準位には温度に依存せず，磁場強度に比例した数のキャリアが生成される．フェルミエネルギーがディラック点に位置している場合，電子はゼロモードの半分まで詰まることになる．すなわち，フェルミ分布関数は常に 1/2 である．$N=\pm 1$ と $N=0$ とのエネルギー差が熱エネルギー $k_B T$ またはキャリアの散乱によるランダウ準位の広がり Γ よりも十分大きくなる低温あるいは磁場領域ではゼロモード電子が伝導性の主役となる．このような状況を量子極限という．(6.39) 式で記述される特殊なランダウ準位構造をしていることが，低温では比較的弱い磁場でも量子極限を実現する．たとえば，4 K の温度では後で述べるように，0.2 T よりも高い磁場で量子極限になる．

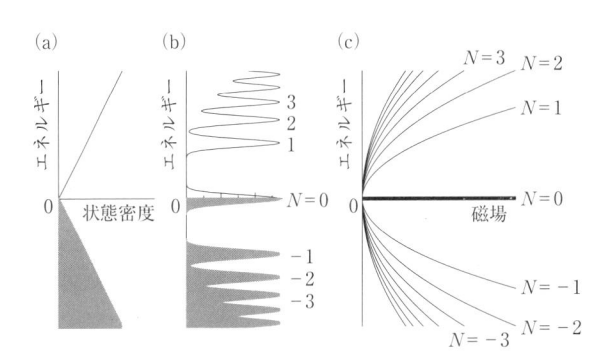

図 6.6 2 次元ディラック電子系の状態密度とランダウ準位
(a) ゼロ磁場下状態密度．(b) 磁場中の状態密度．(c) ランダウ準位の磁場依存性．

6. 質量のないディラック電子

量子極限（ゼロモード）の効果を層に垂直に磁場をかけたときの層間抵抗いわゆる縦磁場磁気抵抗効果の測定からみていこう[3,19-21]．この実験では，電流は磁場に平行なのでローレンツ力による軌道磁気抵抗効果は無視できる．したがって，量子極限ではゼロモード電子数（ゼロモードの縮重度）の磁場変化のみが層間のトンネル確率の変化として層間抵抗に直接現れることになる．たとえば，4 K の温度で測定した実際の結果を図 6.7(a) にみてみよう．抵抗は 0.2 T 以上の磁場強度で $1/H$ に比例する大きな負の磁気抵抗を示すが，これはゼロモードにいるキャリア密度が増えて層間方向の伝導度が増大したためであると理解できよう．さらに，この領域ではキャリア密度が量子フラックス $\phi_0 = h/e$ を使って $D(H) = H/(2\phi_0)$（1/2 はフェルミ準位でのフェルミ分布関数の値である）に従う．たとえば，3 T の磁場では 1 層当たり約 10^{11} cm^{-2} であるが，これは 4 K で熱的に励起されているキャリア密度 10^9 cm^{-2} と比較して 2 桁も大きい値である．低温では，弱い磁場を印加しただけで，熱励起された伝導キャリアがゼロモードランダウ電子にとって代わられるのである．

ここで，0.2 T 近傍にみられる抵抗のピークについて簡単に述べよう．一般に，それぞれのランダウ準位はキャリアの散乱や熱エネルギーによって広がり $\varGamma$ を持つために，低い磁場ではゼロモードと他のランダウ準位，特に $N=1$ のランダウ準位との重なりは大きい．磁場を強くしてゼロモードと他のランダウ準位，特に $N=\pm 1$ のランダウ準位との重なりが小さくなるとランダウ準位間の遷移は小

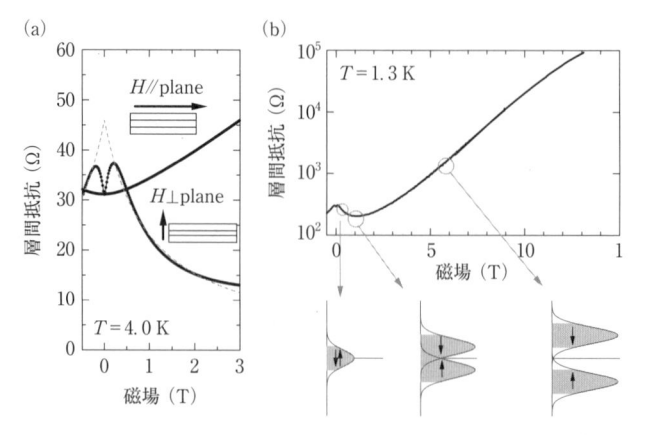

図 6.7 (a) 4 K と (b) 1.3 K における層間抵抗の磁場依存性[19]
各領域における $N=0$ ランダウ準位状態密度の模式図も示す．彩色部は非局在領域を表す．

6.6 磁場下のディラック電子

さくなるので,層間の伝導性は主にゼロモードランダウ電子数の変化に依存するようになる.抵抗のピークは量子極限へのクロスオーバーを表しているのである.この効果を測定温度を変えて確かめると,このピークの磁場と温度は $T \propto \sqrt{H}$ の関係にある.これは2次元ディラック電子系におけるランダウ準位構造と同じである.

これまでは解釈を簡単化するために,ゼロモード電子のゼーマン効果を無視してきた.以下では,ゼロモード電子のゼーマン効果を図6.7(b)に示した層間抵抗からみていこう.

ゼーマン効果はゼロモードの上向きスピンと下向きスピンの準位を $\Delta E_z = g\mu_B B (g=2)$ だけ分裂する.この効果はフェルミ準位にいるゼロモードランダウ電子数を減少し,その結果,層間方向の伝導度が減少する.Oonda の理論計算によると,$\Delta E_z \simeq \Gamma$ のときに抵抗は極小を示す[21].一方,$\Delta E_z \gg \Gamma$ となる高磁場あるいは低温で層間抵抗は

$$R_{zz} \propto \frac{1}{D(H)} \cdot \exp\left(\frac{g\mu_B H}{2k_B T}\right) \tag{6.45}$$

で表せる.ここで,$1/D(H)$ が付いているのはゼロモードの縮重度が磁場に比例するためである.こうして,図6.7に示した層間磁気抵抗の振舞いはゼロモード電子とそのゼーマン効果からよく説明できる.1Tの磁場のときのゼーマンエネルギーは約1Kであるが,1.3Kのデータを見てみると,1Tを超えた磁場近傍から抵抗増大が始まる.

以上,ゼロモード電子とそのゼーマン効果を層間抵抗からみてきたが,ほかにも層内伝導測定,ゼーベック係数・ネルンスト係数の測定にも顕著に検出されている[22-24].その中でもこの系のネルンスト係数は特異である.ゼーベック係数値をはるかに超える巨大なネルンスト係数が得られている.これは,ゼロモードの本質的な特異性を表し,シャープなランダウ準位幅とゼーマンギャップに起因することが理論的に指摘されている($S_{xy} \propto \Gamma^{-1}$).層内伝導測定,ゼーベック係数・ネルンスト係数については文献22,23,24をみていただきたい.

6.6.2 $\nu=0$ 量子ホール効果

低温・高磁場下で $N=0$ ランダウ準位が分裂すれば,分裂によって生じたエネルギーギャップおよび局在領域にフェルミ準位が位置し,量子ホール状態に移行することが期待される.以下ではこれらのディラック電子系の $\nu=0$ 量子ホール

状態について議論しよう．$N=0$ランダウ準位の特殊性により，従来の量子ホール状態とは異なる量子ホール状態が実現することをOsadaが示した[25]．

一般にバルク中の電子や正孔は磁場中でサイクロトロン軌道運動を行う．これが量子化されたものがランダウ準位である．試料端近傍ではサイクロトロン軌道が端で反射される結果，端面に沿った反跳軌道を運動するようになる．これが量子化されたものがエッジ状態であるが，量子ホール系ではバルク領域が局在して絶縁化するため，電気伝導はエッジ状態によって担われると解釈されている．各副格子のバレーについて和をとった包絡関数が試料端で0になるという境界条件を用いたOsadaの計算によると，試料表面（$x=0$）より十分試料内部（$x<0$）では，バルクのランダウ準位となっているが，中心座標が$x_0/l_c > -2$程度になると端の影響を受け始め，試料端に近づくにつれ，正エネルギーの伝導帯（電子）のランダウ準位（$N>0$）は高エネルギー側へ，負エネルギーの価電子帯（正孔）のランダウ準位（$N<0$）は低エネルギー側へシフトする．さらに，α-(BEDT-TTF)$_2$I$_3$はディラックコーン（バレー）を二つ持つが，エッジ効果近傍ではバレー縮退が解ける（図6.8(a)）．

$N=0$ランダウ準位はスピンとバレーについて各2重の計4重に縮退している．この対称性がどのように破れるかにより2種の$\nu=0$量子ホール状態が実現する．ここで，スピン縮退とバレー縮退が独立に解けて，$N=0$ランダウ準位が四つ分裂する場合を考えよう．スピン分裂がバレー分裂より大きければ，二つの占有準位はともに磁場に平行な磁気モーメントを持つ下向きスピンの状態となり，系はスピン偏極する（図6.8(a)）．この状態を「量子ホール強磁性」状態と呼ぶ．一方，

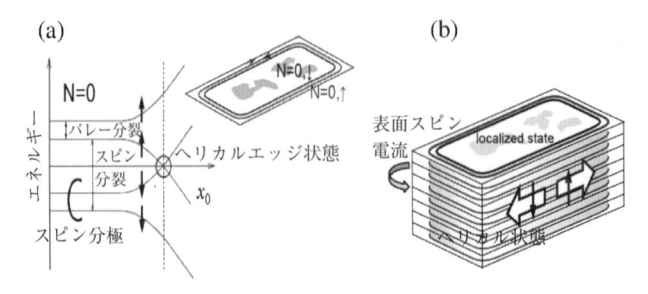

図6.8 (a) $\nu=0$量子ホール強磁性状態における$n=0$ランダウ準位の分裂とエッジ状態の配置．試料端にヘリカルエッジ状態（挿入図）が現れる．(b) 多層ディラック電子系の量子ホール強磁性状態において，試料側面に形成される金属的なヘリカル表面状態[21]．試料内部（バルク）は絶縁体的である

バレー分裂がスピン分裂より大きければ，上向きスピンと下向きスピンの準位が一つずつ占有されるので，全体としてスピン非偏極となる．こちらは「量子ホール絶縁体」状態と呼ばれる．磁場中ではゼーマン効果によりスピン分裂は自然に生ずる．バレー分裂を起こすためには，離れた位置にある二つのディラックコーンを結ぶ短距離ポテンシャルや相互作用が必要である．なお，グラフェンの$\nu=0$状態は量子ホール絶縁体状態に相当する．

一方，α-(BEDT-TTF)$_2$I$_3$の$\nu=0$状態は量子ホール強磁性状態であることがOsadaにより指摘された[25]．QHF状態ではスピン↓で電子的なエッジ状態とスピン↑で正孔的なエッジ状態がフェルミ準位を横切り表面伝導チャネルを形成する．この逆スピン，逆向きの群速度を持つ一対のカイラルエッジ状態を量子スピンホール系とのアナロジーから「ヘリカルエッジ状態」と呼ばれている（図6.8(a)）．高磁場下での層間抵抗は，図6.7(b)に示した活性化型の磁場依存性から弱い磁場依存性へ移行して飽和する傾向を示す[20]．これはバルクの絶縁体的活性化伝導とは別に，弱い金属的伝導チャネルが存在し，ヘリカルエッジ状態が実現することを強く示唆する．この系は多層構造をしているので，各層のヘリカルエッジ状態は層間結合して，図6.8(b)のように試料側面をリボン状に取り巻くヘリカル表面状態が形成されることが特徴的である[25]．

6.6.3 キャリア注入と量子ホール効果

前述では，$N=0$ランダウ準位の分裂による$\nu=0$量子ホール状態について論じた．それでは$N\neq0$のランダウ準位や$\nu\neq0$の量子ホール効果の観測はこの系では不可能なのであろうか．フェルミ準位が常にディラック点にあるために，$N\neq0$のランダウ準位や$\nu\neq0$の量子ホール効果を観測するには試料へのキャリア注入が必要不可欠である．最近，非常にシンプルな方法で正孔を注入してその大きな効果（量子効果）を得られるようになった[26]．100 nmほどの厚みの試料を作製し，わずかに負に帯電したプラスチック基板（polyethylene naphthalate：PEN）に試料を固定しただけで，接触帯電法というユニークな手法で正孔注入に成功したのである．以下では，多層ディラック電子系α-(BEDT-TTF)$_2$I$_3$へのキャリア注入効果と量子伝導現象を紹介する．

図6.9(a)に電気抵抗R_{xx}とホール抵抗R_{xy}の磁場依存性を示す．R_{xx}の振動は$N\neq0$のランダウ準位によるシュブニコフ・ド・ハース（SdH）振動であり，キャリア注入が成功したことを強く示唆する．最初に，SdH振動の解析から，この

デバイスのランダウ準位構造と多層ディラック電子系へのキャリア注入効果（エネルギーダイアグラム）を評価しよう．

フーリエ解析の結果は，図6.9(a)の挿入図に示すように二つ振動成分があることが示す．少なくとも2種類のフェルミ面がこのデバイスには存在することを示唆する．振動周波数はそれぞれ，$H_f \sim 1.4$ T と ~ 9.18 T である．この2種の振動部分は抵抗の磁場に対する2階微分を行うことからよくわかる．二つのSdH振動の起源は両方とも質量0のディラック電子であることが，振動の位相解析から明らかである．一般に，SdH振動成分は次式で表される．

$$\Delta R_{xx} = A(H) \cos[2\pi(H_f/H + 1/2 + \gamma)] \tag{6.46}$$

ここで，$A(H)$は振動強度である．通常の電子による場合は位相$\gamma=0$だが，ディラック電子による場合にはベリー位相πを持つために位相はπずれる（$\gamma=1/2$）．この効果は図6.9(b)に示すように振動番号と振動極小を示す$(\mu_0 H)^{-1}$値との関係にみることができる．近似直線の外挿値が$(\mu_0 H)^{-1}=0$でどちらも1/2に近いことは$\gamma \sim 1/2$である．振動の起源は両方ともディラック電子である．

それでは，本デバイスのエネルギーダイアグラムを検討しよう．ディラック電子が起源である2種のSdH振動観測から，2種のフェルミ面（異なる2種のディラックコーン）が同一層の第一ブリルアンゾーン内に存在するのではなく，界面から第2層目まで正孔が注入されたと推察するのが自然である．それぞれの層の正孔濃度n_dは関係式$n_d = s \cdot 4\pi^2 H_f/\phi_0$から計算できる．ここで，$s=4$はスピンとバレーの縮重度，$\phi_0 = 2.07 \times 10^{-15}$ Tm^{-2}である．見積もった正孔

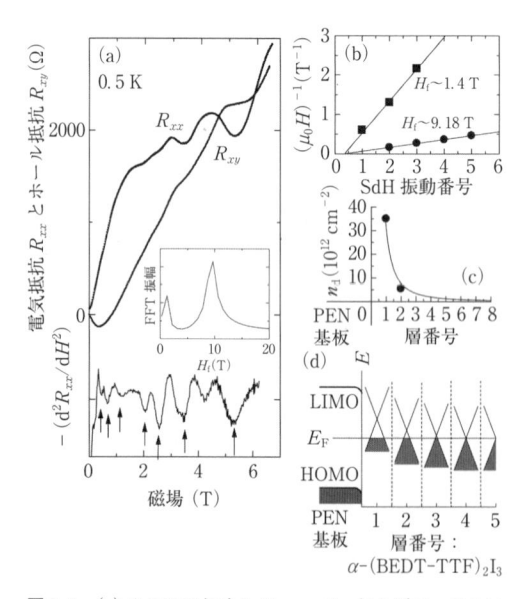

図6.9 (a) 0.5 KにおけるR_{xx}，$-R_{xy}$およびR_{xx}の2回微分の磁場依存性[26]．挿入図はSdH振動のフーリエ解析結果である．2種のSdH振動が観測される．(b) SdH振動の最小と$(\mu_0 H)^{-1}$値の関係図．(c) 層方向に対する正孔濃度分布．正孔濃度はSdH振動の周波数から計算された．一方，実線はポアソン方程式の解$n_d \propto (L_n + L)^{-1}$である．ここで，$L=1$は有効層数である．(d) 推察されるエネルギーダイアグラム（電荷濃度分布）．

濃度が高い方を界面から第1層目だと仮定すると，図6.9(c)の正孔濃度分布（エネルギーダイアグラム）が得られる．この密度分布はポアソン方程式の解（実線）でよく説明できており，フェルミ準位は第1層目はディラック点から$E_F/k_B =$ -41.8 K だけ離れた位置に，第2層目は-8 K離れた位置にある結果である．第3層目以降では，フェルミ準位はほぼディラック点に位置していると見なせる．したがって，図6.9(d)のようなエネルギーダイアグラムが推察される．

$-R_{xy}$の磁場依存性をみると，SdH振動の極小でプラトーを示しており，グラフェン系と同様の量子ホール効果であることは明らかである．これは，この系で初めての量子ホール効果観測である．特に，5.5 T近傍の量子ホール効果は明瞭である．一般に量子ホール効果現象の特徴は，ランダウ準位間にフェルミ準位が位置し，不純物などによる電子の局在性により伝導度は$\sigma_{xx}=0$（$R_{xx}=0$），一方，ホール伝導度は電子の充塡率νを使って$\sigma=-\nu e^2/h$（$R_{xy}=\nu h/e^2$）と記述される量子現象にある．2次元ディラック電子系と通常の2次元系の（整数）量子ホール効果の大きな相違点は，充塡率が$\nu=s(n+1/2)$（$N=0, \pm 1, \pm 2, \cdots$）となり，1/2という半奇数が出現することにある．しかし，図6.9(d)のようなエネルギーダイアグラムで得られる量子ホール状態はそんなに単純ではない．多層構造をしているので，完全な量子ホール効果が実現するにはドープ量が異なるすべての層がある量子ホール状態になっていなければならないという厳しい条件が付く．5.5 T近傍の量子ホール効果がこの条件を満たしている．ここで，R_{xx}の値が0まで落ちていないのは，多層系の特徴（あるいは問題？）だといえる．ほとんどの層はキャリア注入されておらず，$\nu=0$の量子ホール状態における伝導度は有限な値を持つためである．

5.5 Tの磁場強度では，本デバイスのフェルミ準位は第1層目では$N=-2$と-1のランダウ準位間，第2層目は$N=-1$と0のランダウ準位間，第3層目以降は$N=0$ランダウ準位がスピン分裂したところにそれぞれ位置することが期待される．したがって，全充塡率$\nu_{\text{total}}=\nu_{\text{first}}+\nu_{\text{second}}+\sum\nu_{\text{undoped}}=-8$の量子ホール状態となる．

■ 6.7　この章のまとめ ■

固体中のディラック電子は最近，グラフェンを始め，ビスマス，グラファイト，トポロジカル絶縁体物質，鉄系超伝導体物質，ナローギャップ半導体物質な

どいろいろな物質に存在する．しかし，フェルミエネルギーがディラック点に位置する純粋なゼロギャップ物質はグラフェンと α-(BEDT-TTF)$_2$I$_3$ のみである．さらに，バルクな結晶（多層結晶）としては α-(BEDT-TTF)$_2$I$_3$ が唯一である．特に，この物質は多層構造をし，大きく傾いたディラックコーンを有する広いカテゴリーに属するディラック電子系である．

ディラックコーンの大きな傾きはどのような物理を与えてくれるのだろうか？ たとえば，Kobayashi らは強磁場中の電子状態を傾斜のない場合とまったく異なるものに変えることを理論的に示した[27]．傾斜によりクーロン相互作用の持つ対称性の一部が破られ，通常のスピンではなく「擬スピン」が 2 次元面内を向いて整列する XY 強磁性が起こることが示された．さらに，この擬スピン XY 強磁性ではボルテックス・反ボルテック対の励起が発生し，それが凝縮することでコスタリッツ-サウレス（Kosterlitz-Thouless）転移（KT 転移）が起きることも示した[*3]．

一方，層状ゼロギャップ伝導体の層間方向電気伝導探索という新しい研究分野が開けた[19-21]．さらにバルク結晶であることから比熱[16]や核磁気共鳴[17]など，グラフェンでは検出困難な物理量の観測が可能になった．

また，ディラック電子系の量子ホール効果はこれまでグラフェンを舞台にして研究されてきたが，今後，α-(BEDT-TTF)$_2$I$_3$ も研究対象として発展することが期待される．この物質は低温で 10^6 cm^2 V^{-1} s^{-1} ほどの非常に高い易動度を持つこと，電子間相互作用が強い系であることから，極低温・高磁場下において分数量子ホール効果も十分期待できる．さらに，この系は多層構造をしていることから，充塡率が異なる多層量子ホール効果が実現しているが，その背景にある新しい物理が期待される．

固体中のディラック電子系はなぜ出現するのか？ これらの根源的な問いに対しさまざまな角度から理論研究が行われ，ディラック電子系の理解は深まっている[28-31]．いずれグラフェンや分子性導体に限らず多様な固体中のディラック電子系を対象とした普遍的な出現条件の解明が期待される．

今後，固体中のディラック電子の物理がどう発展するか非常に楽しみである．

〔田嶋尚也・小林晃人〕

[*3] 「擬スピン」とは，ペアで存在するディラックコーンのどちらに電子が入るかという自由度（バレー自由度）をスピンの概念を利用して表現したものである．

文　献

1) K. S. Novoselov et al.: Nature **438** (2005) 197.
2) K. Bender et al.: Mol. Cryst. Liq. Cryst. **108** (1984) 359.
3) K. Kajita et al.: J. Phys. Soc. Jpn. **83** (2014) 072002.
4) K. Kajita et al.: J. Phys. Soc. Jpn. **61** (1992) 23.
5) S. Katayama, A. Kobayashi and Y. Suzumura: J. Phys. Soc. Jpn. **75** (2006) 054705.
6) J. M. Luttinger and W. Kohn: Phys. Rev. **97** (1955) 869.
7) A. Kobayashi et al.: J. Phys. Soc. Jpn. **76** (2007) 034711.
8) T. Ando: J. Phys. Soc. Jpn. **74** (2005) 777.
9) H. Fukuyama and R. Kubo: J. Phys. Soc. Jpn. **28** (1970) 570.
10) H. Fukuyama: Prog. Theor. Phys. **45** (1971) 879.
11) H. Fukuyama: J. Phys. Soc. Jpn. **76** (2007) 043711.
12) N. Tajima et al.: EPL **80** (2007) 47002.
13) N. F. Mott and E. A. Davis: Electron Processes in Non-Crystalline Materials, Clarendon, Oxford (1979).
14) N. H. Shon and T. Ando: J. Phys. Soc. Jpn. **67** (1998) 2421.
15) S. Katayama, A. Kobayashi and Y. Suzumura: J. Phys. Soc. Jpn. **75** (2006) 023708.
16) T. Konoike, K. Uchida and T. Osada: J. Phys. Soc. Jpn. **81** (2012) 043601.
17) K. Miyagawa et al.: J. Phys. Soc. Jpn. **79** (2010) 063703.
18) S. Katayama, A. Kobayashi and Y. Suzumura: Eur. Phys. J. B **67** (2009) 139.
19) N. Tajima et al.: Phys. Rev. Lett. **102** (2009) 176403.
20) N. Tajima et al.: Phys. Rev. B **82** (2010) 121420R.
21) T. Osada: J. Phys. Soc. Jpn. **77** (2008) 084711.
22) N. Tajima et al.: J. Phys. Soc. Jpn. **75** (2006) 051010.
23) T. Konoike et al.: J. Phys. Soc. Jpn. **82** (2013) 073601.
24) I. Proskurin and M. Ogata: J. Phys. Soc. Jpn. **82** (2013) 063712.
25) T. Osada: Phys. Status Solidi B **249** (2012) 962.
26) N. Tajima et al.: Phys. Rev. B **88** (2013) 075315.
27) A. Kobayashi et al.: J. Phys. Soc. Jpn. **78** (2009) 114711.
28) C. Herring: Phys. Rev. **52** (1937) 365.
29) T. Mori: J. Phys. Soc. Jpn. **79** (2010) 014703.
30) K. Asano and C. Hotta: Phys. Rev. B **83** (2011) 245125.
31) F. Piéchon and Y. Suzumura: J. Phys. Soc. Jpn. **82** (2013) 033703.

7. 電子型誘電体

■ 7.1 強誘電体とは ■

　強誘電体は，高い誘電率や，ピエゾ効果，焦電効果，非線形光学効果などの豊かな機能性を持つことから，工学的に大変重要度の高い物質群である[1,2]．また基礎学理の点においても，たとえば2003年に磁気秩序が誘起する強誘電性「マルチフェロイックス」が報告されて以来[3]爆発的な研究の広がりを見せるなど，依然として新しい話題を提供し続けている．強誘電体の物質開拓の面においても，これまでは酸化物などの無機材料が中心であったのに対し，今世紀に入ってからは低分子からなる有機強誘電体が次々と発見されており，目覚ましい進展がみられている[4]．

　強誘電体を特徴づける中心的な観測量である強誘電分極は，陰イオンの重心と陽イオンの重心が一致しないことにより生じる電気双極子に由来するものとして伝統的に記述されてきたが，今日ではイオンのような点電荷の変位のほかに，空間的に広がった電子雲の重要性が認識されている[5,6]．本章では，いわゆる変位型強誘電体に焦点を当てて，強誘電分極の現代的理解について実験例を交えながら紹介していく．

■ 7.2 巨視的強誘電分極の物理的解釈 ■

7.2.1 電気分極と強誘電性

　絶縁体に電場 E を印加すると，正電荷は電場の方向に，負電荷はその反対方向に変位し，その結果，試料中に電荷の偏り，すなわち電気分極 P が誘起される（図7.1）．ここで，電気分極は単位体積当たりの電気双極子モーメントとし

て定義される．電気双極子モーメントが Cm（クーロンメートル）の次元を持つので，P の次元は C m^{-2} であるが，慣例的には μC cm^{-2} がよく用いられている．

P が空間変化をしている場所では，ρ_b = $-$div P で与えられる束縛電荷 ρ_b が存在する．たとえば，図 7.1 のように試料内部において一様な P が電場によって誘

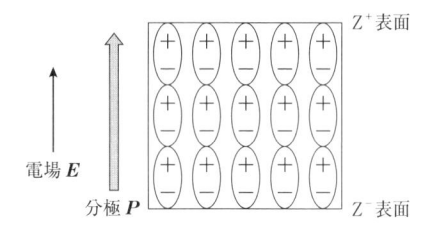

図 7.1 電場によって誘起された電気分極の模式図

起されている状況を考える．試料外部においては明らかに $P \equiv 0$ であるので，試料表面においてのみ $-$div P が有限となり，すなわち束縛電荷が存在する．図 7.1 を参照することで，試料内部ではある双極子の正電荷はすぐ隣の双極子の負電荷とくっついており，したがって正味の束縛電荷が存在しないのに対し，試料表面においては隣接する双極子が存在しないため，Z$^+$ 表面には正の束縛電荷が，Z$^-$ 表面には負の束縛電荷が存在することが直観的に理解できるであろう．ここで表面における束縛電荷密度を σ_s，Z$^+$(Z$^-$) 表面の面積を S，試料の厚みを d とすると，試料全体の電気双極子モーメントは $\sigma_\mathrm{s} S d$ で与えられるので，単位体積当たりの双極子モーメントである P は $|P| = \sigma_\mathrm{s}$ となり，電気分極と表面における束縛電荷密度は等しい（いずれの量も次元は μC cm^{-2} である）．

試料に電場を印加していない状態においても P が存在する場合，これを自発分極といい，P_s と表すことにしよう．対称性の言葉でいえば，自発分極を有する結晶は，32 個ある結晶点群のうちの極性点群（1, m, 2, 2mm, 4, 4mm, 3, 3m, 6, 6mm）のいずれかに必ず属している．すべての極性点群は反転対称性を持たないが，反転対称性の破れは必要条件にすぎず，反転中心がなくても（対称性の観点から）結晶全体として自発分極を持ちえない場合もあるので注意を要する（たとえば，点群 222 などを含む 11 個の点群は反転中心を持たないが，非極性点群に属し，したがって自発分極を持たない）．

自発分極 P_s を有する結晶のうち，外部電場 E を P_s と逆向きに印加した際に P_s が反転するものを，特に強誘電体と呼ぶ．また，そのような性質を強誘電性という．電場印加による分極反転の様子を模式的に図 7.2 に示す．これは分極履歴曲線と呼ばれるものであるが，その形は強磁性体に磁場を印加した際に

図 7.2 分極履歴曲線

観測される磁化反転とよく似ている．現実には電場による絶縁破壊が分極反転よりも低い電場において起こることがあり，そのような試料においては強誘電体であっても実験的には分極反転が達成できない．このことから，電場印加による分極反転特性は厳密には強誘電体であることの十分条件であるといえる．

7.2.2 強誘電分極の実測

　強誘電分極の測定は強誘電体表面における束縛電荷 σ_s の測定と同義であるが，束縛電荷そのものはその名が示すとおり物質に束縛されているので，直接外に取り出して計測することはできない．束縛電荷の計測は，代わりに束縛電荷を（ほぼ完全に）遮へいしている真電荷(補償電荷)を測定することによって達成される．このような補償電荷の存在は，以下の考察から導かれる．仮に $1\,\mu\mathrm{C\,cm^{-2}}$ の表面束縛電荷が補償されずに存在したとすると，それらは分極とは逆向きの電場(反電場という)を生み，その大きさは $5.7\,\mathrm{MV\,cm^{-1}}$ にも上る．この値は強誘電体における典型的な抗電場の値 $(1\sim100\,\mathrm{kV\,cm^{-1}})$ よりも十分大きく，すなわち表面の束縛電荷が何らかの機構によって電気的に補償されていない限り，空間的に一様にそろった強誘電分極は，自らが生み出す反電場によって安定して存在しえない．束縛電荷を補償する機構としては，たとえば強誘電体表面に金属電極がある場合には電極から逆符号の電荷が供給され，また，電極がなくとも室温大気中においては表面には一般に水分吸着相が存在し，プロトン（$\mathrm{H^+}$）やヒドロキシイオン（$\mathrm{OH^-}$）が束縛電荷を補償する役割を担っている．以下，補償電荷の存在に留意して，強誘電分極の測定の原理や手順について述べる．

　束縛電荷（を補償している等しい量の真電荷）の計測のため，強誘電体の Z^+ 面と Z^- 面それぞれに電極をつけ，両者を導線で短絡した状況を考えよう．そして，温度，磁場，圧力などの示強変数を変化させたことにより，自発分極 $\boldsymbol{P}_\mathrm{s}$，すなわち表面の束縛電荷 σ_s がたとえば $1\,\mu\mathrm{C\,cm^{-2}}$ から $0.1\,\mu\mathrm{C\,cm^{-2}}$ に減少したとしよう．すると電極より供給されている補償電荷も同様に $1\,\mu\mathrm{C\,cm^{-2}}$ から $0.1\,\mu\mathrm{C\,cm^{-2}}$ に減少する．この際，Z^+ 面と Z^- 面が回路的につながっているのならば，導線を通じて $0.9\,\mu\mathrm{C\,cm^{-2}}$ 分の補償電荷の移動が起こり，電流が過渡的に観測される（このとき移動する電荷の総量は $0.9\,\mu\mathrm{C\,cm^{-2}}$ に電極面積 S をかけたものになる）．これを一般に変位電流といい，特に温度変化させた際に流れるものを焦電流と呼ぶ．変位電流 $J(t)$ を時間の関数として積分すると，温度などの示強変数が時間変化している間に，いくらの補償電荷が移動したかが求まる．こ

7.2 巨視的強誘電分極の物理的解釈

れは表面の束縛電荷（したがって自発分極）の変化を計測していることに他ならず，ここから各時刻 t における（実験開始時刻 t_0 からの）分極の変化分 ΔP_s が次式から求まる．

$$\Delta P_s(t) = \int_{t_0}^{t} J(t)\,dt \tag{7.1}$$

この時点では，ΔP_s は時刻 t の関数となっているが，各時刻における示強変数の値も記録しておけば，時刻 t を内部パラメーターとして消去することで ΔP_s が示強変数の関数として求まる．このままでは ΔP_s は決まっても P_s の値そのものは定まらないが，たとえば測定終了時の相を常誘電相（結晶構造が極性点群に属していない相）になるように選んで実験を行えば，そこでは定義により $P_s = 0$ にとれるので，最終的に P_s が示強変数の関数として求まる．一連の流れを図 7.3 にまとめておく．実験を行う際の注意事項として，出発点となる強誘電相が，自発分極の向きが一様にそろった単一ドメイン状態であることが重要である．という

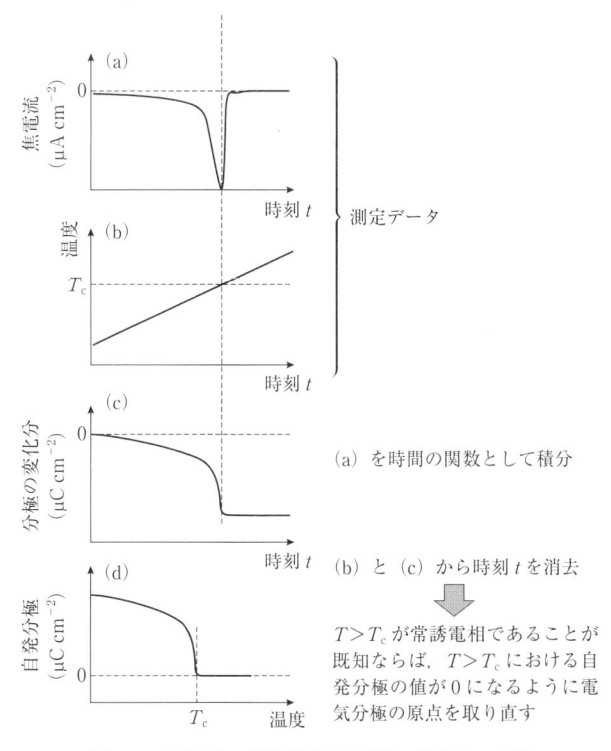

図 7.3 自発分極の温度依存性を測定・算出する手順

のも，いわゆるマルチドメイン状態では，互いに逆向きの自発分極を持つ各ドメインからの焦電流の寄与が相殺してしまうからである．そのような場合，実験的に求まるのはマルチドメイン状態における正味の電気分極であり，物質固有の量である自発分極ではないことに注意しなければならない．

このほかに各温度点における自発分極を測定する方法として，図7.2に示したような分極履歴曲線の測定があげられる．この測定においては，電場印加による分極反転の際に生じる変位電流を時間の関数として積分することで，ΔP の電場依存性が求まる．分極反転の際に計測された ΔP は自発分極の2倍であるという自然な仮定をおくことで，測定を行った温度における自発分極の値が求まる．しかし現実には，分極反転が試料中の一部でのみ生じるといった不完全な分極反転がしばしば起こりうる[7]．自発分極の値が正しく求まるのは，試料中のすべての領域において，一様に分極が反転した場合に限る．

以上説明してきたように，ある温度における強誘電分極の大きさを測定する手法はいまも昔も変わらず，①一様に分極した強誘電相から自発分極を持たない常誘電相へと（温度変化などによって）転移させ，その過程で流れる焦電流を計測する，または②分極反転を伴う分極履歴曲線を計測する（電場印加による分極反転の際に流れる変位電流を計測する），の二つである．いずれの方法においても，強誘電分極を外場掃引によって変化させ，その過程で生じる過渡的な変位電流を計測することで，本質的には自発分極の変化分を求めているという共通点がみられることを再度強調しておく．

7.2.3 強誘電分極の理論的定義とその変遷

理論の方では自発分極の値はどのように定義・計算されるのだろうか？ 本章の冒頭で触れたように，バルク結晶における自発分極の計算方法はいまと昔で異なっている．自発分極の計算方法として伝統的に用いられていたものは，陽イオンと陰イオンの「重心」のずれを計算するというもので，式で表すと

$$\bm{P}_\mathrm{s} = \frac{\sum_i e Z_i \bm{r}_i}{V} \tag{7.2}$$

となる．ここで e は電気素量，$\bm{r}_i$ は位置ベクトル，Z_i は $\bm{r}_i$ にあるイオンの形式電荷，V は系の体積を表す．このモデルは，イオンを大きさを持たない点として近似していることから，しばしば点電荷モデルと呼ばれる．(7.2)式は有限系が持つ電気分極を計算する場合に限り（かつ，後述する電子雲の変形による寄与が無視で

7.2 巨視的強誘電分極の物理的解釈

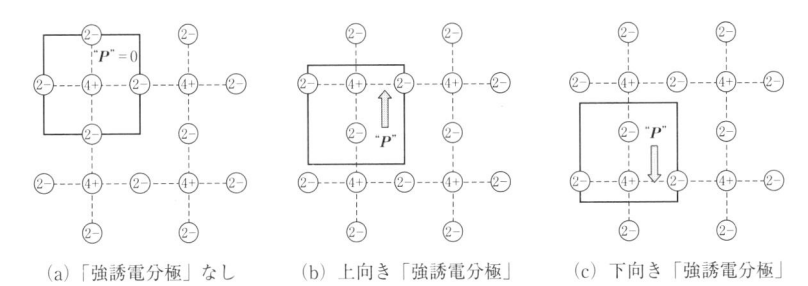

(a)「強誘電分極」なし　(b) 上向き「強誘電分極」　(c) 下向き「強誘電分極」

図 7.4 単位胞（四角の枠）と (7.2) 式を用いて求めた「強誘電分極」

きる場合に限り），結果は位置ベクトルの原点の取り方によらず厳密である．では，バルク単結晶のような近似的に周期的境界条件を持つ無限系についてはどう考えたらよいだろうか．バルク結晶の物性を考える際，一般には単位胞に還元して議論するが，自発分極の計算に関して，同様のアプローチを用いて (7.2) 式を適用すると，計算結果が単位胞の取り方に依存してしまうという困った事態に陥る．これを理解するために，具体的に図 7.4 に示すような 3 通りの単位胞に対して，自発分極を (7.2) 式の範疇で計算することを考える．まず (a) の単位胞においては，図から明らかなように陽イオンと陰イオンの重心が一致しているため，(a) の単位胞は自発分極を持たない，という結論になる．一方，(b) や (c) の単位胞では陽イオンと陰イオンの重心は一致しておらず，そのため，(7.2) 式によれば有限の自発分極が存在することになる．しかもその向きは (b) と (c) で互いに逆向きである．このように，(7.2) 式に基づいて自発分極の値を計算しようとすると，その値や向きは単位胞の取り方に依存してしまうことがわかる．もちろん本来の物性は単位胞の取り方とは無関係であるべきなので，図 7.4 の例は，(7.2) 式を用いて単位胞からバルク結晶の自発分極の値を計算することはできないことを端的に表している．

それでは単位胞の取り方によらないように電気分極を記述するにはどうしたらよいだろうか．強誘電分極の現代的な定義は，常誘電相（$P_s = 0$）から強誘電相（$P_s \neq 0$）へと相転移した際に生じる，変位電流の積分値である．ここで，実験においても強誘電分極はその値を変化させることで初めて測定できることを思い出すと，変位電流の積分値という定義は実験・理論において一貫したものであるといえる．このような強誘電分極の現代的な定義のもとでは，いわゆる点電荷モデルは (7.2) 式から次のように改まる．

$$P_{\mathrm{s}} = \frac{\sum_i eZ_i \Delta r_i}{V_0} \qquad (7.3)$$

ここで和は単位胞内のイオンについてとり，Δr_i は各イオンの常誘電相からみた変位，V_0 は単位胞の体積を表す．(7.2) 式と比べると基本的には r_i が Δr_i に変更されただけのことであるが，強誘電分極が常誘電相からのイオンの変位分を用いて定義されていることが本質的に重要である．このように強誘電相における自発分極を常誘電相を参照して定義することにより，任意の単位胞に対し Δr_i が一意に定まるので，自発分極の計算結果も一意に定まることとなる．裏を返せば，強誘電相における結晶構造や電子密度分布がいくら精密にわかっていようとも，常誘電相の情報なくしては（Δr_i が定義できないので）強誘電分極の大きさは計算できないことを意味している．

7.2.4 形式電荷とボルン有効電荷

変位電流の起源として電荷を持ったイオンの変位が支配的な場合は，近似的に点電荷モデルが有効であり，したがって常誘電相と強誘電相の結晶構造を見比べ，(7.3) 式を適用することにより自発分極の大きさを予測することができる．しかし実際には構造変化に付随する電子雲の変形も変位電流を生じ，物質によっては無視できない寄与をもたらす．この寄与をみるために，モデル物質としてペロブスカイト型の結晶構造を持つ ABO_3 を考えよう．たとえばチタン酸バリウム $BaTiO_3$ などがこれに該当し，この場合，形式電荷としては A^{2+}, B^{4+}, O^{2-} である．

図 7.5 に示すように，立方晶の常誘電相から正方晶の強誘電相へと転移する際，陽イオンである B^{4+} が（正方晶の）$+c$ 方向に，陰イオンの O^{2-} が $-c$ 方向へとシ

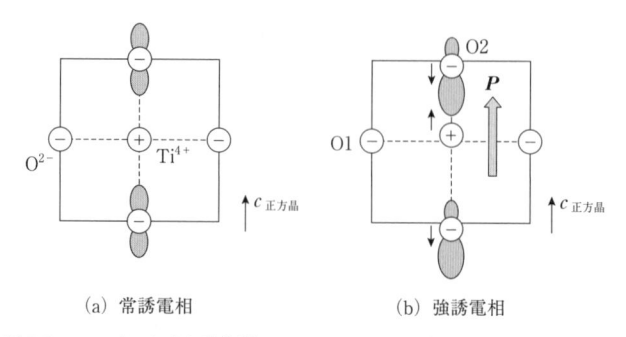

(a) 常誘電相 (b) 強誘電相

図 7.5 ペロブスカイト型物質 $BaTiO_3$ における常誘電相 (a) と強誘電相 (b) の模式図

フトし，その結果，強誘電分極が $+c$ 方向に生じる．このようなイオンの変位による強誘電分極への寄与は，(7.3) 式を用いることにより計算ができ，その値はおよそ $16\,\mu\mathrm{C\,cm^{-2}}$ となる．しかし，室温における実測値は約 $27\,\mu\mathrm{C\,cm^{-2}}$ であり，両者の間には無視できない大きさのずれがみられる．このずれが，(7.3) 式には取り込まれていない，変位電流に対するイオン変位以外の寄与，すなわち電子雲の変形の寄与を表している．具体的には，常誘電相においてはすべての O サイトは中心対称性を有する位置に存在するので，主に酸素の 2p 軌道に由来する混成軌道も中心対称な電子密度分布を示すのに対し，強誘電相においては一方の O2 サイトと B サイト（$\mathrm{Ti^{4+}}$）の距離がより近づくことによって，両者の波動関数の混成が強まり，混成軌道は（接近した方の）B サイトに偏った非対称な電子密度分布を示すだろう（簡単のため，図 7.5 には強誘電転移に顕著に寄与する，特定の混成軌道のみを模式的に図示している）．したがって，常誘電相と強誘電相を比較すると，強誘電転移に伴い，O2 サイトの電子密度分布が変形し B サイト側に移動したとみることができる．このような電子の移動は変位電流に他ならず，図 7.5 の場合，変位電流の向きは陽イオン（$\mathrm{Ti^{4+}}$）の変位と同方向である（電流と電子の流れは互いに逆向きであることに注意）．したがってイオンの変位のみを考慮した場合に比べて，変位電流およびその積分値である強誘電分極はより大きな値になることが期待される．これは強誘電分極の実測値が点電荷モデルからの予測値よりも大きいことと矛盾しない．

このように，一般に強誘電分極の発現にはイオン変位と電子雲の変形の両方の寄与があり，したがって，強誘電分極を常誘電相からのイオンの変位分として再定義した点電荷モデルである (7.3) 式も，電子雲の変形による寄与を無視しているという点において不十分である．しかしながら，(7.2) 式における r_i を (7.3) 式で Δr_i へと修正することで単位胞の取り方の問題を回避したように，(7.3) 式に若干の修正を加えることで電子雲の変形の寄与を取り込むことはできないだろうか？　このような文脈において，ボルン有効電荷 Z^* という量がしばしば用いられる．これは，形式電荷 Z を用いた表式 $eZ\Delta r_i/V_0$ で P_s の大きさを正しく記述できないのなら，結果が正しくなるように形式電荷 Z をボルン有効電荷 Z^* で置き換えてしまおう，という発想のものである．すなわち，

$$P_\mathrm{s} = \frac{\sum_i e Z_i^* \Delta r_i}{V_0} \tag{7.4}$$

で表され，形式電荷とは異なった，あるボルン有効電荷を持ったイオンが変位し

た結果，強誘電分極が生じたと考えるわけである．この際，電子雲の変形による寄与は既にボルン有効電荷に取り込まれており，新たに考える必要はない．たとえば BaTiO$_3$ の場合，Ti の形式電荷 Z は $+4$ であるのに対し，第一原理計算から求めたボルン有効電荷 Z^* は約 $+7$ である[8]．この差が定性的には電子雲の変形の寄与を表している．さらにいえば BaTiO$_3$ の例では，形式電荷 Z とボルン有効電荷 Z^* は同符号であり，かつ $Z^* > Z$ である．これは点電荷として近似したイオンの変位が生み出す強誘電分極 $\boldsymbol{P}_\text{ion}$ と同方向に，電子雲の変形に由来する電気分極 $\boldsymbol{P}_\text{el}$ がさらに寄与していることを意味する．このように Z と Z^* が同符号の場合，イオンが変位することによって強誘電分極が生じるという描像は，少なくとも分極の向きに関しては正しい予測を与えており，その意味で電子雲の変形の寄与は定量的な補正に過ぎないといった印象を受ける読者もいるかもしれない．しかし物質によっては，イオン変位による寄与よりも，電子雲の変形による寄与の方が支配的であり（すなわち $|Z^*| \gg |Z|$，または $|\boldsymbol{P}_\text{el}| \gg |\boldsymbol{P}_\text{ion}|$），かつ $\boldsymbol{P}_\text{el}$ と $\boldsymbol{P}_\text{ion}$ の向きが互いに逆向きといった場合もありうる．以下で詳しくみるように，このような，強誘電分極の伝統的な理解からの予測とは真逆の強誘電分極の向きを持つ典型例が，有機電荷移動錯体 TTF-CA である[9]．いわゆる変位型強誘電体に対して，形式電荷 Z とボルン有効電荷 Z^* の大きさに関して $|Z^*| \gg |Z|$ が成り立っている強誘電体を，本書では「電子型強誘電体」と呼ぶことにする．ボルン有効電荷と形式電荷の差が大きい強誘電体ほど，電子雲の変形の寄与が重要な役割を果たしているといえよう．これに対し，$Z^* \approx Z$，すなわち (7.3) 式によって強誘電分極の値がよく記述できるものを「イオン変位型強誘電体」と呼ぶことにしよう．以下では，ドナー分子とアクセプター分子が交互に積層した結晶構造を持つ有機電荷移動錯体において，イオン変位型強誘電体と電子型強誘電体が発見された例を紹介していく．

■ 7.3 イオン強誘電性と電子強誘電性 ■

7.3.1 交互積層型有機電荷移動錯体の物性

まず交互積層型有機電荷移動錯体の基本物性を概観しよう．ここでは TTF-BA と TTF-CA に着目し，その物性を比較する．図 7.6 に基本構造を示す．どちらの物質も室温では平板状のドナー分子（D）・アクセプター分子（A）が等間隔かつ交互に積層した D A D A D … という基本構造を持ち（このような構造

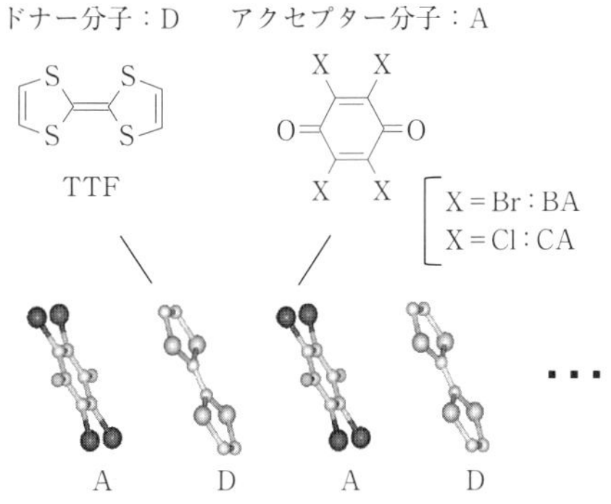

を交互積層型と呼ぶ）．おのおのの交互積層鎖は反転中心を有しているため，対称性の観点から自発分極は存在しえない．一方低温では，TTF-CA, TTF-BA のいずれにおいてもドナー分子とアクセプター分子は自発的に二量体を組み，DA DA DA…，または AD AD AD…という形をとる（ここで下線は二量体を表すものとする）．二量体化した交互積層鎖は反転中心を持たず，したがっておのおのの交互積層鎖において自発分極の発現が期待される．結晶全体として強誘電になるか反強誘電になるかは，異なる交互積層鎖における電気分極の向きが平行か反平行かに依存する．これは一般には非自明であるが，少なくとも TTF-CA と TTF-BA においては，二量体化の組み方は交互積層鎖同士で位相がそろっており，巨視的な強誘電分極が発現する[10,11]．

図 7.6 交互積層型有機電荷移動錯体 TTF-BA と TTF-CA の基本構造

電子物性に効いてくるのは主にドナー分子の最高占有分子軌道（以下，HOMO と表す）とアクセプター分子の最低非占有分子軌道（以下，LUMO と表す）であり，両者の間にはエネルギー差 Δ や移動積分 t が存在する．また，後述するように，DA 格子に働く静電的な凝集エネルギー（マーデルングエネルギー）の大きさに応じて，交互積層鎖は中性の電子配置（$D^0 A^0$）またはイオン性の電子配置（$D^+ A^-$）のいずれもとりうる．これを理解するために，簡単のために $t=0$ の場合を考えると（したがって系は絶縁体），中性相からみたイオン性相のエネルギーは図 7.7 を参照することで容易に求まり（簡単のために同一サイト内クーロン反発は無視した），$\Delta - \alpha V$ で与えられる．ここで $-V(V>0)$ は $D^+ A^-$ 対に働くクーロンエネルギー，α は結晶格子の幾何学性によって決まるマーデルング定数である．ここからわかるように，マーデルングによるエネルギーの利得が大きい場合は $\Delta - \alpha V < 0$ になり，1 電子軌道のエネルギーを損してでもドナーの HOMO，アクセプターの LUMO それぞれを電子が一つずつ占有したイオン性状態の方が，系全体のエネルギーが低くなる．このように 1 電子軌道のエネルギー差とマーデルングエネルギーの競合が，系が中性かイオン性かを決める主要な機構になる[12]．

7. 電子型誘電体

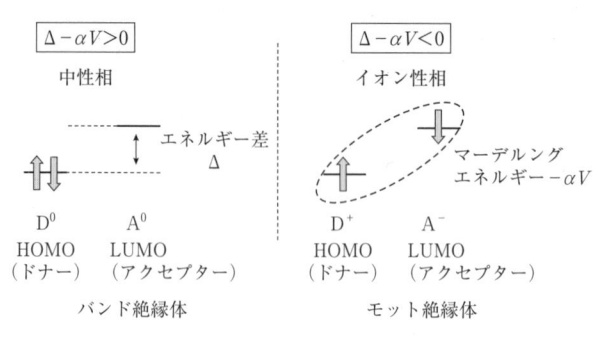

図 7.7 交互積層鎖がとりうる電子配置

　図 7.7 に示すように，中性相においては，ドナーの HOMO が二つの電子に占められ，アクセプターの LUMO は空であるので，系はバンド絶縁体と見なすことができ，したがって磁性を持たない．一方，イオン性相においてはドナーの HOMO とアクセプターの LUMO をそれぞれ電子が一つずつ占めている．これはモット絶縁体と見なすことができ，したがってスピン自由度(磁性)が顔を出す．現実の系では移動積分 t は有限であることを考えると，イオン性相においては，隣り合うドナー・アクセプター間に反強磁性的な相互作用 J が働く．$s=1/2$ の擬 1 次元量子スピン系と見なすのがよい出発点となるだろう．また，移動積分 t が有限であることの別の帰結として，電荷の移動量は中性相においても完全に 0 ではなく，同様にイオン性相においても完全に 1 ではない．たとえば温度掃引によって中性イオン性転移を起こす TTF-CA の場合，中性相において電荷移動量 $\rho \approx 0.3$，イオン性相において $\rho \approx 0.6$ であることが，赤外域の分子振動スペクトルから見積もられており，電荷移動量 ρ はいずれの相においても中途な値をとっている[13]．このような場合，厳密な意味での中性・イオン性の区別は曖昧になるが，便宜的に $\rho<0.5$ の場合を中性，$\rho>0.5$ の場合をイオン性と呼ぶのが慣例となっている．なお，TTF-BA においては，室温から最低温まで電荷移動量はあまり変化せず，$\rho \approx 0.9 \sim 0.95$ である．すなわち，全温度域でイオン性相である[14]．

　先に述べたように，TTF-BA と TTF-CA における DA 交互積層鎖はいずれも低温で二量体(DA DA DA…，または AD AD AD…)を組むことから，格子自由度もこれらの系の物性を考えるうえで重要である．格子自由度は一般に他の自由度と結合しており，たとえば局在スピン間に働く相互作用 J の大きさは格子変形によって変調を受ける．とりわけ反強磁性相互作用を持つ $s=1/2$ の擬 1 次

元量子スピン系においては，有限のスピン-格子結合は低温において二量体化したスピン1重項状態（非磁性）を引き起こすという，いわゆるスピンパイエルス不安定性をもたらす．同様に，移動積分 t の大きさも格子変形によって変調を受ける（電子格子相互作用）．たとえば $\Delta=0$ かつ $t\neq0$ のときは，DA 格子はバンド1/2充填の擬1次元金属となることが予想されるが，電子格子相互作用がある場合，パイエルス不安定性と呼ばれる機構によって，やはり低温において二量体化を起こし絶縁化する．このように，本章で着目する交互積層型有機電荷移動錯体はスピン-格子結合や電子-格子結合を通じて二量体化を起こしやすいという背景を持つ．

TTF-BA と TTF-CA の物性を図 7.8 にまとめる．興味深いことに，TTF-BA，TTF-CA 両者の基底状態は概念図のレベルでは違いはなく，ともにイオン化した $D^{+\rho}$ および $A^{-\rho}$ が二量体スピン1重項状態（$D^{+\rho}A^{-\rho}$）を形成している．しかし以下にみるように，二量体化前後の電荷移動量 ρ（またはイオン性度）を比較すると，TTF-BA では ρ はほとんど変わらないのに対し，TTF-CA にでは ρ の顕著な変化を伴い（中性イオン性転移），一見同じ二量体化でもその過程は大きく異なっている．最近の実験[10,11]および第一原理計算[15-17]によれば，TTF-CA の強誘電分極は TTF-BA のそれよりも 40 倍程度大きく，さらに注目すべきことに，$\underline{D^{+\rho}A^{-\rho}}\,D^{+\rho}A^{-\rho}\cdots$ という二量体化構造をとったとき，TTF-BA では自発分極は右向き，TTF-CA においては左向きと，向きさえも一致していない（図

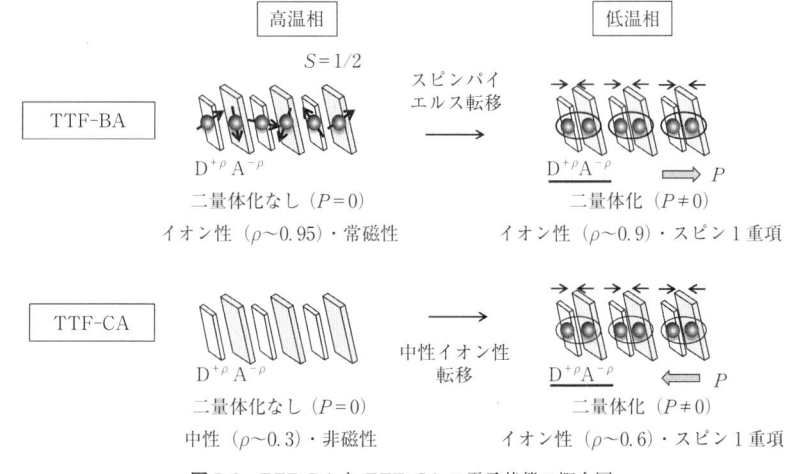

図 7.8 TTF-BA と TTF-CA の電子状態の概念図

7.8). 強誘電分極に関するこの顕著な差異は，二量体化に付随する電荷移動量の変化と密接に関連していそうである．以下それぞれの物質について詳しくみていこう．

7.3.2 イオン変位型強誘電体 TTF-BA

直観的に理解しやすいイオン変位型強誘電体の例として，まず TTF-BA に着目する．TTF-BA は全温度域において，ドナー・アクセプター分子はイオン化 (ρ：0.9〜0.95) しており[14]，したがって前述のように，系は $s=1/2$ の擬 1 次元スピン系として見なせる．実際，磁化率は高温で常磁性を示し（図 7.9(a)），この描像と矛盾しない．ここで，反強磁性相互作用を持つ $s=1/2$ の擬 1 次元量子スピン系は，前述のスピンパイエルス不安定性を有していることが TTF-BA の物性を理解するうえで重要である．実際に磁化率の振舞いを低温までみてみると，$T_c \approx 53$ K より低温で磁化率は急激に減少し，非磁性状態へと移行していることがわかる（図 7.9(a)）．さらに構造解析の結果から，この常磁性-非磁性転移はドナー・アクセプターの二量体化を伴うことが明らかになっており[18]，スピンパイエルス転移の描像と合致する．特筆すべきは，DA 格子においては二量体化が反転対称性の破れを伴うため，通常のスピンパイエルス系とは異なり，同時に（少なくともおのおのの交互積層鎖においては）電気分極の発現が期待できる点である．実際に誘電率の振舞いをみてみると（図 7.9(b))，$T_c \approx 53$ K において誘電率は鋭いピークを示し，また焦電流を積分することで求めた自発分極の温度依存性は確かに 53 K 付近より現れている（図 7.9(c)）．

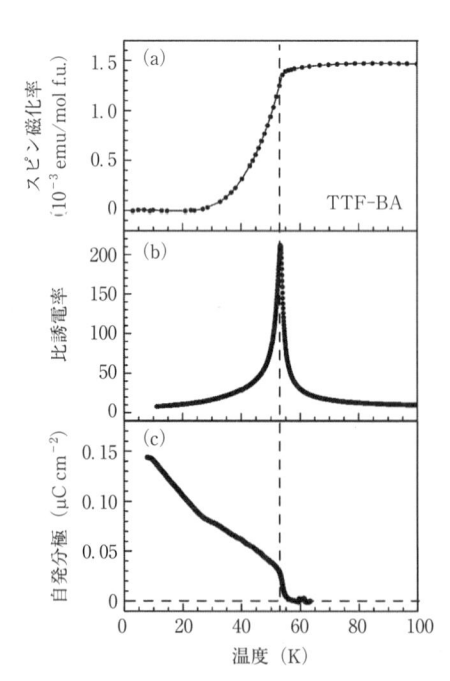

図 7.9　TTF-BA における種々の物理量の温度依存性[10]　f.u.：formula unit．(a) 磁化率，(b) 比誘電率，(c) 自発分極．

7.3 イオン強誘電性と電子強誘電性

また，図7.10に示すように，分極履歴曲線もこの温度以下から観測されだす．これらの振舞いはスピンパイエルス不安定性が引金となって，強誘電性が発現したものと理解できる．

TTF-BAにおける二量体化の起源が主にスピン自由度にあることは，この物質に強磁場を印加した際の挙動によっても確かめられる．56Tまでのパルス磁場下において，磁化曲線および変位電流の測定を行った結果を図7.11に示す．非磁性であるスピン1重項状態は一般に強磁場下では抑制され，磁性が復活する（磁化率が増大する）ことが知られているが，この系においても磁場を印加することで磁化曲線の傾きが増大する（磁化率の小さい相から大きい相へと転移する）振舞いが観測されている（図7.11(a)および図中破線参照）．たとえば50Kにおける磁化曲線は，50T付近より高磁場側で高磁化率相へと相転移を起こしていることが見てとれる．注目すべきことに，この臨界磁場で強誘電分極も同時に消失している（図7.11(b)）．これはTTF-BAにおいて磁性と強誘電性が強く結合していることを改めて示しており，スピン1重項を形成する際の磁気的なエネルギー利得が，二量体化の中心的な駆動力になっていると結論できる．また，磁場によって分極の値が顕著に変化する振舞いはマルチフェロイックと呼ばれる物質群の一つの特長であり，分子性固体においてマルチフェロイック的な挙動が観測された初めての例ともいえるだろう[10]．

主題である強誘電分極の向きと大きさに話を戻すと，実測値P_{obs}は10Kにお

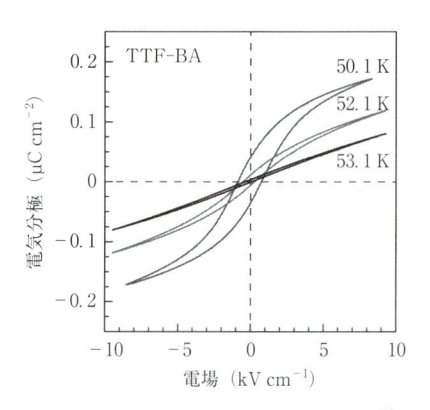

図7.10 TTF-BAにおける分極履歴曲線[10]

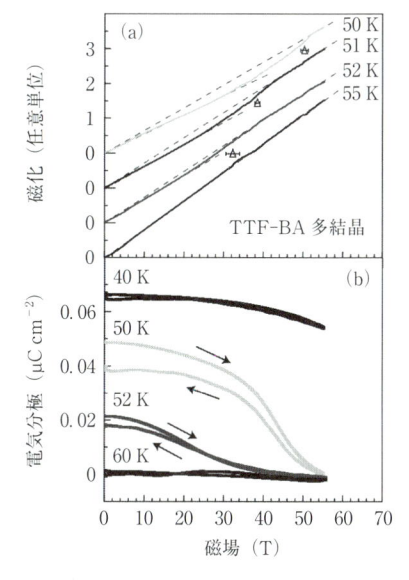

図7.11 TTF-BAにおける高磁場までの磁化曲線（a）と自発分極の磁場依存性（b）[10]

いて≈0.15 μC cm^{-2} に対し，点電荷モデルで見積もられるイオン変位に由来する電気分極 P_{ion} の大きさは≈0.21 μC cm^{-2} であり，おおむね一致している[10]．二量体化前後において電荷移動量がほぼ変わらないことから，第0次近似として強誘電分極に対して電子雲の変形は寄与していないと考えれば，P_{obs} と P_{ion} が同程度の値を示していることは自然な結果だといえる．また，その後に行われた電場下構造解析の結果からは，強誘電分極は正の電荷を持つドナー分子の変位方向に生じていることも確かめられている[19]．このことから TTF-BA はイオン変位型強誘電体の性格が強いことがわかる．

7.3.3 電子型強誘電体 TTF-CA

次に TTF-CA における強誘電分極は，TTF-BA とは対照的に，その大部分が電子雲の変形によって担われていることをみていく．TTF-CA は T_c~81 K で中性イオン性転移（1次相転移）を起こし，同時に二量体化を形成する．この二量体化の駆動力に関して，スピン-格子結合や電子-格子結合それぞれがどの程度の割合で寄与しているのかは自明ではないが[20,21]，以下の議論においては，TTF-CA における二量体化は顕著な電荷移動を伴うという実験事実のみに着目する．

TTF-CA における中性イオン性転移は1981年に Torrance らによって発見されて以来長い研究の歴史を持つが[9]，低温のイオン性相において明瞭な分極履歴曲線が得られたのは，それから約30年後であった[11]．結果を図7.12に示す．TTF-CA における強誘電分極の実測値 P_{obs} は 7 μC cm^{-2} であり，TTF-BA のそれ（≈0.15 μC cm^{-2}）と比べ40倍以上も大きいことがわかる．また，実験に先駆けて二つのグループによって独立に行われた第一原理計算の結果はどちらも 8~10 μC cm^{-2} の値を予測しており[15,16]，実験結果とおおむね一致している．イオン性相における電荷移動量 ρ≈0.6 に対して点電荷モデルを用いると，イオン変位に由来する電気分極 P_{ion} が約 0.3 μC cm^{-2} と見積もられることから，P_{obs} の大部分が二量体化に付随する電子雲の変形に由来していることが強く示唆される．

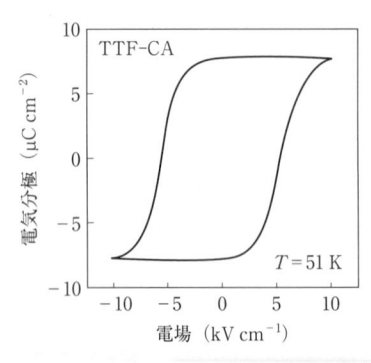

図 7.12 TTF-CA における分極履歴曲線[11]

7.3 イオン強誘電性と電子強誘電性

　TTF-CA における強誘電分極の向きについて定性的なレベルで考察してみよう．まず，強誘電分極は常誘電状態から強誘電状態に移行する際に流れた変位電流の積分値として定義されることを再度念頭においたうえで，中性常誘電相からイオン性強誘電相に移行する際，簡単のため，以下の二つの過程が段階的に起きているという想定で考えてみる．ステップ１：一様な DA 交互積層鎖（ＤＡＤＡＤＡ…）において，$\rho \approx 0.3$ の電荷を持つドナー $D^{+0.3}$ が右に，アクセプター $A^{-0.3}$ が左に動き，$D^{+0.3}A^{-0.3}\ D^{+0.3}A^{-0.3}\cdots$ の二量体化を形成する（それぞれ逆向きに動いて，$A^{-0.3}D^{+0.3}\ A^{-0.3}D^{+0.3}\cdots$ を形成してもよい）．$D^{+\rho}A^{-\rho}\ D^{+\rho}A^{-\rho}\cdots$ という二量体化パターンの場合，イオン変位がもたらす変位電流は右向き（陽イオンの変位と同じ向き）である．ステップ２：二量体を組んだ後，ドナーからアクセプターへと電荷移動が起こる（ρ が 0.3 から 0.6 になる）．$D^{+\rho}A^{-\rho}\ D^{+\rho}A^{-\rho}\cdots$ の場合，この二量体内における電荷移動は左向き（陽イオンの変位と逆向き）への変位電流を生む．もちろん現実には二量体化と電荷移動は同時に進行するので，中性イオン性転移を段階的に考えるのは粗い話ではあるが，上記の簡単な考察からイオン変位に由来する電気分極 $\boldsymbol{P}_{\mathrm{ion}}$ と電子雲の変形に由来する電気分極 $\boldsymbol{P}_{\mathrm{ele}}$ が，互いに逆向きとなっていることが予想される．もし以上の考察が正しいのならば，外部電場を印加して $\boldsymbol{P}_{\mathrm{obs}}$ を電場方向に分極反転させる際，正の電荷を持ったドナー分子と負の電荷を持ったアクセプター分子がそれぞれ電場に逆らって変位するという，従来の分極反転の描像とは反する挙動を示すことが期待される．

　上記の予想は，電場下において強誘電ドメインを（ほぼ）単一にそろえた状態に対してＸ線回折実験を行い，分子の絶対配置を決定することによって，実際に正しいことが確かめられた．強誘電体など，系に反転対称性が存在しない場合，指数 hkl と $\overline{hkl}$ の反射は一般に非等価になり，これをバイフット対と呼ぶ．このバイフット対の反射強度が，強誘電相において印加電場を反転させた際にどのように振る舞うかを調べた結果が図 7.13 である．強誘電分極方向に印加した電場を $-4\,\mathrm{kV/cm}$ から $4\,\mathrm{kV/cm}$ へと反転させると，（１ ０ １）反射と（ $\bar{1}$ ０ $\bar{1}$）の反射の

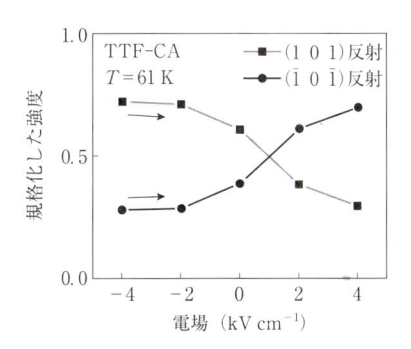

図 7.13 TTF-CA におけるバイフット対強度の電場依存性[11]

強度比が逆転していることが見てとれる。これは分極反転に伴い、ドナー・アクセプターの二量体の組み替えが起こったことを示している。この振舞いを解析することにより、電場を左向き（−4 kV/cm）に印加すると$D^{+\rho}A^{-\rho}$ $D^{+\rho}A^{-\rho}$…が、右向き（＋4 kV/cm）に印加すると$A^{-\rho}D^{+\rho}$ $A^{-\rho}D^{+\rho}$…が実現することが明らかになった。これは電場を左から右へと反転させた際、それぞれ正・負の電荷を持ったドナー・アクセプターが電場方向に逆らって変位して二量体化を組み直すことを示している。このようなイオン変位を起こすことで、P_{ion}を犠牲にしてでも、それよりはるかに大きい寄与を持つ$P_{el}(\approx P_{obs})$を電場方向に向け、電場下における系全体のエネルギーを下げていると解釈できる。P_{ion}とP_{el}が互いに逆向きであるという状況は、たとえばマルチフェロイック物質$HoMn_2O_5$においても実現していると第一原理計算から予測されているが、この物質では$P_{ion}\approx P_{el}$であり、TTF-CA程状況は劇的ではない[22]。

TTF-CAにおける分極の特異性はボルン有効電荷Z^*を導入することでより見通しがよくなる。$BaTiO_3$の場合、Tiの形式電荷は＋4に対し、ボルン有効電荷Z^*は約＋7であった[8]。ボルン有効電荷が形式電荷よりも大きい値を持つのは、P_{ion}とP_{el}が同じ方向を向いているという事情を反映していた。これに対してTTF-CAの場合は、分極の実測値および低温構造から形式電荷＋0.6のドナー分子に対して$Z^*\approx -13.9$が得られ、形式電荷とボルン有効電荷では符号および絶対値が大きく異なっている。$|P_{el}|\gg |P_{ion}|$かつ両者の向きは互いに逆向きという状況が実験から確認されたのはTTF-CAが初めてである。この意味でTTF-CAは電子型強誘電体の典型例といってよいだろう。　　〔賀川史敬〕

文　　献

1) K. Uchino：強誘電体デバイス（内野研二，石井孝明共訳），森北出版（2005）.
2) 宮澤信太郎，栗村　直監修：分極反転デバイスの基礎と応用，オプトエレクトロニクス社（2005）.
3) T. Kimura et al.：Nature **426** (2003) 55.
4) S. Horiuchi and Y. Tokura：Nat. Mat. **7** (2008) 357.
5) R. Resta：Ferroelectrics **136** (1992) 51.
6) R. D. King-Smith and D. Vanderbilt：Phys. Rev. B **47** (1993) 1654.
7) N. Balke et al.：Adv. Funct. Mater. **20** (2010) 3466；F. Kagawa et al.：Nano Lett. **14** (2014) 239.
8) W. Zhong, R. D. King-Smith and D. Vanderbilt：Phys. Rev. Lett. **72** (1994) 3618.
9) J. B. Torrance et al.：Phys. Rev. Lett. **47** (1981) 1747.

10) F. Kagawa et al.: Nat. Phys. **6** (2010) 169.
11) K. Kobayashi et al.: Phys. Rev. Lett. **108** (2012) 237601.
12) J. B. Torrance et al.: Phys. Rev. Lett. **46** (1981) 253.
13) A. Girlando et al.: J. Chem. Phys. **79** (1983) 1075.
14) A. Girlando et al.: Solid State Commun. **54** (1985) 753.
15) G. Giovannetti et al.: Phys. Rev. Lett. **103** (2009) 266401.
16) S. Ishibashi and K. Terakura: Physica B **405** (2010) S338.
17) S. Ishibashi, K. Terakura and S. Horiuchi: J. Phys. Soc. Jpn. **79** (2010) 043703.
18) P. García et al.: Phys. Rev. B **72** (2005) 104115.
19) 小林賢介, 熊井玲児, 堀内佐智雄: 固体物理 **47** (2012) 757.
20) 十倉好紀, 永長直人: 固体物理 **21** (1986) 779.
21) Z. G. Soos et al.: J. Chem. Phys. **120** (2004) 6712.
22) G. Giovannetti and J. van den Brink: Phys. Rev. Lett. **100** (2009) 227603.

8. 光誘起相転移と超高速光応答

■ 8.1 分子性物質の光誘起相転移 ■

　近年，固体に光を照射することによって，その固体の電子構造や物性が高速に変化する現象「光誘起相転移」の研究が活発に行われている．実際に，光照射によって絶縁体-金属転移や反強磁性-強磁性転移，中性-イオン性転移などがさまざまな物質で見いだされている．このような現象を光機能として発展させるには，相変化をいかに少ない光子数で効率よく起こせるか，いかに高速に起こせるか，また，光誘起相の寿命をいかに制御できるかが鍵になる．図8.1に光誘起相転移の概念図を示す．(a)は光励起状態あるいは光誘起相が永続的あるいは準安定である場合でありメモリとしての機能が生じる．光誘起相が準安定になるためには，光誘起相と基底状態との間に熱的に越えることができないエネルギーバリアが生じる必要があるが，光誘起相が大きな構造変化を伴って生じる場合には，実際にこのような現象が起こる．(b)は，光誘起相の寿命が有限の場合である．光誘起相が生じる時間とその寿命がいずれも短い場合には，スイッチとしての機能が有望である．本章では，(b)の場合，すなわち，光誘起相転移が高速に生じ，もと

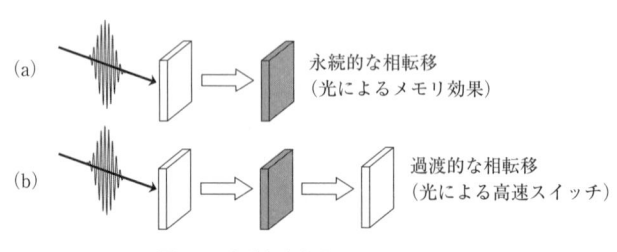

図8.1 光誘起相転移の二つのタイプ
(a) 永続的な総転移，(b) 過渡的な相転移．

の状態に高速に戻る現象を対象とする．有機π分子からなる分子性物質は，そのような高速相転移を高い効率で実現する格好の物質群である[1,2]．

分子性物質の性質はこれまで各章で議論されてきたが，光誘起相転移を念頭に置いて分子性物質の特徴をもう一度簡単に復習しておこう．分子性物質では，一般に分子間のπ軌道の重なりが大きくなく，移動積分 t は通常 0.1～0.2 eV の大きさである．そのため，電子の運動エネルギーが分子上，あるいは，分子間のクーロン相互作用と拮抗し，強相関電子系が形成される．また，分子は固有の立体構造を持つため，結晶中の3次元分子配列には必然的に異方性が生じ，1次元的あるいは2次元的な電子構造を有する物質が数多く存在する．その低次元性を反映して，電子やスピンと分子変位との相互作用がしばしば重要になる．さらに，各分子には，固有の内部自由度（分子の収縮，回転，屈曲などの自由度や分子軌道の自由度）があり，それらが無機物質にはない特徴となっている．このような電子相関効果，低次元性，分子自由度があいまって，多彩な秩序相，すなわち，モット絶縁体，電荷秩序，電荷密度波，スピン密度波，スピンパイエルス相，ウィグナー結晶などを作り出す．これらの秩序相への不安定性を光によって制御することができれば，超高速かつ高効率の光誘起相転移が実現できる[1,2]．

光誘起相転移の研究には，上述した新しい光機能という観点だけでなく，物質に内在する相互作用を顕在化させることができるという重要な側面がある．光で励起された電子と相互作用する周囲の電子，スピン，格子系は，光による電子励起が生じた瞬間から変化する．それらの変化を実時間で観測すれば，物質の中でのさまざまな相互作用の役割を明らかにすることができる．

本章の構成は，以下のようになっている．8.2 節で光誘起相転移の測定法について述べた後，分子性物質の光誘起相転移の典型例として，8.3 節で光誘起絶縁体–金属転移を，8.4 節で光誘起中性–イオン性転移を紹介する．8.5 節では，最近注目されているテラヘルツ光を励起光に用いた光誘起相転移の研究について紹介する．

■ 8.2 超高速光誘起相転移の測定法 ■

8.2.1 フェムト秒ポンプ・プローブ分光

超高速に生じもとに戻る光誘起相転移の観測には，二つのフェムト秒レーザーパルスを励起（ポンプ）光と検出（プローブ）光とするポンプ・プローブ分光が

用いられる．その概略図を図 8.2 に示す．反射配置の場合は，プローブ光による反射光を検出できるようにし，そこに物質を変化させるためのポンプ光を照射する．二つの光の経路の長さを遅延ステージで調節してポンプ光とプローブ光が試料に達するまでの時間差（遅延時間 t_d）を制御することにより，反射率変化の時間分解測定を行うことができる．

　光照射によって生じる電子構造の変化を議論するには，広いエネルギー領域にわたる過渡スペクトルを測定することが不可欠である．このために最もよく使われるのが，チタンサファイア再生増幅器を光源としたレーザーシステムである．典型的なパルス時間幅，光子エネルギー，繰り返しは，それぞれ，130 fs，1.55 eV，1 kHz である．このパルス光を二つに分け，それぞれをオプティカルパラメトリックアンプ（optical parametric amplifier：OPA）で波長変換し，さらに 2 次の非線形光学効果を利用することで，0.1 eV から 4 eV までの幅広い光子エネルギーのフェムト秒パルスを得ることができる．時間分解能は，ポンプパルスとプローブパルスの畳み込み積分の時間幅で決まり，半値幅 130 fs のガウス型時間波形のパルス光では約 180 fs となる．

　ここで，分子性物質において光誘起相転移が生じるときに起こる電子状態，分子の内部構造，分子の変位の時間スケールについてまとめておこう．物質中の電子の運動の時間スケールは，移動積分 t に支配されると考えられる．分子性物質では，t は 0.1〜0.2 eV であるが，これは時間に直すと 40〜20 fs である．一方，分子の伸縮を始めとする内部構造の変化は，分子内振動の時間スケールで起こる．有機 π 分子の場合，その振動数は 100 cm^{-1} から 1500 cm^{-1} の範囲にあり，対応する時間スケールは 300〜20 fs となる．分子変位に関係した振動（いわゆる格子振動）の振動数は，おおよそ 20 cm^{-1} から 100 cm^{-1} であり，時間スケールは，2 ps から 300 fs である．したがって，光照射で生じる電子や分子のダイナミクス

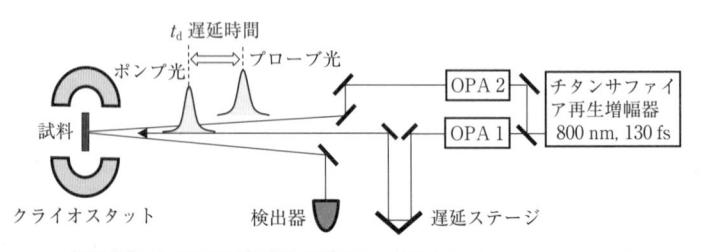

図 8.2　フェムト秒反射型ポンプ・プローブ分光の概念図

を実時間観測するには，時間分解能 180 fs では不十分であり，20 fs 以下の時間分解能が必要である．そのために最もよく用いられるのが非同軸 OPA であり，10 fs 以下の時間幅のパルス光も得ることができる．しかし，パルス幅を短くして時間分解能を高くすれば，不確定性関係からパルスのスペクトル幅が広がるため，エネルギー分解能は犠牲にしなければならない．また，測定が可能なエネルギー領域も限られる．そこで，通常は，広帯域（0.1〜4 eV）の測定には時間分解能 180 fs の測定系が，また，スペクトルの情報よりも時間分解能を必要とする場合には非同軸 OPA からなる測定系が用いられる．

8.2.2 テラヘルツ光を励起源とするポンプ・プローブ分光

テラヘルツ光とは，中心周波数が約 1 THz（光子エネルギー約 4 meV，波数約 33 cm^{-1}，波長約 300 μm），時間幅が約 1 ps のモノサイクルから数サイクルの電磁場パルス光のことを指す．最近のレーザー光学技術の進歩によって，テラヘルツ光の発生や検出が容易にできるようになった．テラヘルツ光の発生にはさまざまな方法が用いられるが，最もよく使われる方法が光整流法である．その概念図を図 8.3 に示した．上述したように，汎用のチタンサファイアレーザーの時間幅は約 100 fs であるが，そのパルスの波長（エネルギー）領域の幅は，約 20 nm（約 40 meV）である．そこで，このパルスを ZnTe などの二次の非線形光学結晶に入射すると，一つのパルスの中で差周波発生過程が生じ，テラヘルツ領域のパルスを生成することができる．この過程は，単一周波数のレーザーにおける光整流に対応するため，光整流法と呼ばれている．得られるテラヘルツ光の帯域は，入射するフェムト秒レーザーの周波数幅，すなわち，時間幅の逆数になり，時間幅が短いパルスを入射すれば広帯域のテラヘルツ光が得られる．

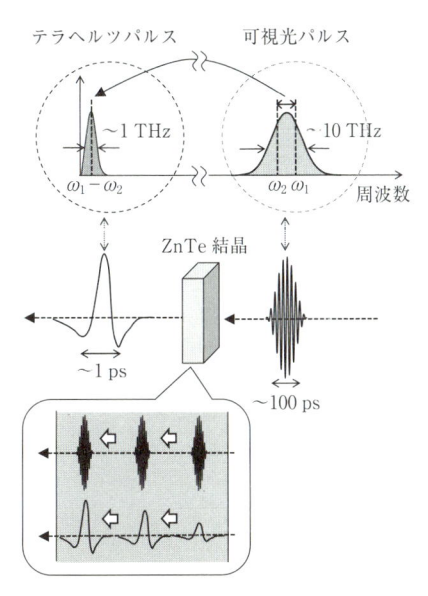

図 8.3 光整流法によるテラヘルツ光発生の概念図
ZnTe 結晶では，チタンサファイアレーザー光とテラヘルツ光の間で位相整合条件が満たされ，テラヘルツ光が増強する．

このテラヘルツ光を物質を制御するための励起光に用いるには，高強度化が必要である．光整流法を用いて高強度化を実現するには，入射光とテラヘルツ光の間の位相整合を実現する必要がある．詳細は文献に譲るが，強い可視レーザーパルスを入射することができる2次の非線形光学結晶 LiNbO$_3$ において位相整合を可能とするパルス面傾斜法と呼ばれる方法が開発され[3]，これによって電場振幅が1 MV cm^{-1} に達する高強度パルスの発生が報告されている[4]．その他の方法としては，近赤外光とテラヘルツ光の間で位相整合が可能な有機の2次非線形光学結晶を使って差周波発生を行う方法[5] や，可視レーザーパルスを空気中で強く集光したときに生成するプラズマからのテラヘルツ光発生を利用する方法[6] が報告されており，ともに1 MV cm^{-1} を超える高強度パルスの発生が実現している．

■ 8.3 光誘起絶縁体-金属転移 ■

8.3.1 光キャリア注入によるモット絶縁体の金属化

最初に，光照射によってモット絶縁体が金属に転移する現象について紹介する．図8.4(a)に示すような，各分子（あるいは原子）に一つの軌道があり，そこに1個の電子が占有されているハーフフィリングの電子系を考えよう．第2章で詳述されているように，分子上の電子間クーロン反発（U）が隣り合う分子間の移動積分 t より十分に大きい場合は，電子はクーロン反発を避けるように各分子に局在し，モット絶縁体となる．通常のバンド絶縁体とは異なり，各分子にはスピンの自由度が存在し，隣り合うスピン間には反強磁性的相互作用が働く．このモット絶縁体に図8.4(c)のように多くのキャリアがドープされると電子相関による電子の秩序が崩壊し，金属に転移することが予想される．このようなキャリアドープによるモット絶縁体の金属化はフィリング制御モット転移と呼ばれるが，その典型例は，高温超伝導で有名な2次元銅酸化物である．

モット絶縁体に光を照射すると，図8.4(d)のように電子が別のサイトに励起され，電子が二つ占有されたサイトと電子のいないサイトが生じる．これは光によるモット絶縁体への電子キャリアとホールキャリアの注入と見なすことができる．このようなキャリア注入が生じると，やはり電子相関による電子の秩序が崩壊し，モット絶縁体が金属に転移することが期待される．この現象は，フィリング制御モット転移に対比させ，光誘起モット転移と呼ばれることもある．

ここで，強相関電子系において重要なスピンと電荷の相互作用について触れて

8.3 光誘起絶縁体-金属転移

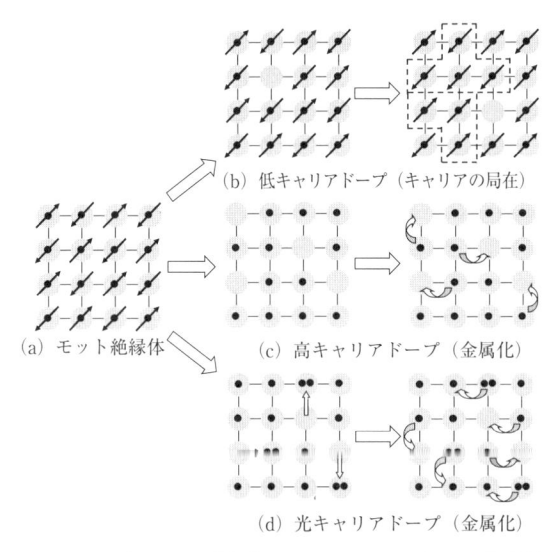

図 8.4 2次元モット絶縁体へのキャリアドーピングの概念図
(●は電子を,矢印はスピンを表す)

おこう.強い電子相関が働くモット絶縁体にドープされたキャリアは,反強磁性的なスピン配列の上を運動するため,通常のバンド絶縁体におけるキャリアとは本質的に異なるダイナミクスを示す.モット絶縁体にわずかにドープされたキャリアが2次元面上を運動すると,必ず反強磁性スピン配列が乱される.たとえば,図 8.4(b) において左上のホールが右下に移動すると,破線で囲った内部のスピン配列が変化してエネルギー的に損になる.すなわち,電荷とスピンの運動は結合しており,キャリアは自由に動くことができない.その結果,キャリア密度が少ない場合には,金属にはならない[*1].一方,1次元系の場合は,電荷とスピンの運動は結合せず,キャリアはスピンの影響を受けずに運動できると考えられている[7].この性質は,「スピン-電荷分離」と呼ばれている.このため,モット絶縁体の光誘起金属化を目指すには,1次元系が有利である.実際に,分子性物質で光誘起モット絶縁体-金属転移が最初に見いだされたのは,bis(ethylenedithio)tetrathiafulvalene(ET)-difluorotetracyanoquinodimethane(F_2TCNQ) と呼ばれる物質においてである.次節で,この相転移について概説する.

[*1] 図 8.4(b)(c) はホールドーピングの場合だが,電子ドーピングの場合も状況は同じである.

8.3.2 ET-F$_2$TCNQ における光誘起モット絶縁体-金属転移[8]

ET-F$_2$TCNQ は，図 8.5(a) に示すドナーである ET とアクセプターである F$_2$TCNQ からなる分子化合物であり，ET から F$_2$TCNQ に電子が 1 個移動したイオン性結晶である[9]．この物質の分子配列を図 8.5(b) に示した．F$_2$TCNQ は，周囲の分子との相互作用（波動関数の重なり）が小さいことから，ほぼ孤立していると考えてよい．ET 分子間の波動関数の重なりは a 軸方向で大きく，ET 分子からなるハーフフィリングの 1 次元鎖がこの物質の物性を支配する．ET 分子のオンサイトクーロン反発 U (~ 1.5 eV) のために，この物質は 1 次元モット絶縁体となる．図 8.5(c) に，この物質の偏光反射率 (R) スペクトルと a 軸方向の偏光の誘電率の虚部 (ε_2) スペクトルを示す．0.7 eV にある鋭いピーク構造が，モットギャップに対応する遷移である．

ET-F$_2$TCNQ を 1.55 eV のパルス（時間幅 130 fs）で励起した時の反射率変化 (ΔR) を図 8.6(a) に示す[8]．上が強励起 ($x_{\mathrm{ph}} = 0.095$ 光子 (ph)ET^{-1})，下が弱励起 ($x_{\mathrm{ph}} = 0.003$ ph ET^{-1}) の結果であり，いくつかの遅延時間 t_{d} における ΔR スペクトルが示されている*[2]．まず，強励起の場合をみると，モットギャップ遷移によるピークの反射率が大きく減少し，赤外域に低エネルギーに向かって単調に増加する反射率変化が現れており，金属への転移が示唆される．0.7 eV 付近の反射率の減少は 20% 近くに達しており，もとのモットギャップ遷移によるピークはほぼ消失している．このことから，電子相関による秩序が崩壊し，金属に転移したと考えられる．一方，弱励起の場合も，強励起の場合と同様に赤外域で低エネルギーに向かって増大する反射率変化が観測されているが，強励起の場合に比べ，反射率が増加する領域が低エネルギー側にシフトしている．これは，ドルーデモデルにおいて，キャリア数が減少した場合の反射スペクトルの傾向と合致する．

このことをより詳しくみるために，図 8.7(a) に強励起の場合の赤外域の反射率変化の各時刻のスペクトルを拡大して示した．高エネルギー側からエネルギーが低下するに従って，反射率変化が負から正に転じてさらに増大していく変化がみられる．このとき，反射率変化が負から正に転じるエネルギー位置（図中矢印）が時間とともに低エネルギー側にシフトしている．これは，ドルーデ的な金属状

---

*[2] 励起光子密度 x_{ph} は分子当たりに吸収される光子数で表現する．これは，結晶表面から光の侵入長までの領域で吸収される光子数をその領域に含まれる分子数で割ることにより求められる．

8.3 光誘起絶縁体-金属転移

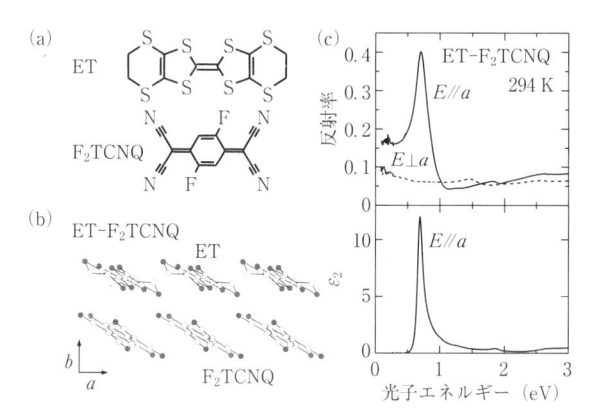

図 8.5 (a) ET と F$_2$TCNQ の分子構造. (b) ET-F$_2$TCNQ の分子配列. (c) ET-F$_2$TCNQ の反射スペクトル（上）と積層軸（a 軸）方向の偏光に対する誘電率の虚部 ε_2 スペクトル（下）. E は, 光の電場ベクトルを表す

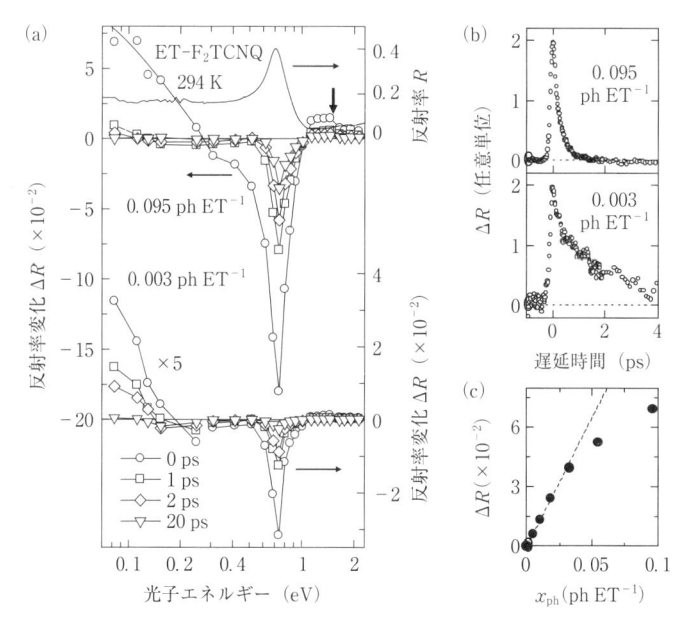

図 8.6 (a) ET-F$_2$TCNQ の過渡反射率変化（ΔR）スペクトル（ポンプ光, プローブ光の偏光はいずれも積層軸に平行. 太い矢印は, ポンプ光のエネルギー位置（1.55 eV）を示す), (b) 0.12 eV における ΔR の時間発展, (c) 0.12 eV における ΔR ($t_\mathrm{d} = 0$) の励起光子密度（x_ph）依存性（文献 8 より転載）

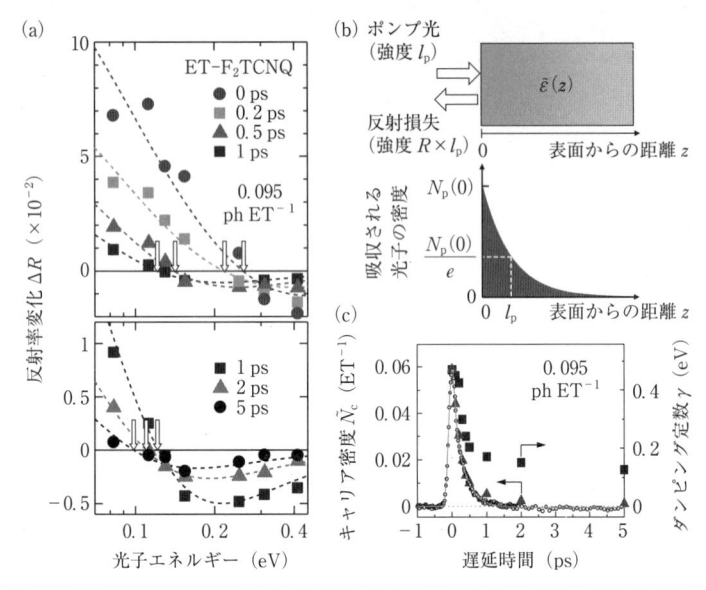

図 8.7 (a) ET-F$_2$TCNQ における強励起（0.095 ph ET^{-1}）の場合の反射率変化スペクトルの拡大図（破線はドルーデモデルによる解析結果．矢印は，反射率変化が0をよぎるエネルギー位置）．(b) 単結晶を光励起した場合に吸収される光子密度と励起後の誘電率の空間分布．(c) 反射率変化のドルーデモデルによる解析結果（平均キャリア密度 $\tilde{N}_c$（▲）およびダンピング定数 γ（■））．○は，0.12 eV における反射率変化の時間発展（任意単位）．細線は，指数関数二つを使った解析結果

態に特徴的な挙動であり，時間とともに，再結合によってキャリア数が減少し，プラズマエッジが低エネルギーにシフトしたと解釈できる．そこで，得られた反射率変化について，ドルーデモデルによる解析が行われた．ドルーデモデルの形状は，キャリア数に応じて変化する．このため，光キャリアの密度が図 8.7(b) に示すように表面から指数関数的に減少することを考慮して解析を行う必要がある．この効果を取り入れるために，試料表面から距離 z の位置でのキャリア密度 $N_c(z)$ がポンプ光の侵入長 l_p を使って $N_c(z) = N_c(0)\exp(-z/l_p)$ で与えられると考える．$N_c(0)$ は，試料表面でのキャリア密度である．さらに，電子と正孔の有効質量はいずれも電子質量 m_0 に等しいと仮定すると，このような指数関数的なキャリア分布を持つ系の誘電関数は，以下の式で表すことができる[10]．

$$\varepsilon(z) = \varepsilon_s - \frac{e^2}{\varepsilon_0 m_0} \cdot \frac{1}{\omega^2 + \gamma^2}\left(1 - i\frac{\gamma}{\omega}\right)N_c(z) \tag{8.1}$$

ここで，γ はダンピング定数であり，ε_s は高エネルギーにおける誘電率である．

この誘電関数を使って強励起の場合の励起直後から5ps後までの反射率変化をフィッティングした結果を，図8.7(a)に破線で示した．計算結果は実験のスペクトルをよく再現している．

この解析で求められたγ，および，表面からl_pまでの領域の平均のキャリア密度$\tilde{N}_c$の時間依存性を図8.7(c)に▲で示した．$\tilde{N}_c$の変化は，金属状態の減衰に対応する．0.12 eVにおける反射率変化を，同図に○で示す[8]．この反射率変化は，$\tilde{N}_c$の時間変化とほぼ一致している．そこで，この反射率変化に対し，指数関数で減衰する二つの成分を仮定したフィッティング解析が行われた．実験結果は，時定数$\tau_1 = 27$ fsと$\tau_2 = 320$ fsを持つ2成分の和で同図の細線で示すようによく再現できることがわかった．時定数27 fsの成分が80%，時定数320 fsの成分が20%の比率を占める．この測定に使用しているパルス光の時間幅は130 fsであるため27 fsの値に精度はないが，ポンプ光の時間幅の間ですでにキャリアの高速の減衰が生じていることは確かである．γの値は，励起直後0.5 eVときわめて大きく，時間とともに減少し5 ps後には0.12 eVとなる．これは，時間τに直すと8 fsから30 fsへの変化に相当する．このように大きなγは，観測されている光誘起金属状態が決して単純な金属ではなく，金属状態が電子間散乱を激しく起こしながら高速に緩和する過程の過渡的な状態であることに対応している．この超高速の緩和（電子状態変化）は，モット絶縁体の光誘起金属化の最も重要な特徴である．

ここで，励起強度を変化させた場合の金属相の性質について考えてみよう．弱励起（0.003 ph/ET）の場合は，図8.6(a)下のスペクトルからわかるように，モットギャップ遷移のピークの減少は2%と非常に小さい．したがって，モットギャップが開いている状態で金属応答が生じていることになる．一方，強励起の場合には，上で述べたように，モットギャップはほぼ消失し，金属化している．この両者の間の電子状態変化は，どのように理解すればよいだろうか．理論的研究からは，Uが大きなハーフフィリングの1次元モット絶縁体にキャリアをドープすると，ドーピング量の増加とともにモットギャップの遷移強度が0から連続的にドルーデ成分に移行することが示されている[11]．これは，先に述べた強相関1次元系に特有のスピン・電荷分離の性質に基づいている[7]．1次元モット絶縁体における光キャリアの伝播の様子を，図8.8に模式的に示した．光生成した電子とホール（電荷励起であるダブロン(D)とホロン(H)）の運動が，反強磁性的なスピン配列を乱さずに生じること，すなわち金属的挙動が現れることを定性的に理解で

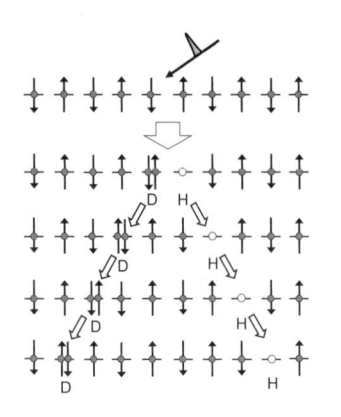

図 8.8 1次元 half-filled モット絶縁体において光生成したキャリア（ダブロン D, ホロン H）のダイナミクスの概念図

きる．図 8.6(b) に強励起と弱励起におけるドルーデ応答を反映する 0.12 eV の反射率の時間発展を，同図(c)に時間原点における反射率変化の励起光子密度依存性を示した．励起密度の増加とともに，反射率変化の大きさは線形に増加した後飽和し，その減衰は高速化する．しかし，これらの変化はいずれも連続的であり，不連続な変化はみられないことが確かめられている[8,12]．これは，スピン・電荷分離に基づく理論的予測と合致している[11]．

8.3.3 他の物質系における光誘起絶縁体-金属転移

光誘起絶縁体-金属転移はさまざまな系で研究されているが，ET-F$_2$TCNQ のように純粋に電子的な過程で生じるモット絶縁体-金属転移の例はきわめて少ない．1次元系では臭素架橋ニッケル錯体（[Ni(chxn)$_2$Br]Br$_2$）[13] や臭素架橋パラジウム錯体（[Pd(en)$_2$Br](C$_5$-Y)$_2$H$_2$O）[14]，2次元系では高温超伝導酸化物の母体物質である銅酸化物（La$_2$CuO$_4$ や Nd$_2$CuO$_4$）[15-17] において観測されているのみである．上述したように，2次元系ではスピンと電荷の結合が重要である．実際に，これらの銅酸化物で観測される金属状態のダイナミクスとその励起密度依存性は，1次元モット絶縁体のそれとは大きく異なることが明らかにされている．

光誘起絶縁体-金属転移を実現するもう一つの戦略は，温度変化や圧力印加で絶縁体-金属転移を示す物質に注目し，相境界近傍の絶縁体相に光を照射して金属化させようというものである．遷移金属酸化物では，マンガン酸化物[18] やバナジウム酸化物[19] の光誘起相転移がその代表例である．分子性物質の例としては，電荷秩序相にある 1 次元系（EDO-TTF）$_2$PF$_6$[20]，および，2 次元系 α-(ET)$_2$I$_3$[21] の光誘起金属化，モット絶縁体相にある κ-d-(ET)$_2$Cu[N(CN)$_2$]Br[22] の光誘起金属化が知られている．これら三つの系では，いずれの場合も金属化は分子変形や分子変位に律速されることが示唆されている．すなわち，絶縁体相の安定化に電子格子相互作用が重要な役割を果たしており，金属状態が生じるには，電荷秩序やモット絶縁体相を安定化させている分子変形や分子変位が解消される必要が

あるようである．これらの系では，構造変化を伴うことに関連して，光誘起金属状態の寿命も数ピコ秒から数百ピコ秒と比較的長くなる．このように，分子性物質の光誘起相転移では，ET-F$_2$TCNQ を除く多くの場合電荷と格子の相互作用が重要であり，そのダイナミクスも分子構造や結晶構造，物質の個性に依存して多彩な様相を呈する．

8.4 光誘起中性-イオン性転移

8.4.1 TTF-CA の光誘起中性-イオン性転移

ここでは，TTF-CA の光誘起中性-イオン性転移を紹介する．TTF-CA は，図 8.9 のように，ドナー（D）である TTF$^{+\rho}$ とアクセプター（A）である CA$^{-\rho}$ が交互に並んだ 1 次元鎖からなる分子化合物である．ここで，ρ は DA 分子間の電荷移動量である．この系は，室温では中性の分子性結晶（$\rho_N \sim 0.3$）であるが，温度を $T_c = 81$ K にすると，TTF から CA に電荷移動が生じイオン性（$\rho_I \sim 0.6$）に転移する[23]．イオン性相は，正負の電荷が交互に配列することによるクーロン引力の利得（マーデルングポテンシャル）によって安定化する[24]．簡単には，低温にすると分子間距離が減少するため，クーロン引力による利得が増加し，イオン性に転移すると理解される．イオン性相では，各分子にスピンが生じるため，スピンパイエルス機構が働き，隣り合う DA 分子は二量体化を起こす．この分子変位の位相は 3 次元的にそろうため，イオン性相は強誘電性を有するよ

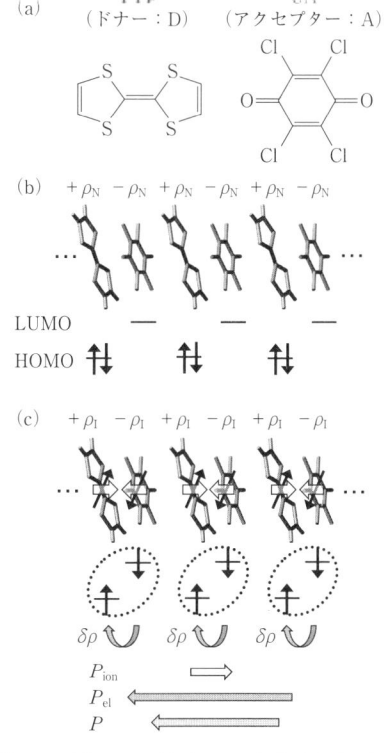

図 8.9 (a) TTF（ドナー：D）と CA（アクセプター：A）の分子構造．(b) 中性相と (c) イオン性相における分子積層と各分子のエネルギー準位．D$^+$A$^-$ の下線は，分子の二量体を表す

うになる[25,26]．この転移の性質は，第7章で詳しく述べられている．重要な点は，図8.9(c)に示すように，この系の強誘電分極 P が D 分子と A 分子の変位によって生じる分極 P_{ion} と逆向きであることである．P は，イオンの変位によって生じるのではなく，図8.9(c)の曲線矢印で示すように DA 二量体内の分子間電荷移動（大きさ $\delta\rho$）による電子的な分極 P_{el} に支配される．すなわち，$P = P_{el} - (-P_{ion})$ である．$P_s = 6.3\ \mu C/cm^2$ から見積もられる $\delta\rho$ の大きさは約 0.2 であり，中性-イオン性転移温度前後（82 K と 77 K）での電荷移動量の変化約 0.25 とほぼ一致する．すなわち，中性-イオン性転移が生じる際の二量体内での電荷移動から強誘電分極 P が生じるのである．

この中性-イオン性転移は，光励起によって引き起こすことができる．光誘起中性-イオン性転移は，1990年の腰原，十倉らによるナノ秒のレーザーパルスを用いたイオン性から中性への転移の報告[27]以来，光誘起相転移の典型例として国内外で活発な研究が行われてきた[28]．この物質では，光照射によって，中性相→イオン性相，イオン性相→中性相の両者の転移を過渡的に引き起こすことが可能であり，両者を合わせて光誘起中性-イオン性転移と呼んでいる．ここでは，中性からイオン性への転移に絞って解説する．

TTF-CA のこの光誘起相転移において重要な点は，二つの自由度があることである．一つは，ρ の変化すなわち電荷の自由度であり，もう一つは二量体化に対応する分子変位の変化，すなわち格子の自由度である．詳細なポンプ・プローブ分光測定の結果，この二つの自由度のダイナミクスは，時間領域で明確に分離して観測されることが示されている．さらに，より高時間分解能の測定から，分子変形という第三の自由度がこの相転移に重要な役割を演じていることも明らかとなった．以下で，それらの研究の概要を紹介する．

8.4.2　光誘起中性-イオン性転移の観測[29,30]

図8.10(a)は，中性（neutral：N）相（90 K）とイオン性（ionic：I）相（4 K）における偏光反射スペクトルである．積層軸（a 軸）方向の偏光（$E//a$）で現れる 0.6 から 0.7 eV にピークを持つバンドは，DA 分子間の電荷移動（charge transfer：CT）遷移である．同図(b)に示すように，中性相では D^+A^- 対の励起，イオン性相では D^0A^0 対の励起に対応する．2 eV から 2.5 eV にある構造は，TTF^+ イオンの分子内遷移による構造である．この遷移は，中性とイオン性の混成効果のために中性相でもわずかに観測される．この分子内遷移のエネルギー位置や強

度は，ρ の大きさに依存して敏感に変化するため，ρ のプローブとして都合がよい[27,29,30]．

図 8.11(a) に，中性相 (90 K) において，CT 遷移 (0.65 eV) で励起した場合の TTF の分子内遷移領域の反射率変化 $\Delta R/R$ を示す．測定の時間分解能は 180 fs である．励起直後，2.25 eV をピークとした正の反射率変化が生じるが数ピコ秒で減衰している．同図(b)の実線は，イオン性相 (4 K) の反射スペクトル R_I(4 K) と中性相 (90 K) の反射スペクトル R_N(90 K) の差分スペクトル $[R_\mathrm{I}(4\,\mathrm{K}) - R_\mathrm{N}(90\,\mathrm{K})]/R_\mathrm{N}(90\,\mathrm{K})$ である．測定された $\Delta R/R$ スペクトルの形状は差分スペクトルのそれと少々異なるが，これは，励起光の侵入長 (~500 Å) がプローブ光のそれ (~1500 Å) よりも短いために，励起が不均一に生じることによるものである．実際に，その不均一性を考慮して中性からイオン性へ変化した場合のスペクトルを計算すると図 8.11(b) の破線のスペクトルが得られるが，それらは実験結果とほぼ完全に一致する[29]．これらの結果から，光照射によって，中性→イオン性転移が生じたものと結論された．試料に吸収される光子密度と反射率変化の大きさから，1 光子当たり 10 から 15 DA ペア (20 から

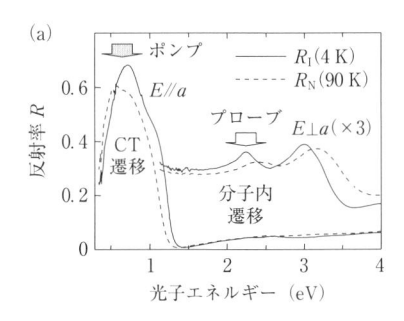

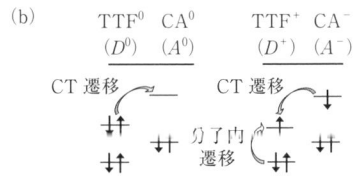

図 8.10 TTF-CA の中性相 (90 K)，イオン性相 (4 K) における反射スペクトル (a) とその帰属 (b)
E は，光の電場ベクトルを表す．

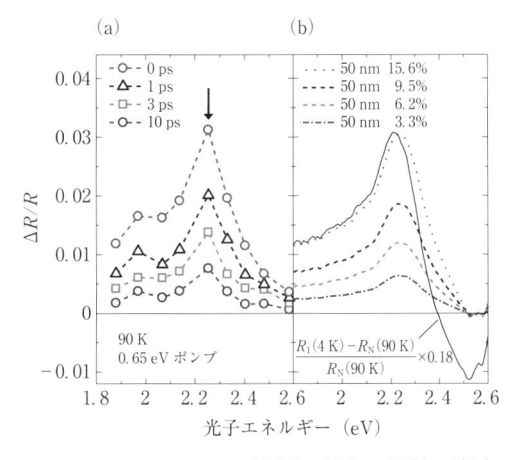

図 8.11 TTF-CA の分子内遷移の領域の光誘起反射率変化 (90 K)（文献 29 より転載）
(a) 実験結果，(b) シミュレーションの結果．実線はイオン性相 (4 K) と中性相 (90 K) の差分反射スペクトル．破線は励起光子の侵入長 (50 nm) を考慮し，光誘起イオン性状態が不均一に分布すると仮定して計算した反射率変化．上部の数値 (%) は，計算に用いた結晶表面でのイオン性状態の比率．

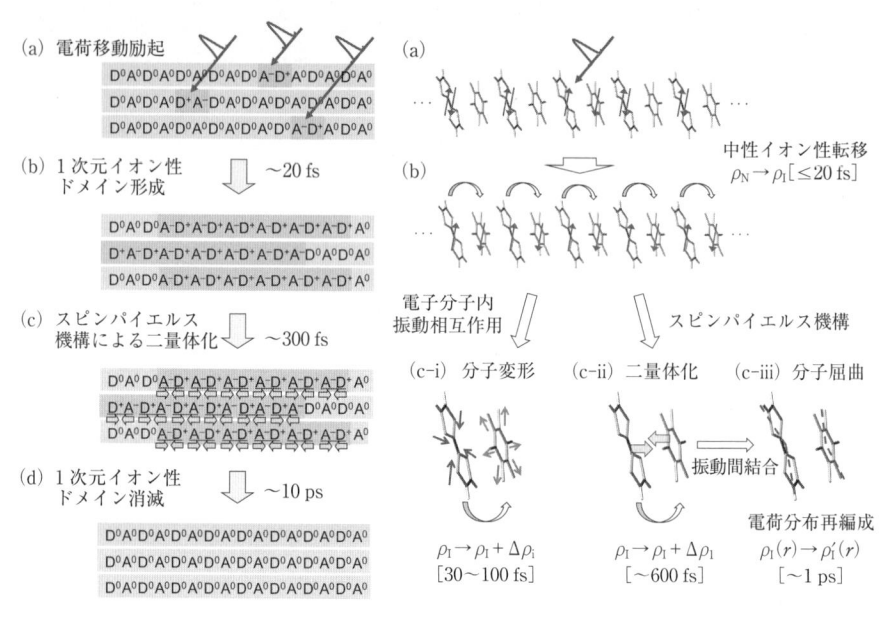

図 8.12 TTF-CA の光誘起中性→イオン性転移の全体像
右側の図には,それぞれの電荷移動量 ρ の変化とその時間スケールが示されている.

30 分子)がイオン化したと見積もられる.このとき,イオン性状態は,図 8.12(b) に示すように 1 次元的なイオン性ドメインになると考えられている[31-34].これは,DA 分子対がイオン化するよりも,ドメイン全体がイオン化した方がクーロン引力の利得によってエネルギーが低下することによる.光生成したイオン性ドメインは,図 8.11(a) からわかるように 10 ps 後にはほぼ消滅する.

8.4.3 光生成したイオン性ドメインのダイナミクス[35,36]

光誘起中性–イオン性転移の微視的な機構を明らかにするには,光照射によって,イオン性ドメインがどのように生成し緩和していくか,そのダイナミクスを検出する必要がある.8.2 節で述べたように,光励起後の電子や分子の運動を実時間検出するには,180 fs よりも高い時間分解能での測定が必要である.そこで,時間分解能 20 fs のポンプ・プローブ反射分光が行われた[35,36].

図 8.13 に,TTF の分子内遷移(2.25 eV)における反射率変化の時間発展を示す.光照射によるイオン性ドメインの形成(図 8.12(b))は,反射率変化の立ち上りに反映されるはずである.その時間変化を示したのが図 8.13 の挿入図で

8.4 光誘起中性-イオン性転移　　　　　　　　　　　　　　　181

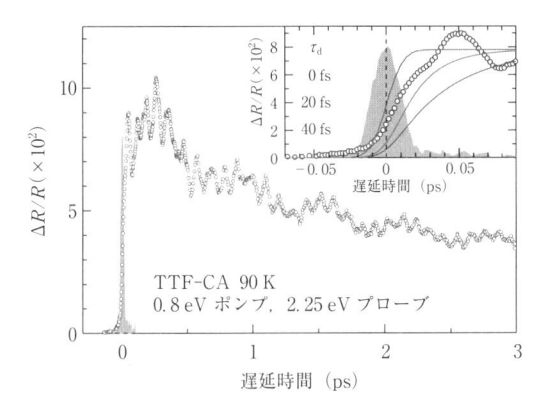

図 8.13 TTF-CA の光誘起中性→イオン性転移を反映する分子内遷移における過渡反射率変化の時間発展（文献 35 より転載）
図中の網かけ部分は測定系の装置関数であり，その半値幅から求まる時間分解能は 22 fs である．挿入図の細線は，信号の立上り時間を 0, 20, 40 fs とした場合の計算結果．

ある．挿入図中の実線は，このドメイン形成の時定数 τ_d が 0 fs, 20 fs, 40 fs のそれぞれの場合について，測定系の時間分解能を表す応答関数（図中の網かけ部分）を考慮して，信号の立ち上りを再現したものである．実験結果は，その時定数が 20 fs よりもわずかに短いことを示している．この系では，電荷のダイナミクスを支配する移動積分 t の大きさは約 0.2 eV であり，これは 20 fs の時間に対応する．したがって，イオン性ドメインの初期形成の過程は，より遅い時間スケールである分子振動や格子振動に律速されるのではなく，純粋に電子的な過程によるものであると推測される．

図 8.13 の反射率変化 $\Delta R/R$ の時間発展には，この高速の立上りに続いて複雑な振動構造が観測される．バックグラウンドの滑らかな反射率変化を差し引いてこの振動成分 $\Delta R_{OSC}/R$ を取り出したのが図 8.14(a) の○である．この振動成分は，指数関数的に減衰するコサイン型関数の和である以下の式において，五つの関数を仮定すると，図中の細線のように細かい構造までよく再現できる[35]．

$$\frac{\Delta R_{OSC}}{R} = \sum_i -A_i \cos(\omega_i t + \phi_i) \times \exp\left(-\frac{t}{\tau_i}\right) \quad (8.2)$$

ここで，A_i, ω_i, ϕ_i, および，τ_i は，各モードの振幅，振動数，初期位相，および，減衰時間である．ϕ_i は小さく，振動はコサイン型と見なしてよい．コサイン型の振動は，振動の開始時である時間原点でその振幅が最大になっていることに対応

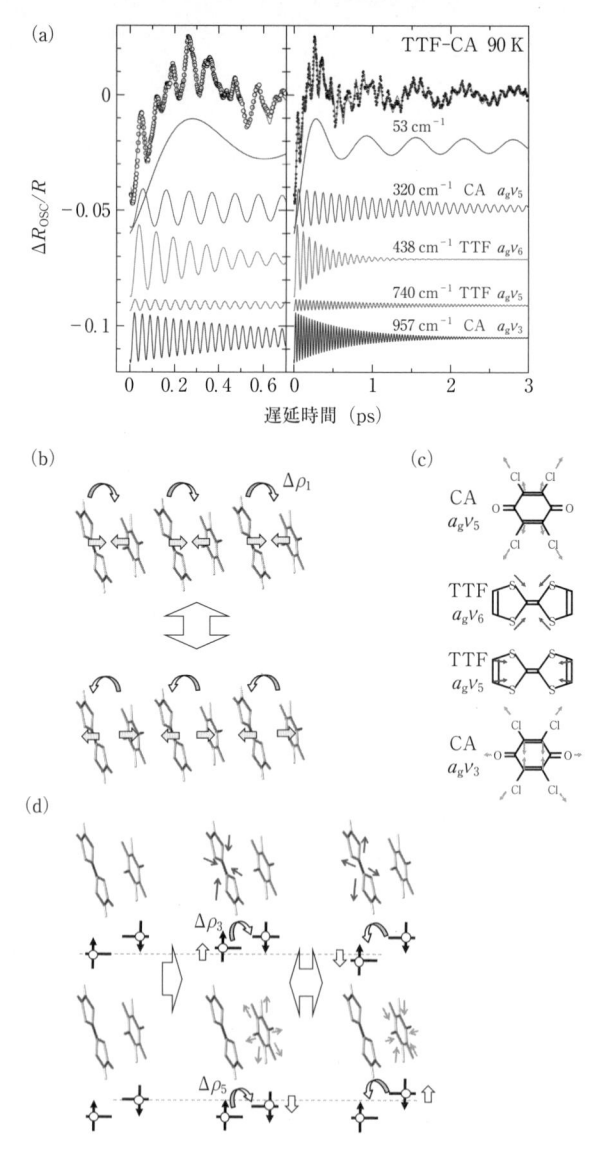

図 8.14 (a) TTF-CA の過渡反射率変化の時間発展(図 8.13)から抽出した振動成分(○)とそのフィッティング曲線(細線).フィッティング曲線は,下部の五つの振動成分を装置関数で畳み込んだものの和である.(b) 53 cm^{-1} の振動成分の起源である二量体分子変位の振動.この振動によって,電荷移動 $\Delta\rho_1$ が振動的に誘起される.(c) 高波数の振動成分の起源である分子内振動 (a_g) モード.(d) 電子-分子内振動相互作用の概念図.分子内振動 (a_g) モードによって電荷移動 $\Delta\rho_3$, $\Delta\rho_5$ が振動的に誘起される(文献 35 より転載)

する．すなわち，光キャリア生成によって分子の平衡位置が瞬時に変化したときに生じる振動であり，変位型励起（displacive excitation of coherent phonon：DECP）によるコヒーレント振動と呼ばれる[37]．

五つの振動モードは，53 cm^{-1} の低波数のモードと 300 cm^{-1} 以上の高波数のモードに大別される．53 cm^{-1} の振動は，ラマンスペクトルとの比較から，イオン性ドメイン内の分子の二量体化に対応するコヒーレント振動であることが明らかにされた．イオン性相では，8.2 節で述べたように各分子にスピンが生じてスピンパイエルス機構が働くが，過渡的に生成したイオン性ドメインにおいても同じ機構によって分子の二量体変位が起こり，引き続いて分子のコヒーレント振動が生じる．このコヒーレント振動の様子を図 8.14(b) に示した．コヒーレント振動が生じると，隣り合う DA 分子間のクーロン引力が変調を受けるため，電荷移動量 ρ も $\Delta\rho_1$ だけ変調される．そのため，ρ の変化に敏感な分子内遷移に同じ周期の振動が観測されるのである．

一方，高波数の四つのモードは，全対称の分子内振動（a_g）モードによるものである．各モードは，振動モードの理論計算[38,39]およびラマンスペクトル[40,41]との比較から，図 8.14(c) に示す各モードに帰属される．分子内振動（a_g）モードによるコヒーレント振動の発生は，電子-分子内振動相互作用（electron-intramolecular vibration(EIMV) coupling）によって説明される[42]．図 8.14(d) に示すように，分子間電荷移動が生じて分子がイオン化すると，そのイオン性状態を安定化するように分子が変形するが，この分子変形をきっかけとしてやはりコヒーレント振動が生じる．この振動による各結合の伸縮によって，分子軌道のエネルギーは同図の太い矢印のように上下に変調される．それによって，DA 両分子の分子軌道エネルギーが相対的に変化するため，DA 分子間の 2 次的な電荷移動（$\Delta\rho_i$）が振動的に誘起される．その結果，反射率変化に振動構造が重畳することになる．ここで測定している反射率変化 $\Delta R/R$ は TTF の分子内遷移によるものであり，TTF の価数 ρ の変化をプローブしているが，この ρ が TTF だけでなく CA の振動によっても変調されていることが重要な点である．このことが，分子内振動（a_g）モードによって 2 次的な分子間電荷移動 $\Delta\rho_i$ が生じることを示す証拠となっている．分子の電荷が変化すれば，分子内の原子間の結合の形態が変化し，原子配置も変化することは自然であるが，その分子変形による 2 次的な電荷移動量の変化 $\Delta\rho_i$ は，図 8.14(a) の各振動の振幅の大きさからわかるように非常に大きい．これは，分子変形によって，イオン性状態が大きく安定化す

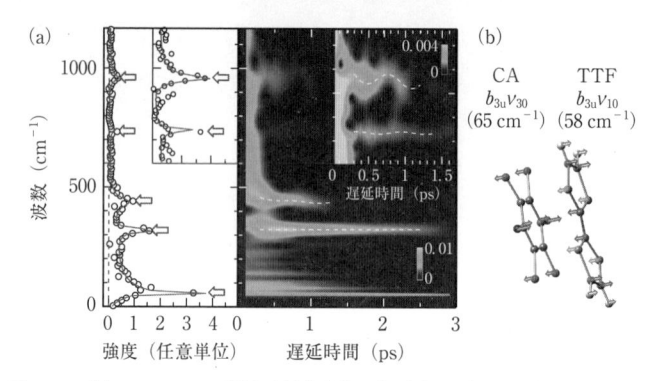

図 8.15 (a) TTF-CA の過渡反射率変化の振動成分（図 8.14(a)）のパワースペクトル（左）とウェーブレット変換（右）．白破線は，コヒーレント振動の波数の時間変化を表している．(b) TTF および CA の屈曲モードの振動数とその様子[38,39]（文献 35 より転載．口絵 5 参照）

ることを示唆している．

　この分子変形と電荷移動量 ρ のダイナミクスについては，さらに詳しい解析が行われているのでそれについて簡単に述べておこう．図 8.14(a) の振動波形のフーリエ変換から得られたパワースペクトルを，図 8.15(a) の左に示す．矢印で示されているピークが，上で議論した 5 つの振動モードに対応する．コヒーレント振動の波数が時間変化する場合は，フーリエ変換を細かい時間領域に区切って行うことが有効である．図 8.15(a) の右図は，ウェーブレット変換[43]と呼ばれる手法を用いて得られたパワースペクトルの時間変化を等高線図で表したものである．ある遅延時間において図を縦に切ると，その遅延時間におけるパワースペクトルとなる．図中の破線は，各遅延時間で極大となる波数をつないだものであるが，分子内振動のうちのいくつかは，その波数が時間とともに周期的に変動したり，シフトしたりしていることがわかる．この波数の変動の周期は，53 cm^{-1} の格子振動の周期と一致している．すなわち，格子振動による ρ の変調によって，分子内振動の振動数が変調されることによるものである．一方，波数の時間的なシフトには，図 8.12(c-iii) に示すような分子の二量体化に引き続いて起こる分子の屈曲が関係していることが明らかにされている[35]．

8.4.4　光誘起中性-イオン性転移の全体像

　これまでの議論から得られる光誘起中性→イオン性転移の初期ダイナミクスの全体像を図 8.12 に示した．光励起すると，まず電子的な過程によって 20 fs 以

内に 10 から 15 DA ペアにわたる 1 次元的なイオン性ドメインが生じる (図 (b)). このドメインを安定化するために，電子-分子内振動相互作用を通して分子の変形が起こり (図 (c-i))，また，スピンパイエルス機構を通して分子の二量体変位が起こる (図 (c-ii))．同時にそれらのコヒーレント振動が生じる．分子の二量体変位に対応するコヒーレント振動は，分子間の電荷移動量 ρ の変調 ($\Delta\rho_1$) を引き起こす．この ρ の変調が，分子内振動によるコヒーレント振動の波数変調を誘起する．一方，この二量体分子変位を引き金として，二量体をさらに安定化するように図 (c-iii) に破線で示したような分子の屈曲が起こる．それが分子内の電荷分布の再編成を引き起こして，分子内振動の波数シフトを引き起こすことになる．

最後に，光誘起されるイオン性状態の総量と寿命について簡単に議論しておこう．図 8.13 の実験における励起光子密度は，DA ペア当たりおよそ 0.07 光子である．この励起では，励起光の侵入長の領域の 70% 以上の分子が中性からイオン性に転換する．励起強度をさらに増加すると，この効率は約 90% まで増大させることができる．すなわち，中性からイオン性への転移をほぼ完全に引き起こすことができるのである．この意味では，「中性からイオン性に転移した」といってよさそうである．一方，イオン性状態の寿命は，励起強度によらずに約 10 ps と非常に短く，90% の領域がイオン化した場合でも準安定状態は生じていないように見える．この理由は，イオン性相の強誘電的な 3 次元構造と関係している．分光的な測定から，イオン性相における強誘電ドメインは，分子の積層方向とそれと垂直な方向の両方でいずれも百 μm 以上の大きさを持つことが報告されている．一方，光励起した場合は，最初に微視的な 1 次元的イオン性ドメインが生じるわけであるが，このドメインを安定化させる分子変形や分子変位がわずかでも生じればドメインの分極の向き (…$D^+A^-D^+A^-$… あるいは …$A^-D^+A^-D^+$…) が決まってしまい，必ずしも分極の向きが 3 次元的に整列しないと予想される．そのために，イオン性状態は準安定な 3 次元的秩序状態には至らず，寿命が短いのではないかと考えられている．この様子が，図 8.12(c) に示されている．

8.4.5 光誘起強誘電性を目指して

上述したように，TTF-CA の中性相を光励起して生じるイオン性状態は，強誘電的な秩序を有する状態ではない．光で強誘電状態を生成するには，光励起をきっかけとして分極の向きをそろえようと働く何らかの機構が物質に内在されて

いる必要がある．この観点から注目されたのが，量子常誘電性を有する物質群である．量子常誘電性とは，低温において，格子の量子ゆらぎのために強誘電状態が不安定となり，長距離秩序が生じない性質である．典型的な量子常誘電体としては，チタン酸ストロンチウム（SrTiO$_3$）が知られている．SrTiO$_3$では，SrをCa置換すると，局所的に生じる静的な双極子の効果で強誘電性が生じる[44]．そこで，量子常誘電体に光励起によって大きな双極子モーメントを導入できれば，不安定化していた強誘電性を過渡的に復活させることができると期待される．SrTiO$_3$を光励起した場合には，励起子ではなく電子-正孔が対生成するため，むしろ伝導的な状態が生成すると考えられている[45,46]．一方，TTF-CAを中性相で光励起したときに生じるイオン性ドメインは，大きな双極子モーメントを持つ．そこで，TTF-CAの類縁物質で量子常誘電性を示すDMTTF-2,6QBr$_2$Cl$_2$[47] において，光誘起強誘電性を目指した研究が行われた[48]．

図8.16(a)(b)は，65 KでTTF-CAと同様な中性-イオン性転移（1次転移）を示すDMTTF-CAの中性相（75 K）と中性の量子常誘電相にあるDMTTF-2,6QBr$_2$Cl$_2$（4 K）の光誘起反射率変化である[48]．プローブエネルギーは

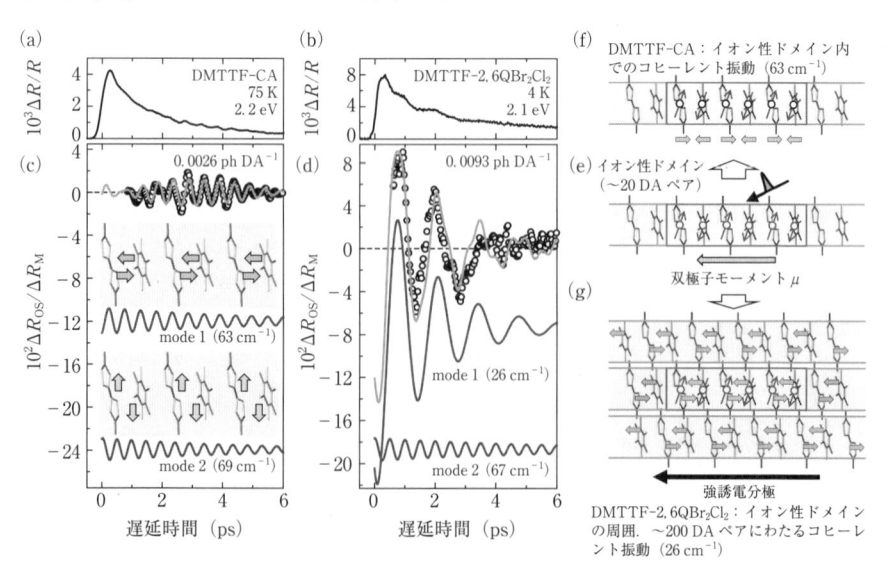

図8.16 (a)(b) DMTTF-CAおよびDMTTF-2,6QBr$_2$Cl$_2$の光誘起中性→イオン性転移を反映する分子内遷移における過渡反射率変化の時間発展．(c)(d) 反射率変化にみられる規格化したコヒーレント振動成分 $\Delta R_{OS}/\Delta R_M$（○）とそのフィッティング結果（細線実線）．ΔR_M は，反射率変化の最大値．(c)には，mode 1 と mode 2 の変位の方向が描かれている．(e)~(g) DMTTF-CAとDMTTF-2,6QBr$_2$Cl$_2$における光誘起イオン性ドメイン形成とコヒーレント振動の概念図

DMTTF 分子の分子内遷移に対応しており，TTF-CA の場合と同様に，反射率の増加はイオン性ドメインの生成を示している．いずれの系でも，1 光子で約 20 DA ペアがイオン化する．両者の応答の違いは，コヒーレント振動に現れる．振動成分を図 8.16(c)(d) に示した．両者に共通して，2 種類のコヒーレント振動が観測される．これらは，それぞれ，図 8.16(a) 中にある分子の積層方向（mode 1）と分子面方向（mode 2）への変位に対応する光学型格子振動であり，いずれも分子の二量体化に関係している．注目すべきことは，DMTTF-2,6QBr$_2$Cl$_2$ の mode 1 の振幅が，DMTTF-CA のそれの十倍近くに達していることである．詳細な解析から，この mode 1 のコヒーレント振動は，1 光子の励起で約 200 DA ペア（400 分子）にわたって生じることが明らかにされた．1 光子の励起で生じるイオン性ドメインのサイズは高々 20 DA ペアであるので，振動はイオン性ドメインの周りの広い領域にわたって誘起されていることになる．

このようなコヒーレント振動の増大は，以下のように解釈されている．量子常誘電状態では，積層軸方向の二量体変位は時間的空間的にゆらぎながら生じている．ここに光励起によってイオン性ドメインが誘起されると（図 8.16(e)），スピンパイエルス機構によって二量体変位が生じるが（図 8.16(f)），イオン性ドメインは大きな双極子モーメントを持つため，同時に系の強誘電性を強める効果を及ぼす．このために，積層軸方向の二量体分子変位（mode 1）が，イオン性ドメインの内部だけでなく，そのドメインの周りの広い領域（約 200 DA ペア）にわたって位相をそろえて生じると考えられる（図 8.16(g)）．この現象は，双極子モーメントの導入によって，量子ゆらぎによって押さえられていた強誘電性が復活し，ゆらいでいた二量体変位が同位相にそろえられる現象，すなわち，光による過渡的な強誘電状態の生成と見なすことができる[*3]．

■ 8.5 テラヘルツ光による強誘電分極の超高速制御 ■

8.5.1 テラヘルツ光による物性制御

8.2.2 項で述べたように，テラヘルツ光の発生技術の進歩に伴い，それを固体

[*3] DMTTF-CA のイオン性相において，各 DA 積層は，ac 面内では強誘電的に配列するが，ac 面間では反強誘電的に配列する．DMTTF-2,6QBr$_2$Cl$_2$ でのコヒーレント振動の増大（図 8.16(b) および (g)）は，DA 積層が強誘電的に配列しやすい 2 次元面内の効果を反映していると考えられている．

の電子状態の制御に用いようという試みが盛んに行われるようになった．高強度テラヘルツパルスの強電場によって半導体のキャリアを加速し，衝突イオン化過程を誘起してキャリア増殖を行った実験[49]，バナジウム酸化物を強電界で絶縁体から金属に転移させた実験[50]，BCS超伝導体の秩序パラメーターの振動を観測した実験[51]，などが報告されている．また，テラヘルツパルスの磁場成分を使って，磁性半導体のマグノンを制御する実験も行われている[52]．ここでは，テラヘルツ光による分子性物質の物性制御の代表例として，強誘電分極の高速制御の研究を紹介する[53,54]．

光機能性の観点での強誘電体の重要な特性は，反転対称性が破れることによって生じる光学的な非線形性である．光学定数が電場に比例して変化する電気光学効果（ポッケルス効果）や，光の電場の2乗に比例する分極が生じる2次の非線形光学効果がそれに当たる．ポッケルス効果を使うと，電場による屈折率の変化を利用して光の偏光を回転させることが可能であるし，2次の非線形光学効果は，第二高調波発生や波長変換全般に欠かせない機能である．もし，強誘電分極の振幅や向き，あるいは，強誘電分極ドメイン自体の生成・消滅を光や電場で高速に制御することができれば，他の材料では実現できない高度な光の制御が可能になると期待される．この章の最初に述べた光スイッチを念頭に置くと，光の制御に求められる時間（周波数）は，10 psec（100 GHz）から1 psec（1 THz）の領域である．通常の強誘電体において分極反転に要する時間（周波数）は秒（1 Hz）から1 μsec（1 MHz）のオーダーであり，桁違いに長い．分極の振幅の変調はどうだろうか．通常の強誘電体において，分極の起源は正負のイオンの変位によるものであり，分極の変調速度は対応する格子振動の振動数に律速されると考えられる．これに対し，電子型強誘電体であるTTF-CAでは，分極の起源が電荷移動であるため，移動積分をtとして$1/t$程度の時間で分極が変調できると予想される．TTF-CAでは$t\sim0.2\,\mathrm{eV}$であり，これは20 fsに対応するから，原理的にはサブピコ秒での高速変調が十分に可能である．分極を高速に変調するための外場としては，テラヘルツパルスの電場成分を用いるのが有効である．

8.5.2　テラヘルツ光ポンプ-第二高調波プローブ測定[53]

テラヘルツ電場による分極 $\boldsymbol{P}$ の巨視的な変化を検出するには，第二高調波発生（second harmonic generation：SHG）を使うのが有効である．そこで，テラヘルツ光ポンプ-SHGプローブ測定が行われた．その概念図を図8.17(a)に，テ

ラヘルツ電場波形 $E_{\mathrm{THz}}(t)$ を同図(b)に示した．電場は積層軸（a軸）に平行，その最大値は 36 kV/cm であり，ピーク周波数は 0.75 THz（〜25 cm^{-1}）である．1.3 eV の光（パルス幅 130 fs）を入射したときに生じる SH 光の強度 I_{SHG} のテラヘルツ電場による変化 $\Delta I_{\mathrm{SHG}}/I_{\mathrm{SHG}}$ の時間発展を図8.17(b)に○で示す．$\Delta I_{\mathrm{SHG}}/I_{\mathrm{SHG}}$ の時間発展は，$E_{\mathrm{THz}}(t)$ とよく一致している．このことから，巨視的な分極の変化がテラヘルツ電場に比例する形で生じることが確かめられた．

8.5.3 テラヘルツ光ポンプ-可視光プローブ分光[53]

8.4.1項で述べたように，TTF-CA の強誘電分極 $\boldsymbol{P}$ の起源は，中性-イオン性転移の際に生じる電荷移動量 ρ の

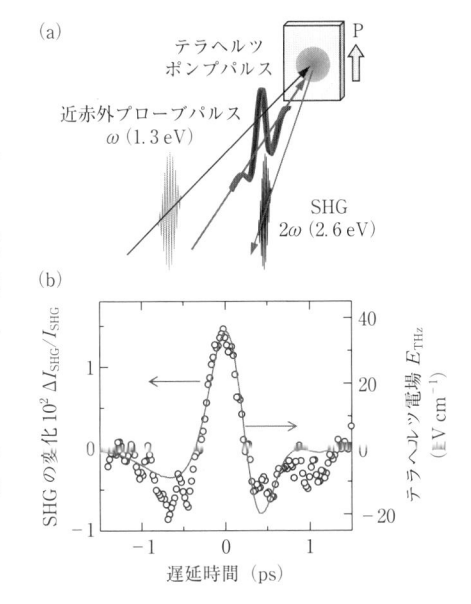

図8.17 (a) テラヘルツ光ポンプ-SHG プローブ分光の概念図．(b) テラヘルツ光ポンプによる SHG の強度変化（○：65 K）とテラヘルツ電場 E_{THz} の時間発展
テラヘルツ電場は分子積層軸（a軸）に平行．プローブ光（2.2 eV）の偏光は a 軸に垂直．

増加分である．そのため，テラヘルツ電場による微視的な分極変調を調べるには，ρ の時間変化を調べるのが有効である．図8.18(a)は，テラヘルツ光の電場波形 $E_{\mathrm{THz}}(t)$ であり，電場は積層軸（a軸）に平行，その最大値は 38 kV cm^{-1} である．プローブ光は，a軸に垂直に偏光した時間幅 130 fs のパルスであり，テラヘルツ電場による TTF の分子内遷移の反射率変化 $\Delta R/R$ すなわち ρ の変化 $\Delta\rho$ を検出する．

図8.18(b)に，イオン性相（78 K）において測定した 2.2 eV での $\Delta R/R$ の時間発展を○で示す．このプローブエネルギーでは，反射率の増加は ρ の増加を表す．同図の細線は，$E_{\mathrm{THz}}(t)$（図(a)）を規格化して示したものである．時間原点付近の $\Delta R/R$ の変化は，$E_{\mathrm{THz}}(t)$ とほぼ一致している．実際に，-1.5 ps から 1.5 ps の時間領域での $\Delta R/R$ の変化を $E_{\mathrm{THz}}(t)$ に対してプロットすると，図8.19(a)に示すようにほぼ完全に線形の関係になる．この結果から，ρ がテラヘルツ電場に対して遅れることなくその電場に比例して増加することがわかる．このこ

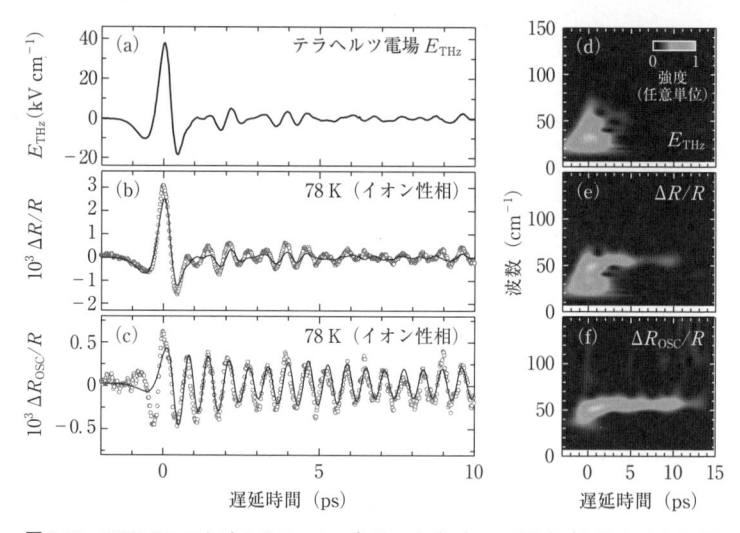

図 8.18 TTF-CA におけるテラヘルツ光ポンプ-光プローブ分光（文献 53 より転載）(a) テラヘルツパルスの電場波形 E_{THz}. (b) テラヘルツ光ポンプによる反射率変化 $\Delta R/R$（イオン性相：78 K）. 実線は, 規格化したテラヘルツ電場波形. (c) (b)の反射率変化の中の振動成分 $\Delta R_{OSC}(t)/R$. 実線は, 式(8.2)によるフィッティング曲線. (d)～(f) フーリエパワースペクトルの時間変化：(d) E_{THz}, (e) $\Delta R/R$, (f) $\Delta R_{OSC}/R$.

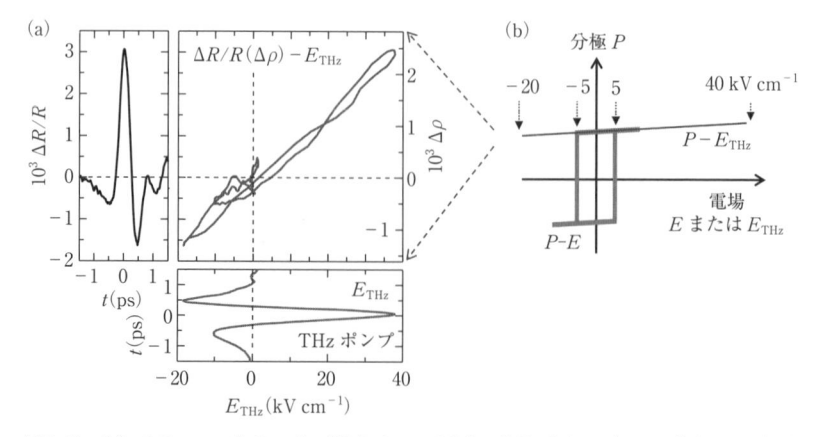

図 8.19 (a) テラヘルツ光ポンプ-可視光プローブ分光の結果（図 8.18）から導出した反射率変化のテラヘルツ電場依存性（イオン性相：78 K）と (b) 電場-分極特性（P-E 曲線）とテラヘルツ電場-分極特性（P-E_{THz} 曲線）の概念図（文献 53 より転載）.

とから，電場による ρ の変化は，格子変形を伴わない電子的な応答によって生じると考えるべきであり，テラヘルツ電場による DA 二量体内の fractional な分子間電荷移動に起因するものと解釈される．すなわち，分極の振幅のサブピコ秒

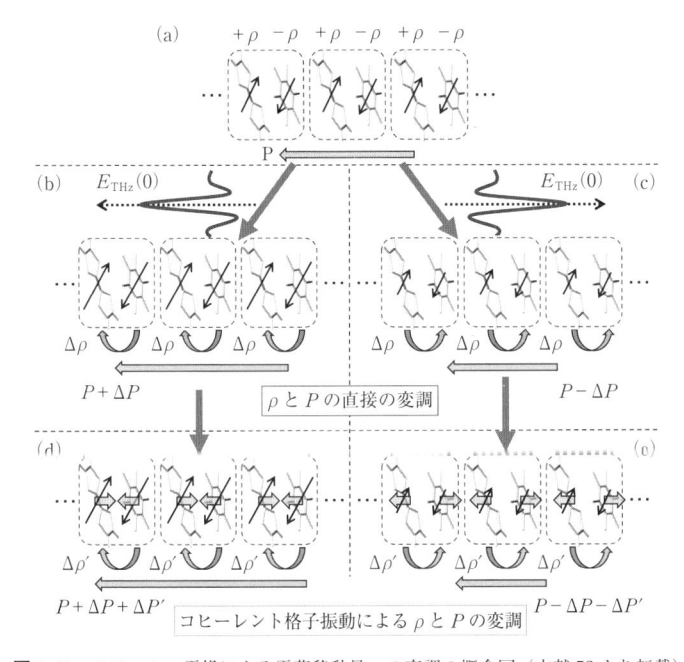

図 8.20 テラヘルツ電場による電荷移動量 ρ の変調の概念図（文献 53 より転載）(a) イオン性相の二量体変位と分極 P. (b)(c) テラヘルツ電場 $E_{\mathrm{THz}}(t)$ による ρ と P の直接の変調：(b) P と $E_{\mathrm{THz}}(0)$ が平行の場合，(c) P と $E_{\mathrm{THz}}(0)$ が反平行の場合．(d)(e) 二量体変位に対応する格子振動を通した ρ と P の変調：二量体変位，ρ, P が増加する場合（d）と減少する場合（e）．

の変調が電子的過程により実現している．この様子を，図 8.20(a) → (b) および (a) → (c) に示した．図 8.18(b) では，時間原点における反射率変化 $\Delta R/R$ = 電荷移動量の変化 $\Delta\rho$ は正である．したがって，分極 P の変化 ΔP は正であり，図 8.20(b) に示すように P が時間原点のテラヘルツ電場 $E_{\mathrm{THz}}(0)$ に平行であることがわかる．いくつかの試料で同様な測定を行うと，時間原点における $\Delta R/R$ すなわち $\Delta\rho$ や ΔP の符号が負になる場合があることも確かめられている．この場合は，図 8.20(c) のように，P は $E_{\mathrm{THz}}(0)$ に反平行である．

8.5.4 超高速分極変調の大きさとその性質[53]

ここで，テラヘルツ電場による電荷移動量 ρ の変化 $\Delta\rho$ と，それによって生じる分極 P の変化 ΔP の大きさについて簡単に議論しておこう．$\Delta\rho$ は，$\Delta R/R$ の大きさから 38 kV cm^{-1} で〜2.5×10^{-3} と見積もられる．ΔP は，SHG の変化か

ら見積もることができる.2次の非線形感受率 $\chi^{(2)}$ が P に比例すると仮定すると,I_{SHG} は P^2 に比例するため,SHG 強度の変化 $\Delta I_{SHG}/I_{SHG}$ は $2\Delta P/P$ に等しいことになる.$\Delta I_{SHG}/I_{SHG}$ の値から,36 kV cm^{-1} での分極の変化 $\Delta P/P$ は約 0.75% と見積もられる.P は,前述したように A 分子から D 分子への電荷移動 $\delta\rho \sim 0.2$ に起因する.そのため,テラヘルツ波ポンプ-光プローブ測定で得られる $\Delta\rho$ から $\Delta P/P$ を見積もることも可能である.この場合,$\Delta P/P$ は 38 kV cm^{-1} で約 1.25% となり,SHG から見積もられる値とおおよそ一致する.

次に,テラヘルツ電場に対する応答を,第 7 章で述べた P-E 特性と比較しよう.抗電場 E_C の大きさは,50 K で約 5 kV cm^{-1} である.E_C 以上の電場では,ドメインウォールが動き分極反転が生じる.一方,テラヘルツ電場に対する応答では,状況はまったく異なる.図 8.19(a) の $\Delta R/R$-E_{THz} 曲線は,$\Delta\rho$-E_{THz} 曲線(右側縦軸参照)と読み替えることができる.テラヘルツ電場を印加する前の分極 P を支配している電荷移動の大きさ $\delta\rho \sim 0.2$ を考慮すると,P は $(\delta\rho + \Delta\rho)$ に比例するから,$(\delta\rho + \Delta\rho)$-$E_{THz}$ 曲線が P-E_{THz} 曲線に対応することになる.この P-E_{THz} 曲線と P-E 曲線(図 7.12)[25] の関係を図 8.19(b) に模式的に示した.ドメインウォールの運動は遅いため,テラヘルツ電場が変化するサブピコ秒の時間ではドメインウォールは完全に静止している.そのため,テラヘルツ電場を使うと非常に大きな電場を強誘電体に加えることが可能であり,電子系の変調による大きな分極変調を誘起することができるのである.

8.5.5 分極変調によって誘起される分子のコヒーレント振動

次にテラヘルツパルス照射後 1 ps 以降の時間領域での反射率変化に注目する.図 8.18(b) を注意深くみると,反射率変化 $\Delta R/R$ にはテラヘルツ電場 $E_{THz}(t)$ には存在しない周期的な変調(コヒーレント振動)が現れていることがわかる[53].$E_{THz}(t)$ の定数倍を $\Delta R/R$ から差し引くことにより抽出した振動成分 $\Delta R_{OSC}/R$ を,図 8.18(c) に ○ で示す.周期 0.6 ps(周波数 54 cm^{-1})の振動が存在することがわかる.同図 (d)(e)(f) は,それぞれ,$E_{THz}(t)$,$\Delta R/R$,$\Delta R_{OSC}/R$ を各遅延時間においてフーリエ変換して得られるパワースペクトルの時間依存性を等高線で表したものであり,図 8.15 の右パネルの図と同様にウェーブレット変換によって得られた結果である.$\Delta R/R$ には,$E_{THz}(t)$ にはみられない 54 cm^{-1} の振動が明瞭に観測されている.$\Delta R_{OSC}/R$ は 54 cm^{-1} の振動だけからなり,その振動は 10 ps 以降まで存在する.これは,8.4 節で述べた光誘起中性→イオン

性転移の際に生じるコヒーレント振動の振動数とほぼ一致しており，D 分子と A 分子が a 軸にそって逆方向に変位する光学型の格子振動モードによるものと考えることができる．

このコヒーレント振動が発生する機構についても，詳細な検討が行われた．図 8.18(f) からわかるように，テラヘルツ電場は $54\,\mathrm{cm}^{-1}$（〜$1.6\,\mathrm{THz}$）に強度を持つため，まず考えられる機構はテラヘルツ電場による光学モードの直接の励振である．図 8.9(c) に示されているように，電場で誘起される D 分子と A 分子の変位の方向は，変位型の強誘電体で期待される方向（$\boldsymbol{P}_{\mathrm{ion}}$ の方向）と逆向きである．一方，図 8.18(c) の ρ の振動の第一周期目の変化が，同図 (b) にみられるテラヘルツ電場による直接の ρ の変調と同じ向きであることから，この可能性は否定された．

ρ のコヒーレント振動の起源は，テラヘルツ電場に同期した ρ の高速変調によって誘起される二量体変位の変調である．図 8.20(b) に示されている時間原点付近における電子的な過程による ρ の増加は，各分子上のスピンモーメント（同図の黒矢印）を増加する．その結果，スピン-格子相互作用の増大によってスピンパイエルス機構が増強し，二量体分子変位が増加すると予想される．分子変位の増加は，二量体内のクーロン引力の増加を通して更なる電荷移動 $\Delta\rho'$ を誘起し，付加的な分極の増加 $\Delta\boldsymbol{P}'$ を引き起こす．この分子変位を引き金として，分子はその後コヒーレントに振動することになるが，それによって，$\Delta\rho'$ および $\Delta\boldsymbol{P}'$ の振幅で電荷移動量と分極の振動が生じるのである．図 8.20(c) のように $E_{\mathrm{THz}}(0)$ が $\boldsymbol{P}$ に反平行である場合は，ρ は最初に減少し，二量体変位の減少（同図 (e)）を引き金としたコヒーレント振動が生じる．

この機構では，振動成分 $\Delta R_{\mathrm{OSC}}/R$ は，時定数 τ_0 で減衰する振動数 Ω の調和振動子の電場 $E_{\mathrm{THz}}(t)$ による強制振動として，以下の式で与えられる．

$$\frac{\Delta R_{\mathrm{OSC}}}{R(t)} \propto \int_{-\infty}^{t} E_{\mathrm{THz}}(\tau) e^{-(t-\tau)/\tau_0} \sin[\Omega(t-\tau)] \mathrm{d}\tau \tag{8.3}$$

これは，電場による光学モードの直接の励振の式にみえるが，ρ の変調を介して振動が励振される場合も，反射率変化はこの式で表されることを示すことができる[53]．この式を使うと，図 8.18(c) の $\Delta R_{\mathrm{OSC}}/R$ の時間発展は，$\tau_0 = 8.7\,\mathrm{ps}$，$\Omega = 54\,\mathrm{cm}^{-1}$ として同図の実線のようによく再現される．以上の結果から，ρ の振動は，テラヘルツ電場印加 → ρ の高速変調 = スピンモーメントの高速変調 → スピン-格子相互作用を通したスピンパイエルス機構の変調 → 二量体変位に対応する

コヒーレント振動→電子-格子相互作用を通した ρ の変調,という一連の過程によって生じるものと結論される.

■ 8.6 この章のまとめ ■

本章では,分子性物質の特徴的な光誘起相転移とそのダイナミクスの研究を紹介した.ET-F$_2$TCNQ の光誘起絶縁体-金属転移では,光励起による電子状態変化がトランスファーエネルギーに対応する時間スケール(約 20 fs)で生じると考えられる.これは,格子変形を伴わない純粋に電子的な相転移であり,強相関電子系の超高速光誘起相転移の代表例といえる.TTF-CA の光誘起中性→イオン性転移では,光励起直後に,電子間相互作用に起因する電子的な過程によってイオン性ドメイン生成が起こる.この過程は,やはりトランスファーエネルギーの時間スケール(約 20 fs)で高速に生じる.それに引き続いて,イオン性ドメインを安定化するように電子-分子内振動相互作用やスピン-格子相互作用を通して分子変形や分子変位が誘起されるが,それらの構造変化は電荷移動量をさらに変化させ,最終的に安定なイオン性状態へ到達する.異なる時間分解能の測定を組み合わせることによって,さまざまな自由度が協調してイオン性状態を安定化させていく様子を詳細に解明することが可能となった.本章の最後では,テラヘルツ光を用いた物質制御の最新の結果として,TTF-CA のイオン性における強誘電分極制御の研究を紹介した.電子型強誘電体では,テラヘルツ電場で電荷移動を誘起することによって,分極の高速制御が可能であることが示された.

光誘起相転移の研究には,多くの興味深い研究の展開が考えられる.ここでは,二つの課題をあげておこう.一つは,光励起状態の初期ダイナミクスの問題である.光励起状態は,励起直後は結晶中に広がった状態である.したがって,TTF-CA の中性相での初期光励起状態を実空間における D$^+$A$^-$ ペアと記述するのは厳密には正しくない.実空間における励起状態を想定するには,励起を局在化させる何らかの緩和過程が必要である.結晶中に広がった光励起状態からどのように実空間のドメイン形成が生じるか,その描像を実験,理論の両面から明らかにする必要がある.モット絶縁体の光誘起金属化については,光励起状態の生成をきっかけとしてどのように金属状態が生じるか,その電子系のダイナミクスが興味深い.もう一つの課題は,光励起による秩序状態の形成である.光励起によって電子系の秩序を壊すことは,モット絶縁体-金属転移をはじめとし

てさまざまな系で実現している.一方,光を使って対称性の高い状態から対称性の低い秩序状態を生成することは,一般に容易ではない.量子常誘電性を有するDMTTF-2,6QBr$_2$Cl$_2$において光励起で復活する強誘電性は,その一例と見なすことができる.励起レーザーの波長や時間幅の選択,電場や磁場の印加,あるいは,複数パルスでの励起を利用して,光で低い対称性を持つ秩序状態,あるいは,新しい秩序状態を形成することは,今後の興味深い課題である. 〔岡本 博〕

文 献

1) H. Okamoto, S. Iwai and H. Matsuzaki : Photoinduced phase transitions in one-dimensional correlated electron systems. Photoinduced Phase Transitions (K. Nasu ed.), World Scientific (2004) 239.
2) H. Okamoto : Ultrafast photoinduced phase transitions in one-dimensional organic correlated electron systems. Molecular Electronic and Related Materials-Control and Probe with Light (T. Naito ed.), Transworld Research Network (2010) 59.
3) J. Hebling et al. : Opt. Express **10** (2002) 1161.
4) H. Hirori et al. : Appl. Phys. Lett. **98** (2011) 091106.
5) C. Ruchert, C. Vicario and C. P. Hauri : Phys. Rev. Lett. **110** (2013) 123902.
6) Y. Minami et al. : Appl. Phys. Lett. **102** (2013) 041105.
7) M. Ogata and H. Shiba : Phys. Rev. B **41** (1990) 2326.
8) H. Okamoto et al. : Phys. Rev. Lett. **98** (2007) 037401.
9) T. Hasegawa et al. : Solid State Commun. **103** (1997) 489.
10) J. Y. Vinet, M. Combescot and C. Tanguy : Solid State Commun. **51** (1984) 171.
11) H. Eskes and A. M. Oles : Phys. Rev. Lett. **73** (1994) 1279.
12) H. Uemura et al. : J. Phys. Soc. Jpn. **77** (2008) 11314.
13) S. Iwai et al. : Phys. Rev. Lett. **91** (2003) 057401.
14) H. Matsuzaki et al. : Phys. Rev. Lett. **113** (2014) 096403.
15) H. Okamoto et al. : Phys. Rev. B **82** (2010) 060513R.
16) H. Okamoto et al. : Phys. Rev. B **83** (2011) 057204.
17) 岡本 博,澤 彰仁 : 固体物理 **48** (2013) 697.
18) M. Fiebig et al. : Science **280** (1988) 1925.
19) A. Cavalleri et al. : Phys. Rev. B **70** (2004) 161102 (R).
20) M. Chollet et al. : Science **307** (2005) 86.
21) S. Iwai et al. : Phys. Rev. Lett. **98** (2007) 097402.
22) Y. Kawakami et al. : Phys. Rev. Lett. **103** (2009) 066403.
23) J. B. Torrance et al. : Phys. Rev. Lett. **47** (1981) 1747.
24) J. B. Torrance et al. : Phys. Rev. Lett. **46** (1981) 253.
25) M. Le Cointe et al. : Phys. Rev. B **51** (1995) 3374.
26) K. Kobayashi et al. : Phys. Rev. Lett. **108** (2012) 237601.
27) S. Koshihara et al. : Phys. Rev. B **42** (1990) 6853.

28) 光誘起中性−イオン性転移に詳しい総説として．Photoinduced Phase Transitions (K. Nasu ed.), World Scientific (2004)；岡本　博，上村紘崇：固体物理 46（2011）617.
29) H. Okamoto et al.：Phys. Rev. B **70**（2004）165202.
30) S. Iwai et al.：Phys. Rev. Lett. **96**（2006）057403.
31) N. Nagaosa and J. Takimoto：J. Phys. Soc. Jpn. **55**（1986）2745.
32) K. Yonemitsu：J. Phys. Soc. Jpn. **73**（2004）2879.
33) K. Iwano：Phys. Rev. Lett. **97**（2006）226404.
34) K. Nasu：Eur. Phys. J. B **754**（2010）415.
35) H. Uemura and H. Okamoto：Phys. Rev. Lett. **105**（2010）258302.
36) T. Miyamoto, H. Uemura and H. Okamoto：J. Phys. Soc. Jpn. **81**（2012）073703.
37) H. J. Zeiger et al.：Phys. Rev. B **45**（1992）768.
38) C. Katan et al.：Phys. Rev. B **53**（1996）12112.
39) C. Katan：J. Phys. Chem. A **103**（1999）1407.
40) A. Girlando et al.：J. Chem. Phys. **79**（1983）1075.
41) A. Moreac et al.：J. Phys. Condens. Matter **8**（1996）3553.
42) M. J. Rice and N. O. Lipari：Phys. Rev. Lett. **38**（1977）437.
43) H. Suzuki et al.：J. Acoustic Emission **14**（1996）69.
44) J. G. Bednorz and K. A. Müller：Phys. Rev. Lett. **52**（1984）2289.
45) M. Takesada et al.：J. Phys. Soc. Jpn. **72**（2003）37.
46) T. Hasegawa et al.：J. Phys. Soc. Jpn. **72**（2003）41.
47) S. Horiuchi et al.：J. Am. Chem. Soc. **123**（2001）665.
48) T. Miyamoto et al.：Phys. Rev. Lett. **111**（2013）187801.
49) H. Hirori et al.：Nature Commun. **2**（2011）594.
50) M. Liu et al.：Nature **487**（2012）345.
51) R. Matsunaga et al.：Phys. Rev. Lett. **111**（2013）057002.
52) T. Kampfrath et al.：Nature Photonics **5**（2011）31.
53) T. Miyamoto et al.：Nature Commun. **4**（2013）2586.
54) 岡本　博ほか：固体物理 **49**（2014）279.

化合物略称リスト

BA (p-bromanil) = tetrabromo-p-benzoquinone
BEDT-TSF（または単に BETS）= bis(ethylenedithio)tetraselenafulvalene
BEDT-TTF（または単に ET）= bis(ethylenedithio)tetrathiafulvalene
CA (p-chloranil) = tetrachloro-p-benzoquinone
Cat-EDT-TTF = 2-(5, 6-dihydro-1, 3-dithiolo[4, 5-b][1, 4]dithiin-2-ylidenyl)
　　　　　　 -5, 6-diol-1, 3-benzodithiole
C8-BTBT = 2, 7-dioctyl[1]benzothieno[3, 2-b][1]benzothiophene
chxn = 1, 2-diaminocyclohexane
C_5-Y = dipentylsulfosuccinate
DBTTF = dibenzotetrathiafulvalene
DMe-DCNQI（または単に DCNQI）= 2, 5-dimethyl-N, N'-dicyanoquinonediimine
dmit = 1, 3-dithiole-2-thione-4, 5-dithiolate
DMTTF = 4, 4′-dimethyltetrathiafulvalene
EDO-TTF = ethylenedioxytetrathiafulvalene
en = ethylenediamine
F2TCNQ = 2, 5-difluoro-tetracyanoquinodimethane
PDMS = poly(dimethylsiloxane)
PEN = poly(ethylenenaphthalate)
PMMA = poly(methylmethacrylate)
2, 6QBr_2Cl_2 = 2, 6-dibromo-3, 5-dichloro-p-benzoquinone
TCNE = tetracyanoethylene
TCNQ = tetracyanoquinodimethane
tmdt = trimethylenetetrathiafulvalenedithiolate
TMTSF = tetramethyltetraselenafulvalene
TMTTF = tetramethyltetrathiafulvalene
TTF = tetrathiafulvalene

索　引

ア　行

アクセプター分子　3, 5
朝永-ラッティンジャー液体　31
アンダーソン局在　21, 45, 103, 134
アンダーソン絶縁体　46
アンダーソン転移　45, 103

イオン変位型強誘電体　156
閾値電圧　116
イジングモデル　51
一次相転移　113
移動積分　12, 13, 167, 168, 181, 188
移動度　109

ウィルソン比　66
ウェーブレット変換　184
渦糸　79

エッジ状態　142
エネルギー準位　9
エネルギーバンド　10
エントロピー　61

オンサイトクーロン相互作用　23, 30, 36, 39, 41
オンサイトクーロン反発　172

カ　行

カイラルエッジ　143
化学圧力　41, 43
核磁気共鳴（NMR）　33, 138
拡張ハバードモデル　23, 27, 31
拡張ヒュッケル法　9, 24, 25
カゴメ格子　55

カチオンの固溶　71
下部ハバートバンド　40, 106
擬スピン　134
軌道効果　79
軌道反磁性　132
軌道臨界磁場　80
キャリアドーピング　40, 103
強相関電子系　10, 170
強相関電子状態　22
強相関電子層　5
強束縛近似　11, 14, 23
強束縛模型　130
強誘電（現象）　19, 31, 48
強誘電性　29, 187
強誘電体　149, 188
強誘電転移　19
強誘電分極　178, 188, 189
金属-絶縁体転移　5, 15, 16
金属転移　170
金属-モット絶縁体　41
金属-モット絶縁体転移　44
クーパーペア　79, 90, 94
グラフェン　19, 126
クリーンリミット　90
クーロン相互作用　21, 22, 29, 39
群速度　143

結合性軌道　38
ゲート電界　112
原子軌道　13

高温超伝導　106
光学スペクトル　43
光学伝導度　43
交換磁場　82
交換相互作用　18

サ　行

コヒーレンス　86
コヒーレンス長　90, 95
コヒーレント振動　183, 185, 187, 192, 194
混成　9

サイクロトロン振動数　134
最高占有分子軌道　25
最低被占（有）分子軌道　25, 78
サイト間クーロン相互作用　23, 30
三角格子　18, 52, 55

磁化率　64
時間反転対称点　133
時間分解能　169, 180
磁気相互作用　60
磁気長　134
磁気トルク　96
自発分極　149
磁場誘起超伝導　18, 80, 82
3/4 充填バンド金属　29
ジャッカリーノ-ピーター効果　80
遮蔽距離　22
遮蔽効果　22, 39
臭素架橋ニッケル錯体　176
臭素架橋パラジウム錯体　176
自由電子　22
自由度　2
シュブニコフド・ハース振動　143
準一次元構造　6
準二次元構造　7
準粒子　75
蒸着　111
焦電流　150

上部ハバートバンド 40, 106
ジョセフソン結合 92, 122
ジョセフソンボルテックス 93
ショットキー熱容量 67
シリコン基盤 114
シングレット状態 53
シングレット対 53

スイッチング 117
スケーリング解析 45
スピノンのフェルミ面 75
スピン液体 51
スピンギャップ 54, 55
スピン-格子緩和時間 138
スピン-格子相互作用 193
スピンシングレット 52
スピン-電荷分離 171
スピン-パイエルス機構 19,
　177, 180, 185, 193, 194
スピン-パイエルス状態 30
スピン-パイエルス不安定性
　159
スピン密度波 15, 30

生成演算子 12
正方格子 52
赤外・ラマン散乱分光 34
赤外・ラマン分光 33
絶縁体 14
接触帯電法 143
ゼーベック係数 141
ゼーマン効果 79, 91, 141
ゼロギャップ 126
ゼロモード 136
ゼロモードランダウ準位 19
遷移金属酸化物 21

双安定状態 123
相界面状態 123
層間磁気抵抗 133
層間抵抗 140
束縛電荷 149

タ 行

第一原理計算 5, 9, 13
第一ブリルアンゾーン 83,
　129, 144
第二高調波発生 188
ダイポール 69
ダイマー 27, 29
ダイマーバンド 44
ダイマーモット絶縁体 27, 29,
　39, 47
多形 7
ダブロン 175
単位胞 6
ダンピング定数 174

秩序相 54
中性-イオン性転移 158, 178,
　189
超高速分光 19
超伝導 18, 29
超伝導ギャップ関数 89
超伝導状態 15, 94
超伝導-絶縁体転移 120
超伝導秩序変数 91
超伝導ゆらぎ 92

低エネルギー格子 61
ディップ構造 94
低分子結晶 3
ディラックコーン 19, 129
ディラック点 129
ディラック電子 19, 32, 126
テラヘルツ光 169, 170, 187,
　189
テラヘルツ電場 189, 191-193
電界効果トランジスタ 18, 103
電荷移動 78
電荷移動(型)錯体 2, 3, 5,
　13, 26, 78
電荷移動遷移 178
電荷移動量 158, 177, 178, 184,
　189, 191, 193
電界有機相転移 118
電界有機超伝導 122
電界誘起モット転移 114
電荷ガラス 29, 36
電荷秩序 16, 34, 35, 64, 71
電荷秩序絶縁体 21, 23-25, 27,
　32, 47

電荷のガラス状態 33
電荷の自由度 68
電荷不均衡 27, 35, 48
電荷密度波 15, 29
電荷密度波転移 3
電気双極子 31, 48
電気伝導度物質 2
電気分極 148
電子型強誘電体 156
電子凝縮層 17
電子供与(ドナー) 2
電子-格子相互作用 159, 176,
　194
電子受容(アクセプター) 2
電子状態 10
電子状態密度 61
電子数密度 22
電子相関 21
電子熱容量係数 61
電子比熱 138
電子-分子内振動相互作用
　183, 185
電子誘電性 48
点電荷 152
電場誘起相転移 121

銅酸化物 176
動的平均場近似 45
動的平均場計算 44
ドナー分子 3
ドーピング 103
ドメインウォール 192
トランスファー曲線 109, 121
トリプレット状態 55
トルク 66
ドルーデ応答 43
ドルーデモデル 172, 174

ナ 行

内部磁場 60

2次元銅酸化物 170
2重占有 73
1/2充填バンド金属 29
二量対 27, 29
二量体化 177, 183

索　引

ハ 行

熱収縮率　120
熱伝導　67
熱膨張係数　113
熱膨張率　70
熱容量　61
熱励起キャリア　117
ネルンスト係数　141

パイエルス転移　3, 15
パイエルス不安定性　159
ハイゼンベルグモデル　53
ハイパーカゴメ格子　55
バイフット対　163
パイロクロア　55
パウリ（常磁性）極限　79
パウリ常磁性　66
パーコレート超伝導相　121
ハートリー-フォック近似　45
バナジウム酸化物　176, 188
ハバードバンド　23, 44, 106
バレー　142
ハロゲンドープ　2, 3
反強磁性（体）　18, 30
反強磁性（長距離）秩序　42, 52
反結合性軌道　38
反電場　150
バンド間磁場効果　135
バンド計算　83
バンド構造　10, 14, 128
バンド磁場効果　133
バンド充填率　117
バンド制御　120
バンド絶縁体　12, 21, 23
バンド幅　22, 41
バンド幅制御　40, 41, 43, 108
バンドフィリング制御　40, 108

光誘起強誘電性　185
光誘起絶縁体　170
光誘起絶縁体-金属転移　176
光誘起相転移　20, 166, 167
光誘起中性-イオン性転移　177, 178, 180, 184

光誘起モット絶縁体-金属転移　171, 172
光誘起モット転移　170
非線形状態　35
非線形（電気）伝導　29, 35
引張り歪み　113
非平衡状態　19, 35
表面伝導チャネル　143

ファンデルワールス力　2, 22
フィッシャー理論　85
フィリング制御　108
フィリング制御型相転移　103
フェムト秒レーザー　167
フェルミ液体　63
フェルミエネルギー　12, 15, 131
フェルミ準位　21, 44
フェルミ波数　15
フェルミ面　14
フェルミ面構造　83
不均一性　68
物理圧力　41
普遍電気伝導度　138
フラストレーション　18, 51
フーリエ変換　184
フレキシブル基盤　120
ブロッホ電子　16, 135
フロンティア軌道　10, 17
フロンティア電子軌道理論　25
分極履歴曲線　149
分散関係　12, 13
分散曲線　12
分子エレクトロニクス　19
分子軌道　9, 13, 22
分子軌道計算　5
分子欠陥　46
分子自由度　167

平均自由行程　90
平衡状態　20
ベリー位相　139
ヘリカルエッジ　143
ヘリシティ　126, 134
変異電流　150

放射光 X 線　10
補償電荷　150
ホッピング転移　104
ホッピング伝導　118
ポリアセチレン　3
ホール係数　126
ホール効果測定　116
ボルツマン方程式　137
ボルテックス　79
ボルテックス格子　95
ボルテックスダイナミクス　92
ホール伝導率　132
ボルン有効電荷　155
ホロン　17, 51
ポワソン効果　113
ホン・スローン分光　167-169, 178

マ 行

マキパラメータ　82
マーデルングエネルギー　157
マーデルングポテンシャル　177
マルチドメイン　152
マルチフェロイック　161
マンガン酸化物　176

モット-アンダーソン絶縁体　118, 123
モット-アンダーソン転移　17, 46, 106
モット FET　112
モット絶縁体　18, 19, 23-25, 36, 39, 42, 44, 170-172, 175
モット転移　16, 40, 107, 170, 171
モット-ハバート絶縁体　118
モビリティ　117

ヤ 行

ヤーン-テラー効果　14

有機 FET　109
有機超伝導 FET　121
有機超伝導体　4
有機伝導体　2

有効質量 19
誘電遮蔽 123
誘電率 69, 119

ラ・ワ 行

ラッティンジャー-コーン表示 132
ラーモア半径 134
ランダウ準位 135

両極性動作 112, 118
量子極限 139
量子常誘電性 186
量子スピン液体 18
量子抵抗 128
量子フラックス 140
量子ホール強磁性 142
量子ホール効果 128, 141
量子ホール絶縁体 143
量子臨界点 54
リラクサー 48
臨界温度 113
臨界指数 45
臨界性 44
リング交換相互作用 74

ルブレン 111

ワイルハミルトニアン 133

欧 文

BCS 波動関数 73
BEDT-TTF 5, 7, 14, 28, 57, 112, 127
(BEDT-TTF)$_2$X 5, 29, 31
BETS 分子 5
λ-(BETS)$_2$FeCl$_4$ 82
Brinkman-Rice 107
CT 遷移 179
d 波超伝導状態 73
DCNQI 分子 5
DMFT 108
DMTTF-CA 186
DMTTF-2,6QBr$_2$Cl$_2$ 186
EDLT 123
(EDO-TTF)$_2$PF$_6$ 176
κ-d-(ET)$_2$Cu[N(CN)$_2$]Br 176
ET-F$_2$TCNQ 171-174, 177
α-(ET)$_2$I$_3$ 176
FET 103
FFLO 状態 18, 89, 94, 98
FFLO 超伝導 88
HOMO 9, 13, 25, 27, 58, 78, 128

κ 型 7
La$_2$CuO$_4$ 176
LUMO 9, 13, 25, 27, 58
Nd$_2$CuO$_4$ 176
[Ni(chxn)$_2$Br]Br$_2$ 176
Ni(tmdt)$_2$ 13
NMR 31-33, 59
π-d 相互作用 5
π-d 電子系 5
[Pd(en)$_2$Br](C$_5$-Y)$_2$H$_2$O 176
RVB 状態 72
SrTiO$_3$ 186
TCNQ 3
TMTSF 4
TMTSF 分子 6, 14
(TMTSF)$_2$ClO$_4$ 4
(TMTSF)$_2$PF$_6$ 4
TMTTF 26
(TMTTF)$_2$X 30
TTF 3
TTF-BA 160
TTF-CA 162, 177, 182, 186, 188, 189
TTF・TCNQ 3
μSR 59
X 線散乱 33

編著者略歴

鹿野田　一司(かのだかずし)
1958 年　宮城県に生まれる
1986 年　京都大学大学院工学研究科博士課程修了
現　在　東京大学大学院工学系研究科・教授
　　　　工学博士

宇治　進也(うじしんや)
1960 年　東京都に生まれる
1988 年　筑波大学大学院物理学研究科博士課程修了
現　在　物質・材料研究機構超伝導物性ユニット・ユニット長
　　　　理学博士

分子性物質の物理
―物性物理の新潮流―
2015 年 10 月 25 日　初版第 1 刷

定価はカバーに表示

編著者　鹿 野 田　一　司
　　　　宇　治　進　也
発行者　朝　倉　邦　造
発行所　株式会社　朝 倉 書 店
　　　　東京都新宿区新小川町 6-29
　　　　郵便番号　162-8707
　　　　電　話　03(3260)0141
　　　　FAX　03(3260)0180
　　　　http://www.asakura.co.jp

〈検印省略〉

© 2015〈無断複写・転載を禁ず〉　　印刷・製本　東国文化

ISBN 978-4-254-13119-2　C 3042　　Printed in Korea

JCOPY 〈(社)出版者著作権管理機構 委託出版物〉

本書の無断複写は著作権法上での例外を除き禁じられています。複写される場合は、そのつど事前に、(社)出版者著作権管理機構(電話 03-3513-6969、FAX 03-3513-6979、e-mail: info@jcopy.or.jp)の許諾を得てください。

東北大 岩井伸一郎著
現代物理学[展開シリーズ] 7
超高速分光と光誘起相転移
13787-3 C3342　　A5判 224頁 本体3600円

近年飛躍的に研究領域が広がっているフェムト秒レーザーを用いた光物性研究にアプローチするための教科書。光と物質の相互作用の基礎から解説し、超高速レーザー分光、光誘起相転移といった最先端の分野までを丁寧に解説する。

前東北大 青木晴善・前東北大 小野寺秀也著
現代物理学[展開シリーズ] 4
強相関電子物理学
13784-2 C3342　　A5判 256頁 本体3900円

固体の磁気物理学で発見されている新しい物理現象を、固体中で強く相関する電子系の物理として理解しようとする領域が強相関電子物理学である。本書ではこの新しい領域を、局在電子系ならびに伝導電子系のそれぞれの立場から解説する。

東北大 髙橋 隆著
現代物理学[展開シリーズ] 3
光電子固体物性
13783-5 C3342　　A5判 144頁 本体2800円

光電子分光法を用い銅酸化物・鉄系高温超伝導やグラフェンなどのナノ構造物質の電子構造と物性を解説。〔内容〕固体の電子構造/光電子分光基礎/装置と技術/様々な光電子分光とその関連分光/逆光電子分光と関連分光/高分解能光電子分光

前東北大 大木和夫・前東北大 宮田英威著
現代物理学[展開シリーズ] 8
生物物理学
13788-0 C3342　　A5判 256頁 本体3900円

広範囲の分野にわたる生物物理学の生体膜と生物の力学的な機能を中心に解説。〔内容〕生命の誕生と進化の物理学/細胞と生体膜/研究方法/生体膜の物性と細胞の機能/生体分子間の相互作用/仕事をする酵素/細胞骨格/細胞運動の物理機構

前東北大 豊田直樹・東北大 谷垣勝己著
現代物理学[展開シリーズ] 6
分子性ナノ構造物理学
13786-6 C3342　　A5判 196頁 本体3400円

分子性ナノ構造物質の電子物性や材料としての応用について平易に解説。〔内容〕歴史的概観/基礎的概念/低次元分子性導体/低次元分子系超伝導体/ナノ結晶・クラスター・微粒子/ナノチューブ/ナノ磁性体/作製技術と電子デバイスへの応用

前東大 黒田和男著
光学ライブラリー 3
物理光学
―媒質中の光波の伝搬―
13733-0 C3042　　A5判 224頁 本体3800円

膜など多層構造をもった物質に光がどのように伝搬するかまで例題と解説を加え詳述。〔内容〕電磁波/反射と屈折/偏光/結晶光学/光学活性/分散と光エネルギー/金属/多層膜/不均一な層状媒質/光導波路と周期構造/負屈折率媒質

前東大 竹内 伸・東大 枝川圭一・東北大 蔡 安邦・東大 木村 薫著
準結晶の物理
13109-3 C3042　　B5判 136頁 本体3500円

結晶およびアモルファスとは異なる新しい秩序構造の無機固体である「準結晶」の基礎から応用面を多数の幾何学的な構造図や写真を用いて解説。〔内容〕序章/準結晶格子/準結晶の種類/構造/電子物性/様々な物性/準結晶の応用の可能性

前慶大 米沢富美子著
金属-非金属転移の物理
13110-9 C3042　　A5判 264頁 本体4600円

金属-非金属転移の仕組みを図表を多用して最新の研究まで解説した待望の本格的教科書。〔内容〕電気伝導度を通してミクロな世界を探る/金属電子論とバンド理論/パイエルス転移/ブロッホ-ウィルソン転移/アンダーソン転移/モット転移

前学習院大 川畑有郷・明大 鹿児島誠一・阪大 北岡良雄・東大 上田正仁編
物性物理学ハンドブック
13103-1 C3042　　A5判 692頁 本体18000円

物質の性質を原子論的立場から解明する分野である物性物理学は、今や細分化の傾向が強くなっている。本書は大学院生を含む研究者が他分野の現状を知るための必要最小限の情報をまとめた。物質の性質を現象で分類すると同時に、代表的な物質群ごとに性質を概観する内容も含めた点も特徴である。〔内容〕磁性/超伝導・超流動/量子ホール効果/金属絶縁体転移/メゾスコピック系/光物性/低次元系の物理/ナノサイエンス/表面・界面物理学/誘電体/物質から見た物性物理

上記価格（税別）は 2015 年 8 月現在